高等学校"十三五"规划教材

化工原理及工艺仿真实训

吴晓艺　主编

徐　舸　王静文　齐学博　副主编

U0224048

化学工业出版社

·北京·

《化工原理及工艺仿真实训》共分为实验室安全 3D 虚拟现实仿真实训、化工原理实验 3D 虚拟现实仿真实训、化工单元 3D 虚拟现实仿真实训、化工生产实习仿真实训、设备经济指标运算仿真实训和精细化工清洁生产案例分析六个部分。其中实验室安全 3D 虚拟现实仿真实训部分包括实验前准备、触电事故模拟处理、火灾事故模拟处理、实验后清理等实训操作方法；化工原理实验 3D 虚拟现实仿真实训包括流动过程综合实验、恒压过滤实验、气-汽传热实验、填料吸收塔实验、精馏塔实验、萃取塔实验、干燥速率曲线测定实验、离心泵串并联实验等实训操作方法；化工单元 3D 虚拟现实仿真实训包括 CO_2 压缩机单元、固定床反应器单元、管式加热炉单元、间歇釜反应单元、精馏塔单元、吸收-解吸单元等实训操作方法；化工生产实习仿真实训包括罐区布置、液位控制系统操作、列管换热器工艺、真空系统操作、离心泵工艺、萃取塔工艺、双塔精馏工艺、压缩机工艺、流化床反应器工艺、锅炉工艺、多效蒸发工艺等实训操作方法；设备经济指标运算仿真实训包括间歇釜经济指标、精馏塔经济指标的仿真运算方法；精细化工清洁生产案例分析部分包括清洁生产的案例分析及工艺流程设计。

《化工原理及工艺仿真实训》可以作为化工原理仿真实验、化工设计及化工生产实习等化学化工类课程的仿真实践教材，同时也为从事化工生产操作的工程技术人员提供参考资料。

图书在版编目（CIP）数据

化工原理及工艺仿真实训/吴晓艺主编. —北京：
化学工业出版社，2019.8
高等学校"十三五"规划教材
ISBN 978-7-122-34545-5

Ⅰ.①化⋯ Ⅱ.①吴⋯ Ⅲ.①化工原理-实验-高等
学校-教材 Ⅳ.①TQ02-33

中国版本图书馆 CIP 数据核字（2019）第 095923 号

责任编辑：褚红喜 李 琰　　　　　　　文字编辑：向 东
责任校对：杜杏然　　　　　　　　　　　装帧设计：关 飞

出版发行：化学工业出版社（北京市东城区青年湖南街 13 号 邮政编码 100011）
印　　刷：北京京华铭诚工贸有限公司
装　　订：三河市振勇印装有限公司
787mm×1092mm 1/16 印张 18½ 字数 473 千字 2019 年 9 月北京第 1 版第 1 次印刷

购书咨询：010-64518888　　售后服务：010-64518899
网　　址：http://www.cip.com.cn

定　　价：48.00 元

前　言

　　"化工原理""化工原理实验""化工设计"等化工类核心课程，大多以理论教学为主，缺少实践教学，因而对化工单元操作等有关知识难以深入地理解。本书特色性地将虚拟现实技术应用于化工类课程教学环节中，通过进行仿真实训操作，帮助读者进行原理验证、认识工艺流程、熟悉化工单元操作运行，掌握化工设备故障处理方法。

　　全书共分为6章，具体内容包括：实验室安全3D虚拟现实仿真；化工原理实验3D虚拟现实仿真；化工单元3D虚拟现实仿真；化工生产实习仿真；设备经济指标运算仿真和精细化工清洁生产案例分析。在实验室安全3D虚拟现实仿真部分，介绍了实验前准备、触电事故模拟处理、火灾事故模拟处理、实验后清理等实训操作方法。在化工原理实验3D虚拟现实仿真部分，介绍了流动过程综合实验、恒压过滤实验、气-汽传热实验、填料吸收塔实验、精馏塔实验、萃取塔实验、干燥速率曲线测定实验、离心泵串并联实验等实训操作方法。在化工单元3D虚拟现实仿真部分，介绍了CO_2压缩机单元、固定床反应器单元、管式加热炉单元、间歇釜反应单元、精馏塔单元、吸收-解吸单元等实训操作方法。在化工生产实习仿真部分，介绍了罐区布置、液位控制系统操作、列管换热器工艺、真空系统操作、离心泵工艺、萃取塔工艺、双塔精馏工艺、压缩机工艺、流化床反应器工艺、锅炉工艺、多效蒸发工艺等实训操作方法。在设备经济指标运算仿真部分，介绍了间歇釜经济指标、精馏塔经济指标的仿真运算方法。在精细化工清洁生产案例分析部分，介绍了清洁生产的案例分析及工艺流程设计。

　　在本书编写过程中，吸收了实际生产操作经验，强化实训过程中学生分析问题和解决问题的能力，可以作为化工原理仿真实验、化工设计及化工生产实习等化学化工类课程的仿真实践教材，同时也为从事化工生产操作的工程技术人员提供参考资料。

　　本书在编写过程中，得到化学工业出版社的大力支持，也得到了北京东方仿真软件技术有限公司、鞍山七彩化学股份有限公司等校企合作单位的鼎力支持。为方便读者熟悉相关仿真操作训练，北京东方仿真软件技术有限公司提供在线仿真系统练习网址（www.es-online.com.cn）供读者学习使用，对此，编者一并表示衷心的谢意！由于编者水平有限，书中不妥之处在所难免，恳请读者批评指正。

编者

2019 年 3 月

目 录

第一章

实验室安全 3D 虚拟现实仿真实训

实验室是教学、科研的重要基地，实验室的安全管理是实验工作正常进行的基本保证。凡进入实验室工作、学习的人员，必须遵守实验室的规章制度，正确使用实验室的仪器设备和安全设施。本单元通过实验课前准备学习阶段、触电事故模拟处理、火灾事故模拟处理、实验课后清理学习阶段等内容进行 3D 虚拟现实仿真实训，以期相关人员在进入实验室之前获得足够的培训，保障实验操作安全顺利进行。

实训一　实验课前准备学习阶段 3D 虚拟现实仿真

一、软件的初步认识

（1）软件的启动

可以通过以下两种方式启动实验室安全 3D 虚拟现实仿真软件：

① 启动方式一：在桌面点击实验室安全 3D 虚拟现实仿真软件快捷方式，双击后可以运行软件。

② 启动方式二：进入软件安装目录，找到 PISPNETRun. exe 文件，双击后可以运行。

（2）运行方式选择

软件启动后，出现如下界面（图 1-1），在"教师指令站地址"处输入教师机的 IP 地址或计算机名称。

软件有两个运行模式——"单机练习"和"局域网模式"，这两个模式运行起来软件都是一样的内容。这两个模式的区别在于，学生将软件在"局域网模式"下运行时，老师在教师机上打开教师站可以观察学生的练习情况（如时长、得分等），但在"单机练习"模式下，老师是看不到学生练习情况的。

当软件以"单机练习"的方式启动后，出现培训项目选择界面（图 1-2）。

（3）主界面认识

在程序加载完相关资源后，出现仿真操作主界面（图 1-3），即 3D 界面。

（4）3D 场景操作说明

① 移动方式

a. 按住键盘上的 W、S、A、D 键可控制当前角色进行前后左右移动。

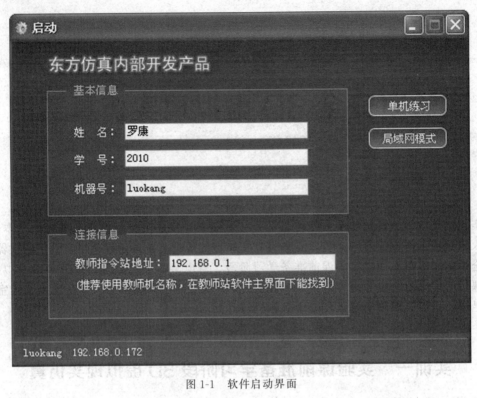

图 1-1　软件启动界面

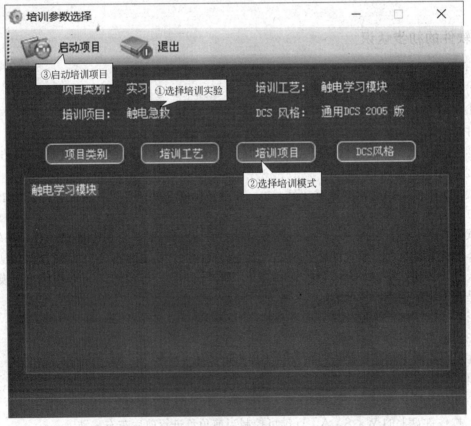

图 1-2　培训项目选择界面

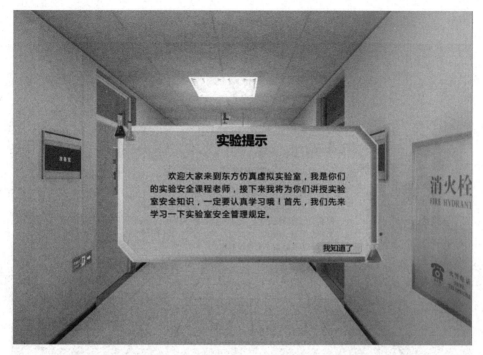

图 1-3　仿真操作主界面

b. 按住 SHIFT 的同时按住 W、A、S、D 可快速移动。

② 视野调整　按住鼠标右键，拖动可进行视角的转动。

③ 操作方式

a. 鼠标左键单击可选择和移动物体。

b. 按住右键转动视角。

二、学习安全制度

实验室安全学习主界面见图 1-4。

点击弹出框右下角的"我知道了"结束与实验室安全老师的对话。在对话框关闭后会弹出进入实验室前需要学习的安全管理制度、实验室安全手册、实验室应急处置方法界面（图 1-5），分别点击三个图标进行学习。弹出内容如下：

1. 安全管理制度

（1）实验仪器管理办法

① 实验仪器必须有专人保管，须配有稳压电源，使用前须先检查仪器间各电路连接情况，再开稳压电源，然后再启动仪器开关。

② 必须严格执行仪器设备运行记录制度，记录仪器运行状况、开关机时间。凡不及时记录者，一经发现，停止使用资格一周。

③ 使用仪器必须熟悉本仪器的性能和操作方法，本科生在完成毕业论文而使用时应有教师在场，熟悉操作使用后必须经有关教师和实验人员同意方可进行独立操作。

④ 仪器使用完毕，必须将各使用器件擦洗干净归还原处，盖上防尘罩，关闭电源，打扫完实验室，方可离开。

⑤ 下次使用者，在开机前，首先检查仪器清洁卫生、仪器是否有损坏，接通电源后，

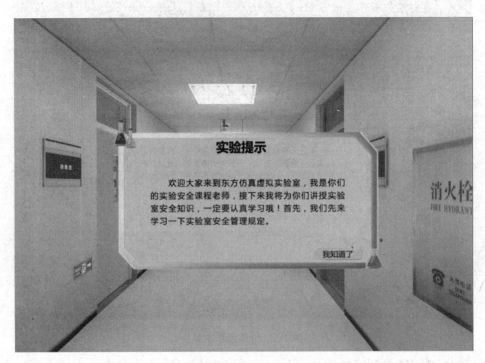

图 1-4　实验室安全学习主界面

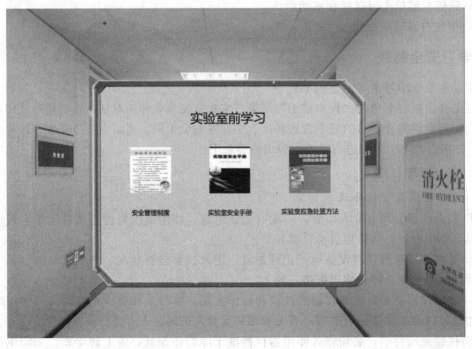

图 1-5　实验室安全学习界面

检查是否运转正常。发现问题及时报告管理员，并找上一次使用者问明情况，知情不报者追查当次使用者责任。

⑥ 若在操作使用期间出现故障，应及时关闭电源，并向有关管理人员报告，严禁擅自处理、拆卸、调整仪器主要部件，凡自行拆卸者一经发现将给予严重处罚。用后切断电源、水源，各种按钮回到原位，并做好清洁工作、锁好门窗。

⑦ 所有仪器设备的操作手册及技术资料原件一律建档保存，随仪器使用的只能是复印件。

⑧ 保持仪器清洁，仪器的放置要远离强酸、强碱等腐蚀性物品，远离水源、火源、气源等不安全源。

⑨ 各仪器要根据其保养、维护要求，进行及时或定期的干燥处理、充电、维护、校验等，确保仪器正常运转。每学期进行一次仪器使用检查，发现有损坏应及时请有关部门维修。

⑩ 仪器不能随意搬动，更不能借给外单位使用；校内人员经实验室主任批准后可在实验室按上述规定使用。

⑪ 注意保持室内卫生，不准携带或吃任何零食，不准乱扔杂物。

⑫ 实验室管理人员必须经常检查实验室及库房内外安全，做到防火、防盗、防破坏、防湿、防爆、防腐蚀、防污染，发现问题及时上报。

（2）实验室化学药品的使用管理制度

① 化学药品必须根据化学性质分类存放，易燃、易爆、剧毒、强腐蚀品不得混放。

② 存放药品要专人管理、领用，存放要建档，所有药品必须有明显的标志。对字迹不清的标签要及时更换，对过期失效和没有标签的药品不准使用，并要进行妥善处理。

③ 实验室中摆放的药品如长期不用，应放到药品储藏室，统一管理。

④ 剧毒、放射性物体及其他危险物品，要单独存放，由专人负责管理。存放剧毒物品的药品柜应坚固、保险，要有严格的领取使用登记程序。

⑤ 要经常检查危险物品，防止因变质、分解造成自燃、自爆事故。对剧毒物品的容器、变质料、废渣及废水等应予妥善处理。

⑥ 危险物品的采购和提运按公安部门和交通运输部门的有关规定办理。

⑦ 使用人员在使用过程中要严格执行操作规程，注意安全，防止意外事故的发生。

⑧ 储存的易燃易爆物品应避光、防火和防电等，实验室存放的易燃易爆物品，要规定合理的储存量，不许过量且包装容器应密封性好。

⑨ 遇水能分解或燃烧、爆炸的药品，钾、钠、三氯化磷、五氯化磷、发烟硫酸、硫黄等不准与水接触，不准放置于潮湿的地方。

2. 实验室安全手册

① 实验室是进行教学、科研的重要场所，对于安全工作要给予高度重视。注意要建立健全保障安全的规章制度，要教育本室人员、学生自觉遵守安全制度。

② 实验室要有一位责任心强的教师任安全员，负责安全工作，要定期检查实验室的安全，消除事故隐患，配备必要的消防器材，并放在明显和便于取用的位置。

③ 学生必须在教师或实验技术人员的指导下按操作规程进行实验。危险性的实验必须有安全防护措施，并要有人监护。节假日及夜间进行实验应经实验室主任同意。

④ 未经管理人员许可，任何人不得随意动用实验室内的仪器设备，非本室工作人员未经允许不得随意进入实验室。

⑤ 实验室内严禁吸烟，严禁使用电炉。停水、停电时要及时切断电源，关掉龙头。

⑥ 严格按操作规范使用、管理药品，对易燃、易爆、有毒药品要谨慎操作，做好防范措施；未用完的药品应严格按其性质注明标签存放在箱柜内加锁严格保管。

⑦ 严格看管好水电、各种气瓶，下班前清理器材工具，应检查仪器电源是否关闭，关好窗户，锁好门。

⑧ 如遇紧急情况：水灾，应及时关闭本大楼外或本楼层总水阀；火灾，应及时切断电源，使用灭火器灭火，同时打"119"电话向消防部门报警。

⑨ 防盗是全室人员的责任和义务，人人必须提高警惕性，克服麻痹思想，做好安全防范工作。

⑩ 凡持有本实验室钥匙的人员，均不得随意将钥匙转借他人。

⑪ 对于违反上述规定的，根据本人态度给予批评教育。造成事故者，视情节轻重，给予行政处分或进行经济赔偿。

3. 实验室应急处置方法

（1）实验室火灾应急处理

熟悉实验室内灭火器材的位置和灭火器的使用方法。实验中一旦发生了火灾，应保持镇静，切不可惊慌失措。首先立即切断室内一切火源和电源，然后根据具体情况正确地进行抢救和灭火。常用的方法有：

① 可燃液体燃烧时，应立即拿开附近一切可燃物质，关闭通风器，防止扩大燃烧面积。

② 汽油、乙醚、甲苯等有机溶剂着火时，应用石棉布或干沙扑灭，绝对不能用水，否则会扩大燃烧面积。

③ 金属钾、钠或锂着火时，绝对不能用水、泡沫灭火器、二氧化碳灭火器、四氯化碳灭火器等灭火，可用干沙、石墨粉扑灭。

④ 电器设备导线等着火时，不能用水及二氧化碳灭火器（泡沫灭火器），以免触电，应先切断电源，再用二氧化碳或四氯化碳灭火器灭火。

⑤ 衣服着火时，千万不要奔跑，应立即用石棉布或厚外衣盖熄，或者迅速脱下衣服，火势较大时，应卧地打滚以扑灭火焰。

⑥ 发现烘箱有异味或冒烟时，应迅速切断电源，使其慢慢降温，并准备好灭火器备用。千万不要急于打开烘箱门，以免突然供入空气助燃（爆），引起火灾。

⑦ 发生火灾时应注意保护现场。较大的着火事故应立即报警。若有伤势较重者，应立即送医院。

（2）实验室爆炸应急处理预案

① 实验室爆炸发生时，实验室负责人或安全员在其认为安全的情况下必须及时切断电源和管道阀门。

② 所有人员应听从临时召集人的安排，有组织地通过安全出口或用其他方法迅速撤离爆炸现场，应急预案领导小组开展抢救工作和人员安置工作。

（3）实验室中毒应急处理预案

实验中若感觉咽喉灼痛、嘴唇脱色，或出现胃部痉挛或恶心呕吐等症状时，则可能是中毒所致。根据中毒原因施以下述急救后，立即送医院治疗，不得延误。

① 首先将中毒者转移到安全地带，解开领扣，使其呼吸通畅，让中毒者呼吸到新鲜空气。

② 误服毒物中毒者须立即引吐、洗胃，患者清醒而又合作，宜饮大量清水引吐，亦可用药物引吐。对引吐效果不好或昏迷者应立即送医院用胃管洗胃。

③ 重金属盐中毒者喝一杯含有几克 $MgSO_4$ 的水溶液，立即就医。不要服催吐药，以免引起危险或使病情复杂化。砷化物和汞化物中毒者，必须紧急就医。

④ 吸入刺激性气体中毒者应立即将患者转移离开中毒现场，给予 2%～5% 碳酸氢钠溶液雾化吸入、吸氧。气管痉挛者应酌情给解痉挛药物雾化吸入。应急人员一般应配置过滤式防毒面罩、防毒服装、防毒手套、防毒靴等。

（4）实验室触电应急处理预案

① 关闭电源。

② 用干木棍使导线与触电者分开。

③ 使触电者和土地分离，急救时急救者必须做好防止触电的安全措施，手或脚必须绝缘。

④ 若触电者倒地昏迷，首先应用力拍打其双肩大声在其耳边呼唤，如果触电者对拍打呼唤都没有回应且没有任何自主的运动就认为是没有意识，然后检查无意识者的呼吸，先以一手掌按患者前额，另一手抬患者下颌使患者头部略后仰开放气道，然后以耳听呼吸，以眼看胸腹起伏，以脸感觉呼气综合判断是否有呼吸，若无任何感觉就认为没有了呼吸，然后判断脉搏，靠近拇指侧的脉动最好找，在紧急情况下也应该在他脖子处检查动脉搏 10s，来确定心脏是否停止跳动，若判断为没有呼吸和脉搏，则开始心肺复苏进行人工呼吸。

⑤ 在此期间尽快联系医院急救人员，等待急救人员到来进行正式救助。

（5）实验室化学灼伤应急处理预案

① 强酸、强碱及其他一些化学物质具有强烈的刺激性和腐蚀作用，发生这些化学灼伤时，应用大量流动清水冲洗，再分别用低浓度的（2%～5%）弱碱（强酸引起的）、弱酸（强碱引起的）进行中和。处理后，再依据情况而定，做下一步处理。化学灼伤：碱灼伤时先用水洗，再用 2% 乙酸溶液洗；酸灼伤时先用大量水洗，再用 $NaHCO_3$ 溶液洗。

② 溅入眼内时，在现场立即就近用大量清水或生理盐水彻底冲洗。冲洗时，眼睛置于水龙头上方，水向上冲洗眼睛，时间应不少于 15min，切不可因疼痛而紧闭眼睛。处理后，再送眼科医院治疗。

（6）其他

① 烫伤：应涂上苦味酸和獾油。

② 割伤：应以消毒酒精洗擦伤口，撒上止血粉或缠上创可贴。若是玻璃割伤，应注意清除玻璃碴。

在学习完安全制度后，三个图标变灰，但依然可以点开进行重复学习，点击"确定"，关闭当前界面，根据指示进入准备室。实验前学习确定界面见图1-6。

三、进入准备室

根据指示到达指定位置时，出现以下界面（图1-7），点击"我知道了"，关闭界面，然后单击准备室的门进入准备室。安全提示界面见图1-7。

进入准备室后出现界面（图1-8），左上角的小人是一个工具栏，右上角会出现操作提示界面。在场景中出现穿戴操作时，左上角的小人会穿戴上相应的装备。操作提示界面见图1-8。

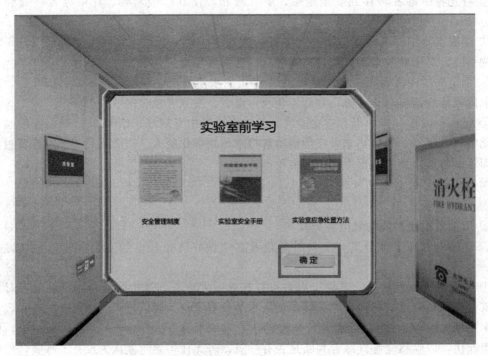

图 1-6　实验室安全学习确定界面

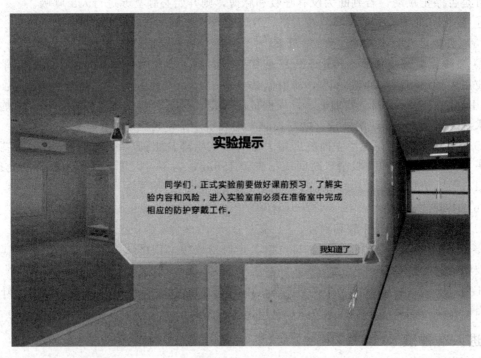

图 1-7　安全提示界面

在准备室中的相应操作如下：

① 杂物存放到储物柜，点击相应杂物放在相应的位置。

② 女生需扎起长发，点击发绳，扎起长发。

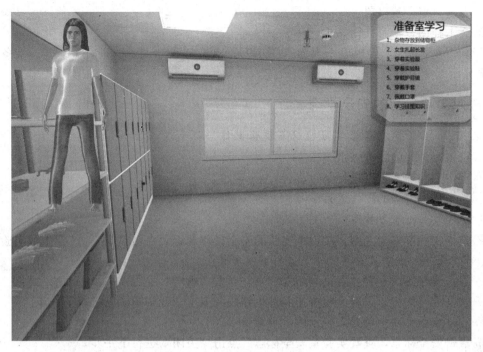

图 1-8　操作提示界面

③ 点击实验服，穿上实验服。

④ 点击平底鞋，穿上平底鞋。

⑤ 点击护目镜，戴护目镜。

⑥ 点击手套，戴手套。

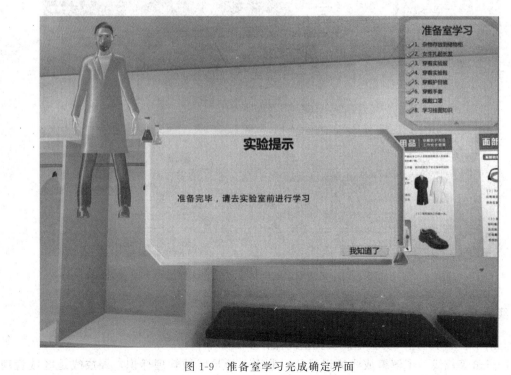

图 1-9　准备室学习完成确定界面

⑦ 点击口罩，戴口罩。

⑧ 点击挂图，学习挂图知识。

当学习完挂图后，出现以下界面（图1-9），点击"我知道了"进行下一步。准备室学习完成界面见图1-9。

四、进入实验室前的安全学习

（1）进入实验室前安全学习按以下步骤操作

① 点击闪烁的门，进入走廊。

② 点击"我知道了"进行下一步。

③ 点击墙上闪烁的图片进行学习。

（2）走廊上的学习操作

① 点击实验室安全守则，学习本实验的安全操作规程，点击"下一页"，学习实验室意外事故应急措施。点击"学习完毕"进行下一步操作。

② 点击MSDS，查看危险化学品MSDS。点击"确定"进行下一步。

③ 点击火警按钮，了解火警按钮和逃生路线。点击"我知道了"进行下一步。

④ 点击实验室安全负责人警示牌，查看负责人。

⑤ 点击安全标志，查看实验室安全标志。点击"关闭"进行下一步。

点击"我知道了"进行下一步。实验室前安全学习完成确认界面见图1-10。

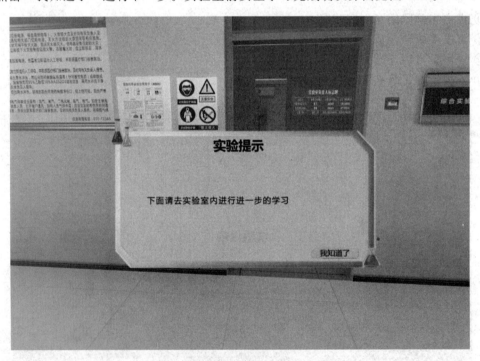

图1-10　实验室前安全学习完成确认界面

五、实验室内的学习

点击闪烁的门，进入实验室。实验室内操作步骤如下：

① 点击警戒线，了解警戒线标识目的。地面上的是区域管理标识，警戒线是区域管理

标志，进入警戒区要保持高度注意，认真做实验。点击"我知道了"进行下一步。

②点击逃生图，了解逃生路线。点击"我知道了"，进行下一步。

③点击物资柜，认识应急物资柜里的应急物资。点击"我知道了"进行下一步。

④点击洗眼器，学习如何使用洗眼器。点击洗眼器后，触发自身着火的一个事故。在自身发生着火时，走到洗眼器下，点击洗眼器上的三角，洗眼器开始喷水，将身上的火熄灭。然后点击洗眼器开关，冲洗眼睛。

⑤点击灭火器，学习如何使用灭火器。当点击灭火器时，触发实验室着火的事故，选择合适灭火器，点击后拿起，再点击拿起的灭火器上的安全栓，拔掉安全栓，走向着火点，会出现灭火提示，然后点击"我知道了"关闭界面，再点击火源，进行灭火。

⑥点击通风橱，学习使用通风橱。点击通风橱，弹出通风橱相关知识点，点击"我知道了"，关闭界面，再点击通风橱闪烁部分，关闭通风橱。

以上操作完成，弹出以下界面（图1-11）。实验室内学习完成确认界面见图1-11。

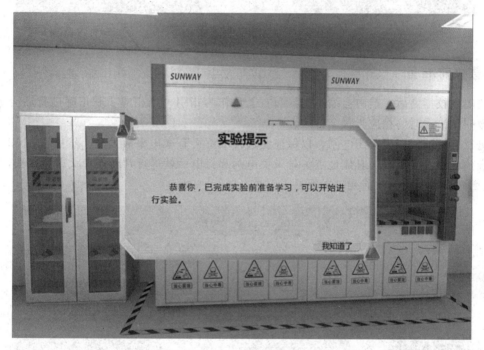

图1-11　实验室内学习完成确认界面

实训二　触电事故模拟处理3D虚拟现实仿真

一、软件背景介绍

点击人物头上对话框和结束与实验员的对话。实验员在对话结束后，会先去洗手池洗手，然后前往石墨炉更换阴极灯，由于实验员手上有水，故发生触电事故。此时，有另一个实验员会出现，并作为施救者，由交互位置不同实施不同的施救动作。软件背景界面见图1-12。

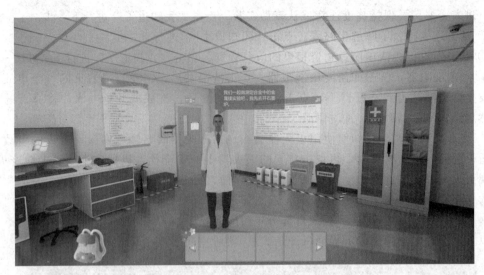

图 1-12　软件背景界面

二、急救前准备

关闭急救指南后，指南会缩小到界面右上角作为指引，当相应步骤正确进行后会打√，当施救顺序错误时，相应步骤会打×。

进行急救前，需先关闭电闸，以保证此过程中不再有触电事故发生。然后拨打120，冷静并准确说出发生事故的具体地点。若未关电闸和打电话就进行判断伤者状态和急救，指南中1、2显示错误。急救前准备界面见图1-13。

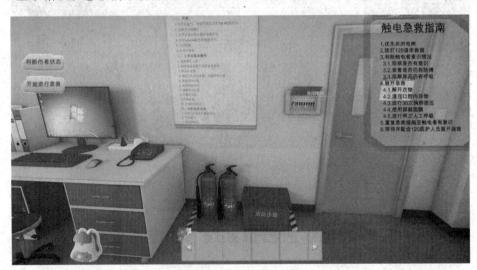

图 1-13　急救前准备界面

三、判断伤者意识情况

开始急救前，需要先判断触电者的状态，一般方法有：

① 判断知觉，用力拍打双肩，观察触电者有无反应，若没反应则没有知觉。

② 判断脉搏，用手指靠近颈部动脉，检查是否有脉动，若无脉动则心脏停止跳动。

③ 判断呼吸，观察触电者胸部是否起伏，若无起伏则无呼吸。

其中若未完全判断伤者状态就进行急救，相应判断意识步骤不得分。

四、急救阶段

点击开始急救按钮进入急救阶段，急救流程如下（急救阶段界面见图1-14）：

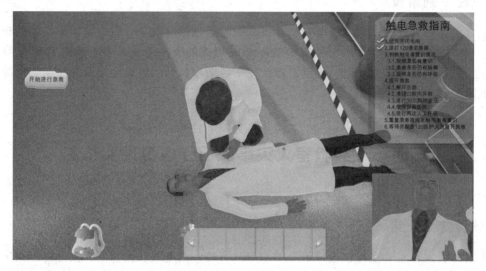

图1-14　急救阶段界面

① 解开触电者衣服；

② 清理口中异物，保证呼吸道畅通；

③ 双手交叉胸肺按压30次；

④ 使用屏蔽面膜放在触电者脸上；

⑤ 进行两次人工呼吸。

其中，若未清理口中异物就使用屏蔽面膜和进行人工呼吸，指南中的4.2显示为错误；若未进行胸肺按压就进行人工呼吸，指南中的4.3显示为错误；若未使用屏蔽面膜就进行人

图1-15　危险识别界面

工呼吸，指南中 4.4 显示为错误。

若进行一轮急救后，触电者未清醒，应继续进行急救，直到触电者恢复意识。若触电者成功恢复意识，可结束急救，等待医护人员进行救援。若触电者未清醒就结束急救，则急救失败，所有未进行步骤显示为错误。

五、危险识别阶段

触电危害触目惊心，加强用电安全意识，及时阻止危险现象，就能挽回不必要的损失。

在该阶段，我们需要找出实验室中的跟触电相关的安全隐患，右上角有常见危险源列表，找到一处就做相应的标记。若点击查找完毕，则未找到的隐患会显示为错误。危险识别界面见图 1-15。

实训三　实验室火灾事故 3D 虚拟现实仿真

一、软件背景介绍

事故的引发：实验室正在进行苯和甲苯蒸馏实验，因电线破损引发火灾，对该火灾事故进行应急处置及紧急疏散。

二、火灾事故处理

① 触动电热套，因电源线老化，引发实验装置（苯-甲苯蒸馏装置）爆炸；

② 拉下通风橱门；

③ 切断实验室总电源；

④ 试验台上镁粉着火，使用消防沙灭火；

⑤ 通风橱旁边易燃杂物，废液桶，实验台上试剂瓶、纸质文件资料着火，用二氧化碳灭火器灭火；

⑥ 火蔓延到体验者身上，用紧急喷淋设施浇灭；

⑦ 火势扩大，烟雾浓重，体验者取用毛巾，到水龙头处沾湿；

⑧ 捂住口鼻逃生；

⑨ 按火灾报警按钮报火警；

⑩ 体验者顺着楼道，逃离到安全区域，逃生成功。

火灾事故处理界面见图 1-16。

三、隐患排查模块

① 换掉加热套破损电线；

② 将实验台上食物扔到垃圾桶；

③ 将镁粉倒入易燃固体废物箱内；

④ 盖好苯试剂瓶；

⑤ 溴试剂瓶倾倒，带上橡胶手套，取吸附棉，吸干液态溴，扶正试剂瓶，将吸附棉放入腐蚀性废物箱中；

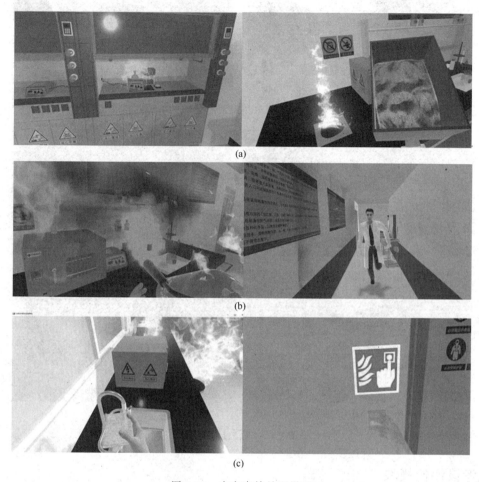

(a)

(b)

(c)

图 1-16　火灾事故处理界面

⑥ 将通风橱中杂物纸箱放到储物室中；

⑦ 将楼道内消防栓前面的课桌、椅子移入储藏室中。

隐患排查界面见图 1-17。

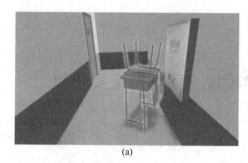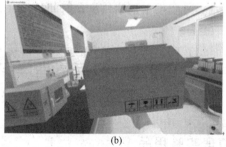

(a)　　　　　　　　　　　　　(b)

图 1-17

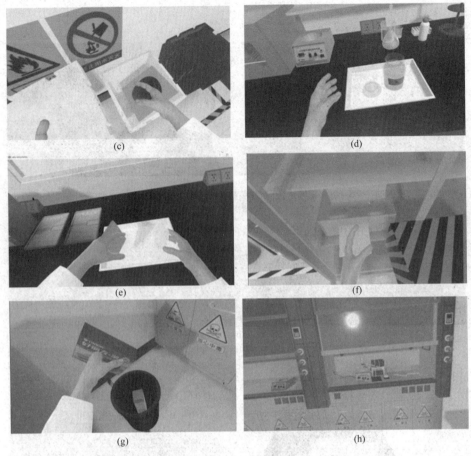

图 1-17　隐患排查界面

四、考核评价模块

让体验者进入场景中，在无提示的状态下，对学习模块的实验室安全知识进行测试，给出评分。评分分为满分、合格、不合格、人员死亡四种情境，不合格、人员死亡记录体验者可进入软件，重新学习或测试。

人员死亡情况说明：

① 火蔓延到身上时间过长，未扑灭；

② 逃离过程中未捂住口鼻，时间过长。

实训四　课后清理学习模块 3D 虚拟现实仿真

一、清理实验用品

① 从实验物品柜中点击手套，戴上手套开始清理实验室。清理实验用品界面见图 1-18。

② 点击实验台上的棕色试剂瓶，弹出提示，点击"确定"关闭界面，再点击棕色试剂

图 1-18　清理实验用品界面

瓶然后点击实验架，将试剂瓶放到实验架上。

③ 点击实验台上的垃圾，出现提示，点击"确定"，关闭界面，点击垃圾桶，将垃圾放入垃圾桶中。

④ 点击通风橱中的烧瓶，弹出提示界面，点击"确定"，关闭提示界面，再点击烧瓶，然后点击废液桶，将烧瓶中的废液倒入废液桶中。

⑤ 点击实验台上闪烁的烧杯，弹出提示界面，点击"确定"关闭界面，再点击烧杯，然后点击废液桶，将有机试剂倒入废液桶中。

二、实验后清洗

① 将有机试剂处理完后弹出如下界面（图 1-19），点击"确定"，关闭界面。实验后清洗界面见图 1-19。

② 点击身后实验台上闪烁的实验仪器，拿起实验仪器。

③ 点击托盘，放入托盘中。

④ 点击闪烁的托盘，拿起托盘。此时，工具栏中显示托盘。

⑤ 点击工具栏中的托盘，再点击闪烁的水槽。

⑥ 点击闪烁的水龙头，再点击旁边闪烁的试管刷。

⑦ 弹出清洗试管的视频。

⑧ 点击水槽中闪烁的托盘，弹出提示界面，点击"确定"，关闭提示界面。

⑨ 点击闪烁的实验台，将托盘放到实验台上。弹出提示界面，点击"确定"，关闭提示界面。

⑩ 点击工具栏中的手套，然后点击闪烁的箱子，将手套放入箱子中，弹出提示界面，点击"确定"，关闭提示界面。

⑪ 点击闪烁的水龙头，然后点击洗手液，进行洗手。弹出提示框，点击"确定"，关闭

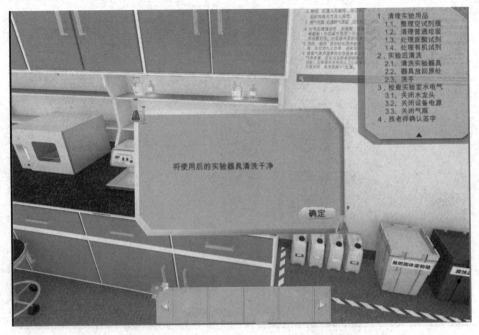

图 1-19 实验后清洗界面

提示框。

三、检查实验室水电气

洗完手后，弹出提示界面，点击"确定"，关闭提示界面。检查实验室水电气界面见图 1-20。

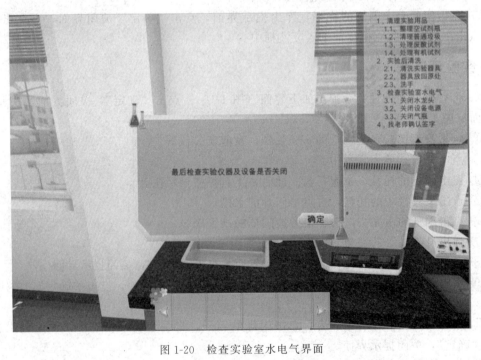

图 1-20 检查实验室水电气界面

① 点击水槽旁的实验仪器的侧面，关闭实验仪器的电源。

② 点击闪烁的气瓶阀，关闭气瓶，弹出提示界面，点击"确定"，关闭提示界面。

四、实验教师确认签字

最后，调整视角点击实验台的上记录本（在背后的实验台）进行确认。教师确认界面见图 1-21。

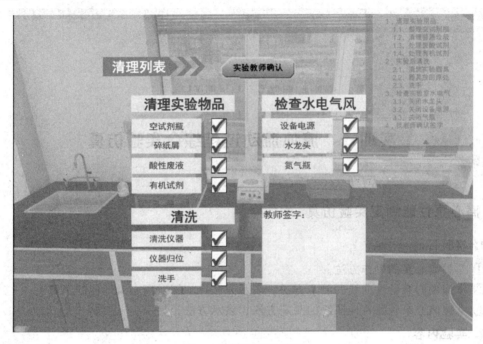

图 1-21　教师确认界面

点击"实验教师确认"，完成清理工作。

第二章

化工原理实验 3D 虚拟现实仿真实训

实训一 流体流动过程综合实验仿真

一、离心泵性能测定实验仿真

1. 实验目的

① 熟悉离心泵的操作方法。

② 掌握离心泵特性曲线的测定方法、表示方法，加深对离心泵性能的了解。

③ 掌握离心泵管路特性曲线的测定方法、表示方法。

2. 实验内容

① 熟悉离心泵的结构与操作方法。

② 测定某型号离心泵在一定转速下，H（扬程）、N（轴功率）、η（效率）与 Q（流量）之间的特性曲线。

③ 测定流量调节阀某一开度下管路特性曲线。

3. 实验原理

（1）离心泵特性曲线

离心泵是最常见的液体输送设备。在一定的型号和转速下，离心泵的扬程 H、轴功率 N 及效率 η 均随流量 Q 而改变。通常通过实验测出 $H\text{-}Q$、$N\text{-}Q$ 及 $\eta\text{-}Q$ 的关系，并用曲线表示，称为特性曲线。特性曲线是确定泵的适宜操作条件和选用泵的重要依据。泵特性曲线的具体测定方法如下：

① H 的测定 在泵的吸入口和压出口之间列伯努利方程：

$$Z_{\text{入}}+\frac{u_{\text{入}}^{2}}{2g}+\frac{p_{\text{入}}}{\rho g}+H=Z_{\text{出}}+\frac{u_{\text{出}}^{2}}{2g}+\frac{p_{\text{出}}}{\rho g}+H_{\text{f入-出}} \tag{2-1}$$

$$H=(Z_{\text{出}}-Z_{\text{入}})+\frac{u_{\text{出}}^{2}-u_{\text{入}}^{2}}{2g}+\frac{p_{\text{出}}-p_{\text{入}}}{\rho g}+H_{\text{f入-出}} \tag{2-2}$$

式中，$H_{\text{f入-出}}$ 是泵的吸入口和压出口之间管路内的流体流动阻力（不包括泵体内部的流动阻力所引起的压头损失），当所选的两截面很接近泵体时，与伯努利方程中其他项比较，值很小，故可忽略。于是式(2-1)变为：

$$H = (Z_{出} - Z_{入}) + \frac{u_{出}^2 - u_{入}^2}{2g} + \frac{p_{出} - p_{入}}{\rho g} \tag{2-3}$$

将测得的 $Z_{出} - Z_{入}$ 和 $p_{出} - p_{入}$ 的值以及计算所得的 $u_{入}$、$u_{出}$ 代入上式即可求得 H 的值。

② N 的测定 功率表测得的功率为电动机的输入功率。由于泵由电动机直接带动，传动效率可视为 1.0，所以电动机的输出功率等于泵的轴功率。即泵的轴功率 N＝电动机的输出功率（单位为 kW）；电动机的输出功率＝电动机的输入功率×电动机的效率；泵的轴功率＝功率表的读数×电动机效率（单位为 kW）。

③ η 的测定

$$\eta = \frac{N_e}{N} \tag{2-4}$$

$$N_e = \frac{HQ\rho g}{1000} = \frac{HQ\rho}{102} \tag{2-5}$$

式中　η——泵的效率；

　　　N——泵的轴功率，kW；

　　　N_e——泵的有效功率，kW；

　　　H——泵的压头，m；

　　　Q——泵的流量，m^3/s；

　　　ρ——水的密度，kg/m^3。

（2）管路特性曲线

当离心泵安装在特定的管路系统中工作时，实际的工作压头和流量不仅与离心泵本身的性能有关，还与管路特性有关，也就是说，在液体输送过程中，泵和管路二者是相互制约的。

管路特性曲线是指流体流经管路系统的流量与所需压头之间的关系。若将泵的特性曲线与管路特性曲线绘在同一坐标图上，两曲线交点即为泵在该管路的工作点。因此，如同通过改变阀门开度来改变管路特性曲线，求出泵的特性曲线一样，可通过改变泵转速来改变泵的特性曲线，从而得出管路特性曲线。泵的压头 H 计算同上。

4. 软件操作

（1）软件运行界面

① 3D 场景仿真系统运行界面见图 2-1。

② 实验操作简介界面见图 2-2。

③ 操作质量评分系统运行界面见图 2-3。

操作者主要在 3D 场景仿真界面中进行操作，根据任务提示进行操作；实验操作简介界面可以查看软件特点介绍、实验原理简介、视野调整简介、移动方式简介和设备操作简介；评分界面可以查看实验任务的完成情况及得分情况。

（2）软件操作方式

① 移动方式 按住 W、S、A、D 键可控制当前角色向前后左右移动。点击 R 键可控制角色进行走、跑切换。

② 视野调整 软件操作视角为第一人称视角，即代入了当前控制角色的视角。所能看到的场景都是由系统摄像机来拍摄。

按住鼠标左键在屏幕上向左或向右拖动，可调整操作者视野向左或是向右，相当于左扭头或右扭头的动作。

图 2-1 3D 场景仿真系统运行界面

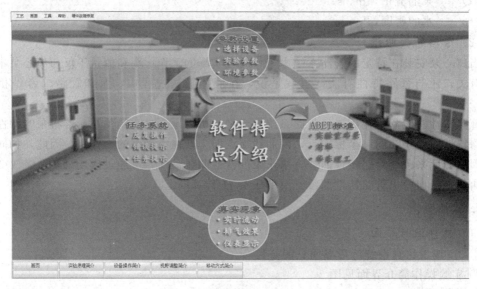

图 2-2 实验操作简介界面

按住鼠标左键在屏幕上向上或向下拖动，可调整操作者视野向上或是向下，相当于抬头或低头的动作。

按下键盘空格键即可实现全局场景俯瞰视角和人物当前视角的切换。

③ 任务系统 点击运行界面右上角的任务提示按钮即可打开任务系统。任务提示界面见图 2-4。

任务系统界面左侧是任务列表，右侧是任务的具体步骤，任务名称后边标有已完成任务步骤的数量和任务步骤的总数量，当某任务步骤完成时，该任务步骤会出现对号表示完成，同时已完成任务步骤的数量也会发生变化。

任务列表界面见图 2-5。

图 2-3　操作质量评分系统运行界面

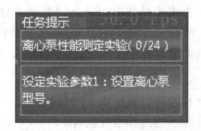

图 2-4　任务提示界面

图 2-5　任务列表界面

④ 阀门操作/查看仪表　当控制角色移动到目标阀门或仪表附近时，鼠标悬停在该物体上，此物体会闪烁，说明可以进行操作。

左键双击闪烁物体，可进入操作界面，切换到阀门/仪表近景。

在界面上有相应的设备操作面板或实时数据显示，如液位、压力。

点击界面右上角关闭标识即可关闭界面。

5. 实验装置与流程

① 该实验与流体阻力测定、流量计性能测定实验共用图 2-1 的实验装置。

② 流量用转子流量计或标准涡轮流量计测量。

③ 泵入口真空度和出口压力用真空表和压力表来测量。

④ 电动机输入功率用功率表来测量。

6. 实验方法

① 按下电源绿色按钮，通电预热数字显示仪表。

② 通过导向阀设计该实验水的流程。

③ 关闭流量调节阀，用变频器在 50Hz 时启动离心泵，调节流量，当流量稳定时读取离心泵特定曲线所需数据，测取 10～12 组数据。

④ 管路特性曲线测定时，先将流量调节为一个较大量固定不变，然后调节离心泵电机频率，改变电机转速，调节范围 50～20Hz，测取 10～12 组数据。

⑤ 实验结束后，关闭流量调节阀，继续其他实验或停泵，切断电源。

7. 注意事项

① 启动离心泵之前，必须检查所有流量调节阀是否关闭。

② 测取数据时，应在满量程内均匀分布数据点。

8. 参数设置

（1）泵的型号选择

泵的型号见表 2-1。

表 2-1　泵的型号

BX 型单级悬臂离心水泵					
泵的型号	流量/(m³/h)	额定扬程/m	最大转速/(r/min)	最小转速/(r/min)	轴功率/kW
50BX20/31	20	30.8	1800	2900	2.60
80BX45/33	45	32.6	1800	2900	5.56
65BX25/32	25	32	1800	2900	3.25
80BX50/32	50	32	1800	2900	5.80

（2）泵的频率

泵的频率调节范围在 0～50Hz 之间；泵进口管路内径调节范围在 20～40mm；泵出口管路内径调节范围在 20～40mm。

（3）固定设备参数

两测压口间垂直距离为 30mm；水初始温度为 15℃。

9. 实验步骤

（1）离心泵性能测定实验

① 设定实验参数 1：设置离心泵型号。

② 设定实验参数 2：调节离心泵转速（默认 50）。

③ 设定实验参数 3a：设置泵进口管路内径（默认 20）。

④ 设定实验参数 3b：设置泵出口管路内径（默认 20）。

⑤ 设定实验参数完成后，记录数据。

⑥ 打开离心泵的灌泵阀 V01。

⑦ 打开放气阀 V02。

⑧ 灌泵排气中，请等待。

⑨ 成功放气后关闭灌泵阀 V01。

⑩ 关闭放气阀 V02。

⑪ 启动离心泵电源。

⑫ 打开主管路的球阀 V06。

⑬ 步骤 A：调节主管路调节阀 V03 的开度。

⑭ 步骤 B：待真空表和压力表读数稳定后，记录数据。

⑮ 重复进行步骤 A 和 B，总共记录 10 组数据。

⑯ 点击实验报告查看离心泵扬程、功率和效率曲线。

（2）管路特性曲线测定实验

① 控制主管路调节阀 V03 开度在 50～100 之间。

② 步骤 C：待真空表和压力表读数稳定后，调节离心泵电机频率（调节范围为 0～50Hz）。

③ 步骤 D：待压力和流量稳定后，记录数据。

④ 重复进行步骤 C 和 D，总共记录 10 组数据。

⑤ 点击实验报告查看管路特性曲线。

⑥ 关闭主管路球阀 V06。

⑦ 关闭主管路调节阀 V03。

⑧ 关停离心泵电源。

二、流动阻力测定实验仿真

1. 实验目的

① 学习直管阻力摩擦系数、直管摩擦系数 λ 的测定方法。

② 掌握直管摩擦系数 λ 与雷诺数 Re 和相对粗糙度之间的关系及其他变化规律。

③ 掌握局部阻力的测量方法。

④ 学习压力差的几种测量方法和技巧。

⑤ 掌握坐标系的选用方法和对数坐标系的使用方法。

2. 实验内容

① 测定实验管路内流体流动的阻力和直管摩擦系数 λ。

② 测定实验管路内流体流动的直管摩擦系数 λ 与雷诺数 Re 和相对粗糙度之间的关系曲线。

③ 在本实验压差测量范围内，测量阀门的局部阻力系数。

3. 实验原理

（1）直管摩擦系数 λ 与雷诺数 Re 的测定

流体在管路内流动时，由于流体的黏性作用和涡流的影响会产生阻力，流体在直管内流动阻力的大小与管长、管径、流体流速和管路摩擦系数有关，它们之间存在如下关系：

$$h_f = \frac{\Delta p_f}{\rho} = \lambda \frac{l}{d} \times \frac{u^2}{2} \tag{2-6}$$

$$\lambda = \frac{2d}{\rho l} \times \frac{\Delta p_f}{u^2} \tag{2-7}$$

$$Re = \frac{du\rho}{\mu} \tag{2-8}$$

式中　d——管径，m；

　　　Δp_f——直管阻力引起的压强降，Pa；

　　　l——管长，m；

　　　u——流速，m/s；

　　　ρ——流体的密度，kg/m^3；

　　　μ——流体的黏度，N·s/m^2。

直管摩擦系数 λ 与雷诺数 Re 之间有一定的关系，这个关系一般用曲线来表示。在实验装置中，直管段管长和管径 d 已固定。若水温一定，则水的密度 ρ 和黏度 μ 也是定值。所以本实验实质上是测定直管段流动阻力引起的压强降 Δp_f 与流速 u（流量 V）之间的关系。

根据实验数据和式（2-7）可计算出不同流速下的直管阻力系数 λ，用式（2-8）计算对应的 Re，从而整理出直管摩擦系数和雷诺数的关系，绘出 λ 和 Re 的关系曲线。

（2）局部阻力系数 ξ 的测定

$$h_f' = \frac{\Delta p_f'}{\rho} = \xi \frac{u^2}{2} \tag{2-9}$$

$$\xi = \frac{2}{\rho} \times \frac{\Delta p_f'}{u^2} \tag{2-10}$$

式中　ξ——局部阻力系数，无量纲；

　　　$\Delta p_f'$——局部阻力引起的压强降（图 2-6），Pa；

　　　h_f'——局部阻力引起的能力损失，J/kg。

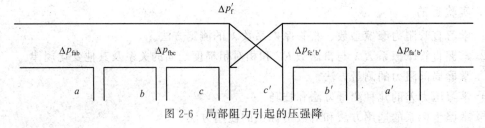

图 2-6　局部阻力引起的压强降

局部阻力引起的压力降 $\Delta p_f'$ 可以用下面的方法测量：在一条各处直径相等的直管段上，安装待测局部阻力的阀门，在其上、下游开两对测压口 a—a' 和 b—b'，见图 2-6，使 $ab = bc$；$a'b' = b'c'$。

则：

$$\Delta p_{fab} = \Delta p_{fbc}；\quad \Delta p_{fa'b'} = \Delta p_{fb'c'}$$

在 $a—a'$ 之间列伯努利方程式：

$$p_a - p_{a'} = 2\Delta p_{fab} + 2\Delta p_{fa'b'} + \Delta p_{f'} \tag{2-11}$$

在 $b—b'$ 之间列伯努利方程式：

$$p_b - p_{b'} = 2\Delta p_{fbc} + 2\Delta p_{fb'c'} + \Delta p_{f'} = \Delta p_{fab} + \Delta p_{fa'b'} + \Delta p_{f'} \tag{2-12}$$

联立式（2-11）和式（2-12）则：

$$\Delta p_{f'} = 2(p_b - p_{b'}) - (p_a - p_{a'}) \tag{2-13}$$

为了实验方便，称 $p_b - p_{b'}$ 为近点压差，称 $p_a - p_{a'}$ 为远点压差，用压差传感器来测量。

4. 实验装置和流程

流量由转子流量计和涡轮流量计测量。直管段压强降由压差变送器或倒置 U 形管直接测取。

5. 实验方法

① 熟悉实验装置及流程，关闭泵出口阀，启动离心泵。

② 打开管道上的出口阀门；再慢慢打开进口阀门，让水流经管道，以排出管道中的气体。

③ 在进口阀全开的条件下，调节出口阀，流量由小到大或反之，记录 8～10 组不同流量下的数据。先使用倒 U 形压差计，超过量程时切换至 U 形压差计。主要流量的变更，应使实验点在 λ-Re 图上分布比较均匀。

④ 数据取完后，关闭进、出口阀，停止实验。

6. 注意事项

启动离心泵之前，以及从光滑管阻力测定过渡到其他测量之前，都必须检查所有流量调节阀是否关闭。

7. 参数设置

（1）可变参数设置

可变参数设置见表 2-2。

表 2-2　可变参数设置

光滑管/粗糙管直管内径/m	流体物料种类	光滑管/粗糙管直管内径/m	流体物料种类
0.02	纯水	0.03	质量分数为 20% 的氯化钠水溶液
0.025	体积分数为 50% 的乙二醇水溶液	0.04	

（2）固定设备参数

① 光滑管取压口间距：1.7m。

② 粗糙管取压口间距：1.7m。

③ 闸阀内径：0.025m。

④ 截止阀内径：0.0258m。

8. 实验步骤

（1）光滑管阻力测定实验及闸阀局部阻力实验

① 设定实验参数 1：选择直管内径。

② 设定实验参数 2：选择物料类型。

③ 设定实验参数完成后，记录数据。

④ 启动离心泵电源。

⑤ 打开光滑管路中的闸阀 V07。

⑥ 步骤 A：调节小转子流量计调节阀 V05 的开度。

⑦ 步骤 B：待光滑管压差数据稳定后，记录数据。

⑧ 重复进行步骤 A 和 B，总共记录 5 组数据。

⑨ 关闭小转子流量计调节阀 V05。

⑩ 步骤 C：调节大转子流量计调节阀 V04 的开度。

⑪ 步骤 D：待光滑管压差数据稳定后，记录数据。

⑫ 重复进行步骤 C 和 D，总共记录 10 组数据。

⑬ 点击实验报告查看光滑管 λ-Re 曲线。

⑭ 将大转子流量计调节阀 V04 开到最大。

⑮ 待闸阀远、近点压差数据稳定后，记录数据。

⑯ 关闭光滑管路中的闸阀 V07。

⑰ 关闭大转子流量计调节阀 V04。

（2）粗糙管阻力测定实验及截止阀局部阻力实验

① 打开粗糙管路中的闸阀 V08。

② 步骤 E：调节小转子流量计调节阀 V05 的开度。

③ 步骤 F：待粗糙管压差数据稳定后，记录数据。

④ 重复进行步骤 E 和 F，总共记录 5 组数据。

⑤ 关闭小转子流量计调节阀 V05。

⑥ 步骤 G：调节大转子流量计调节阀 V04 的开度。

⑦ 步骤 H：待粗糙管压差数据稳定后，记录数据。

⑧ 重复进行步骤 G 和 H，总共记录 5 组数据。

⑨ 当流量大于 $1m^3/h$ 时，选择涡轮流量计测量。

⑩ 关闭大转子流量计调节阀 V04。

⑪ 步骤 I：调节主管路调节阀 V03 的开度。

⑫ 步骤 J：待粗糙管压差数据稳定后，记录数据。

⑬ 重复进行步骤 I 和 J，总共记录 5 组数据。

⑭ 点击实验报告查看粗糙管 λ-Re 曲线。

⑮ 关闭主管路调节阀 V03。

⑯ 将大转子流量计调节阀 V04 开到最大。

⑰ 待截止阀远、近点压差数据稳定后，记录数据。

⑱ 关闭粗糙管路中的闸阀 V08。

⑲ 关闭大转子流量计调节阀 V04。

⑳ 关停离心泵电源。

三、流量计性能测定实验仿真

1. 实验目的

① 了解几种常用流量计的构造、工作原理和主要特点。

② 掌握流量计的标定方法。

③ 了解节流式流量计流量系数 C 随雷诺数 Re 的变化规律，流量系数 C 的确定方法。

④ 学习合理选择坐标系的方法。

2. 实验内容

① 了解孔板、1/4 圆喷嘴、文丘里及涡轮流量计的构造及工作原理。

② 测定节流式流量计（孔板或 1/4 圆喷嘴或文丘里）的流量标定曲线。

③ 测定节流式流量计的雷诺数 Re 和流量系数 C 的关系。

3. 实验原理

流体通过节流式流量计时在流量计上、下游取压口之间产生压力差，它与流量的关系为：

$$V_s = CA_0 \sqrt{\frac{2(p_\pm - p_\mp)}{\rho}} \tag{2-14}$$

式中　V_s——被测流体（水）的体积流量，$\mathrm{m^3/s}$；

　　　C——流量系数，无量纲；

　　　A_0——流量计节流孔截面积，$\mathrm{m^2}$；

$p_\pm - p_\mp$——流量计上、下游两取压口之间的压力差，Pa；

　　　ρ——被测流体（水）的密度，$\mathrm{kg/m^3}$。

用涡轮流量计和转子流量计作为标准流量计来测量流量 V_s。每一个流量在压差计上都有一对应的读数，将压差计读数 Δp 和流量 V_s 绘制成一条曲线，即流量标定曲线。同时用上式整理数据可进一步得到 $C\text{-}Re$ 关系曲线。

4. 实验装置与流程

流量测量：以精度 0.5 级的涡轮流量计作为标准流量计，测量被测流量计流量。

5. 实验方法

① 预热数字显示仪表，记录流量计压差数字表初始值。

② 通过导向阀设计流量计标定的流程。

③ 关闭流量调节阀，按变频器启动按钮启动离心泵。

④ 调节流量，在满量程范围内测取 10～12 组流量计标定数据。

⑤ 实验结束后，关闭流量调节阀，停泵，切段电源。

6. 注意事项

启动离心泵之前，必须检查所有流量调节阀是否关闭。

7. 参数设置

（1）参数设置（表 2-3）

表 2-3　参数设置

流量计种类的选择	孔口内径(β)的选择	流量计种类的选择	孔口内径(β)的选择
	0.025mm(β=0.625)	标准孔口流量计	0.015mm(β=0.375)
标准孔板流量计	0.020mm(β=0.50)		0.025mm(β=0.625)
	0.015mm(β=0.375)	标准喷嘴流量计	0.020mm(β=0.50)
标准孔口流量计	0.025mm(β=0.625)		0.015mm(β=0.375)
	0.020mm(β=0.50)		

（2）设备参数

主管路直径为 40mm（β＝孔口内径/主管路直径）。

8. 实验步骤

① 设定实验参数 1：选择流量计类型。

② 设定实验参数 2：选择孔口内径的种类。

③ 设定实验参数完成后，记录数据。

④ 启动离心泵电源。

⑤ 打开主管路的球阀 V06。

⑥ 步骤 A：调节主管路调节阀 V03 的开度。

⑦ 步骤 B：待真空表和压力表读数稳定后，记录数据。

⑧ 重复进行步骤 A 和 B，总共记录 10 组数据。

⑨ 点击实验报告查看流量计标定曲线和 $C\text{-}Re$ 曲线。

⑩ 关闭主管路球阀 V06。

⑪ 关闭主管路调节阀 V03。

⑫ 关停离心泵电源。

9. 实验报告数据处理举例

各实验测定的数据见表 2-4～表 2-17，相关曲线图见图 2-7～图 2-10。

流体综合实验
实验报表

姓　　名：×××　　　　　　班　　级：Esst

学　　号：160703305　　　　实验日期：2019-4-11

离心泵及管路特性实验参数设置

BX 型单级悬臂离心清水泵

离心泵型号：50BX20/31

额定流量（m³/h）：20

额定扬程（m）：30.8

最小转速（r/min）：1900

最大转速（r/min）：2900

额定功率（kW）：2.60

离心泵电机频率：25Hz

离心泵转速：1450r/min

泵进口管内径：30mm

泵出口管内径：30mm

两测压口间垂直距离：0.3m

初始水温：15.0℃

表 2-4 离心泵性能测定实验原始数据表

序号	涡轮流量计/Hz	入口真空度(表压)/MPa	出口压强(表压)/MPa	功率表读数/kW	温度计读数/℃
1	221	0.0066	0.0719	0.58	20.8
2	303	0.0124	0.0431	0.6	21.1
3	288	0.0112	0.0489	0.6	21.4
4	270	0.0099	0.0556	0.59	21.6
5	248	0.0083	0.0631	0.59	21.8
6	221	0.0066	0.0719	0.57	22.3
7	188	0.0048	0.0803	0.55	22.4
8	149	0.003	0.089	0.52	22.6
9	104	0.0015	0.0973	0.48	22.8
10	53	0.0004	0.1024	0.43	22.9

表 2-5 离心泵性能测定实验结果数据表

序号	流量/(m³/h)	入口流速/(m/s)	出口流速/(m/s)	流体密度/(kg/m³)	扬程/m	轴功率/kW	有效功率/kW	效率/%
1	10.299	4.049	4.049	997.8	8.33	0.374	0.233	62.37
2	14.076	5.534	5.534	997.7	5.98	0.387	0.229	59.11
3	13.4	5.268	5.268	997.7	6.45	0.387	0.235	60.58
4	12.565	4.94	4.94	997.6	6.99	0.386	0.239	61.88
5	11.534	4.535	4.535	997.6	7.61	0.38	0.238	62.67
6	10.297	4.049	4.049	997.5	8.33	0.374	0.233	62.37
7	8.732	3.433	3.433	997.4	9	0.356	0.213	59.99
8	6.912	2.717	2.717	997.4	9.71	0.336	0.182	54.28
9	4.829	1.899	1.899	997.3	10.4	0.313	0.136	43.65
10	2.479	0.975	0.975	997.3	10.81	0.279	0.073	26.12

表 2-6 管路特性曲线测定实验原始数据表

序号	涡轮流量计/Hz	入口真空度(表压)/MPa	出口压强(表压)/MPa	泵频率/Hz	温度计读数/℃
1	288	0.0112	0.0489	25	23.3
2		0.0023		3	15
3		0.0038		5	15
4	103	0.0014	0.0097	10	23.8
5	167	0.0038	0.019	15	23.9
6	228	0.007	0.0321	20	24.1
7	288	0.0112	0.0489	25	24.2
8	348	0.0164	0.0694	30	24.3
9	407	0.0224	0.0937	35	24.4
10	466	0.0294	0.1217	40	24.5

表 2-7　管路特性曲线测定实验结果数据表

序号	流量/(m³/h)	管路压头/m	流体密度/(kg/m³)
1	13.4	2.89	997.2
2		0.2	999.1
3		0.2	999.1
4	4.769	0.54	997.1
5	7.749	1.1	997.1
6	10.599	1.89	997
7	13.396	2.89	997
8	16.175	4.13	997
9	18.939	5.58	997
10	21.693	7.26	996.9

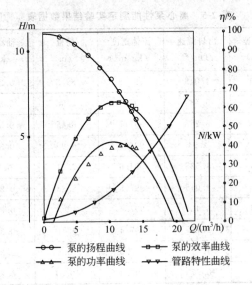

图 2-7　离心泵及管路特性曲线

流体阻力测定实验参数设置

选直管内径：
直管内径 $D = 0.025\text{m}$

选流体物料：
体积分数 50% 的乙二醇水溶液

表 2-8 光滑管路摩擦系数与雷诺数关系测定原始数据表

序号	温度/℃	小转子流量计/(L/h)	大转子流量计/(L/h)	压差(表压)/MPa
1	24.7	36		
2	24.8	22		
3	24.8	7		
4	24.9	66		
5	24.9		155	
6	24.9		309	0.1
7	25		464	0.1
8	25		618	0.2
9	25.1		773	0.3
10	25.1		927	0.4
11	25.1		1082	0.5
12	25.2		1236	0.6
13	25.2		1390	0.8
14	25.3		1544	1
15				
16				
17				
18				
19				
20				

表 2-9 光滑管路摩擦系数与雷诺数关系测定结果数据表

序号	密度/(kg/m³)	黏度/mPa·s	流量/(m³/h)	流速/(m/s)	雷诺数	压差/kPa	阻力系数
1	1060.5	0.003	0.036		161		0.397
2	1060.4	0.003	0.022		99		0.643
3	1060.4	0.003	0.007		33		1.925
4	1060.4	0.003	0.066		300		0.213
5	1060.4	0.003	0.155	0.1	705		0.091
6	1060.4	0.003	0.309	0.2	1411	0.1	0.045
7	1060.3	0.003	0.464	0.3	2119	0.1	0.048
8	1060.3	0.003	0.618	0.3	2828	0.2	0.045
9	1060.3	0.003	0.773	0.4	3541	0.3	0.042
10	1060.3	0.003	0.927	0.5	4254	0.4	0.04
11	1060.3	0.003	1.082	0.6	4967	0.5	0.038
12	1060.3	0.003	1.236	0.7	5681	0.6	0.037
13	1060.2	0.003	1.39	0.8	6402	0.8	0.036

序号	密度 /(kg/m³)	黏度 /mPa·s	流量 /(m³/h)	流速 /(m/s)	雷诺数	压差 /kPa	阻力系数
14	1060.2	0.003	1.544	0.9	7124	1	0.035
15							
16							
17							
18							
19							
20							

表 2-10 粗糙管路摩擦系数与雷诺数关系测定原始数据表

序号	温度/℃	小转子流量计/(L/h)	大转子流量计/(L/h)	涡轮流量计/Hz	压差(表压)/MPa
1	25	51.3		1.1	
2	25	14.6		0.3	
3	25	29.3		0.6	
4	25	43.9		0.9	
5	25	58.6		1.3	
6	25	73.2		1.6	
7	26		77.3	1.7	
8	26		154.6	3.3	
9	26		309.2	6.6	
10	26		463.7	10	0.1
11	26		618.3	13.3	0.2
12	26			86.6	5.6
13	26			242.2	35.6
14	26			362.6	74.5
15	26			438.8	105.3
16					
17					
18					
19					
20					

表 2-11　粗糙管路摩擦系数与雷诺数关系测定结果数据表

序号	密度 /(kg/m³)	黏度 /mPa·s	流量 /(m³/h)	流速 /(m/s)	雷诺数	压差 /kPa	阻力系数
1	1060.4	0.003					
2	1060.2	0.003	0.015		68		0.944
3	1060.2	0.003	0.029		136		0.471
4	1060.1	0.003	0.044		204		0.314
5	1060.1	0.003	0.059		272		0.235
6	1060.1	0.003	0.073		341		0.188
7	1060.1	0.003	0.077		360		0.178
8	1060.1	0.003	0.155	0.1	721		0.089
9	1060	0.003	0.309	0.2	1445		0.044
10	1060	0.003	0.464	0.3	2169	0.1	0.053
11	1060	0.003	0.618	0.3	2893	0.2	0.049
12	1059.9	0.003	4.03	2.3	18974	5.6	0.03
13	1059.9	0.003	11.266	6.4	53169	35.6	0.024
14	1059.9	0.003	16.867	9.6	79829	74.5	0.023
15	1059.9	0.003	20.408	11.6	96579	105.3	0.022
16							
17							
18							
19							
20							

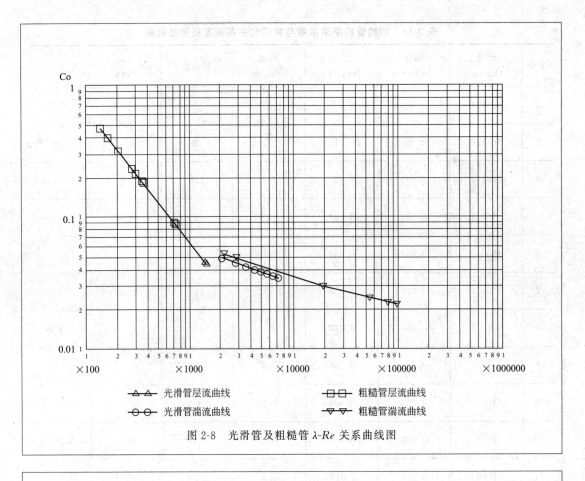

图 2-8　光滑管及粗糙管 λ-Re 关系曲线图

局部阻力系数测定

表 2-12　闸阀局部阻力系数测定原始数据

序号	温度/℃	小转子流量计 /(L/h)	大转子流量计 /(L/h)	远点压差(表压) /MPa	近点压差(表压) /MPa
1	25		1543.7	0.1	0.1

表 2-13　闸阀局部阻力系数测定结果数据

序号	密度 /(kg/m³)	黏度 /mPa·s	流量 /(m³/h)	流速 /(m/s)	雷诺数	远点压差 /kPa	近点压差 /kPa	阻力系数
1	1060.2	0.003	1.544	0.9	24528	0.1	0.1	0.366

表 2-14　截止阀局部阻力系数测定原始数据

序号	温度/℃	小转子流量计 /(L/h)	大转子流量计 /(L/h)	远点压差(表压) /MPa	近点压差(表压) /MPa
1	26	1533.5	1533.5	3.8	3.8

表 2-15　截止阀局部阻力系数测定结果数据

序号	密度 /(kg/m³)	黏度 /mPa·s	流量 /(m³/h)	流速 /(m/s)	雷诺数	远点压差 /kPa	近点压差 /kPa	阻力系数
1	1059.8	0.003	1.533	0.9	24356	3.8	3.8	10.182

流量计性能测定实验参数设置

选流量计种类：

标准孔板流量计

选流量计最小截面直径：

AO＝0.020mm（β＝0.50）

表 2-16　流量计性能测定原始数据表

序号	温度/℃	涡轮流量计/Hz	压差/kPa
1	26.2	87	3.1
2	26.2	169	12.4
3	26.3	242	25.9
4	26.3	306	41.8
5	26.3	360	58
6	26.4	402	72.8
7	26.4	438	86.5
8	26.4	467	98.4
9	26.4	490	108.7
10	26.4	500	113.2

表 2-17　流量计性能测定结果数据表

序号	密度/(kg/m³)	黏度/mPa·s	流量/(m³/h)	流速/(m/s)	雷诺数	压差/kPa	孔流系数
1	1059.8	0.003	4.027	0.9	39979	3.1	0.706
2	1059.8	0.003	7.87	1.7	78192	12.4	0.692
3	1059.7	0.003	11.255	2.5	112051	25.9	0.686
4	1059.7	0.003	14.234	3.1	141810	41.8	0.683
5	1059.7	0.003	16.722	3.7	166687	58	0.681
6	1059.7	0.003	18.708	4.1	186643	72.8	0.68
7	1059.7	0.003	20.364	4.5	203291	86.5	0.679
8	1059.7	0.003	21.701	4.8	216770	98.4	0.678
9	1059.7	0.003	22.792	5	227788	108.7	0.678
10	1059.7	0.003	23.254	5.1	232507	113.2	0.677

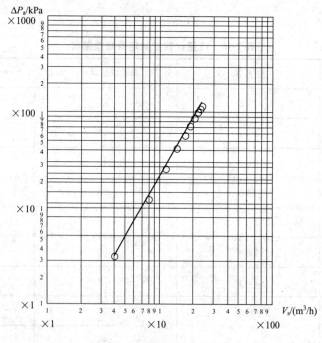

图 2-9　流量计流量标定曲线

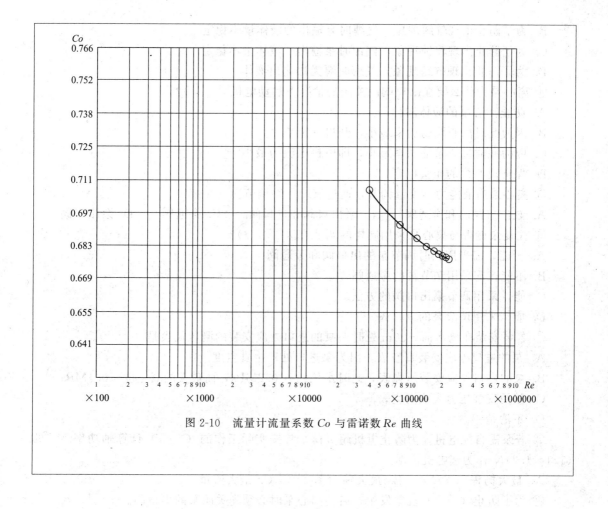

图 2-10　流量计流量系数 Co 与雷诺数 Re 曲线

思考题

① 本实验用水为工作介质做出的 $\lambda\text{-}Re$ 关系曲线，对其他流体能否适用？为什么？

② 本实验是测定等直径水平直管的流动阻力，若将水平管改为流体自下而上的垂直管，从测量两取压点间压差的倒置 U 形管读数 R 到 Δp_f 的计算过程和公式是否与水平管完全相同？为什么？

③ 为什么采用压力传感器和倒置 U 形管并联起来测量直管段的压差？何时用压力传感器？何时用倒置 U 形管？操作时要注意什么？

练习题

① 压力表上显示的压力，即为被测流体的 (　　)。

A. 绝对压力　　　　　　　B. 表压力　　　　　　　C. 真空度

② 设备内的真空度越高，即说明设备内的绝对压力 (　　)。

A. 越大　　　　　　　　　B. 越小　　　　　　　　C. 越接近大气压

③ 做离心泵性能测定实验前将泵灌满水是 (　　)。

A. 为了防止出现汽蚀现象，汽蚀时泵无法输出液体

B. 为了防止出现气缚现象，气缚时泵输出的液体量不稳定

C. 为了防止出现汽蚀现象，汽蚀时泵输出的液体量不稳定

D. 为了防止出现气缚现象，气缚时泵无法输出液体

④ 离心泵为什么要在出口阀门关闭的情况下启动电机（　　）？

A. 防止离心泵的液体漏掉

B. 因为此时离心泵的功率最小，开机噪声小

C. 因为此时离心泵的功率最小，即电机电流为最小

D. 保证离心泵的压头稳定

⑤ 离心泵送液能力（流量调节）通过（　　）调节。

A. 泵出口阀门和旁通阀　　　B. 泵出口阀和进口阀　　　C. 旁通阀　　　D. 泵出口阀

⑥ 往复泵能否与离心泵采用同样的调节方法（　　）？

A. 不能，需采用同时调节泵的出口阀和旁通阀

B. 不能，需采用调节泵的旁通阀

C. 能，采用调节泵出口阀的方法

D. 能，采用调节泵的进口阀

⑦ 若泵安装在离水面－20m 处时，泵的进口处应安装的测压仪表是（　　）。

A. 泵的进口处应安装真空表，因为泵进口处产生真空度

B. 泵的进口处应安装压强表，此时水位约为 0.2MPa，而最大的真空度＜0.1MPa

C. 随便安装压力表或真空表

D. 不清楚

⑧ 若泵需自配电机，为防止电机超负荷，常按实际工作的（　　）计算轴功率 N，取 $(1.1\sim1.2)N$ 作为选电机依据。

A. 最大扬程　　　　　B. 最大轴功率　　　　C. 最大流量

⑨ 为了防止（　　）现象发生，启动离心泵时必须先关闭泵的出口阀。

A. 电机烧坏　　　　　B. 叶轮受损　　　　C. 气缚　　　D. 汽蚀

⑩ 由离心泵的特性曲线可知，流量增大则扬程（　　）。

A. 增大　　　　　　　　　　　　　　B. 减小

C. 不变　　　　　　　　　　　　　　D. 在特定范围内增大或减小

⑪ 对应于离心泵的特性曲线（　　）的各种性能的数据值，一般都标注在铭牌上。

A. 流量最大　　　　　B. 扬程最大　　　　C. 轴功率最大

D. 有效功率最大　　　E. 效率最大

⑫ 根据生产任务选用离心泵时，应尽可能使泵在（　　）点附近工作。

A. 效率最大　　　　　B. 扬程最大　　　　C. 轴功率最大

D. 有效功率最大　　　E. 流量最大

⑬ 流体在管路中做稳态流动时，流体具有的特点是（　　）。

A. 呈平缓滞流　　　B. 呈匀速运动

C. 在任何截面处流速、流量、压力等物理参数都相等

D. 任一截面处的流速、流量、压力等物理参数不随时间而变化

⑭ 流体流动时产生摩擦阻力的根本原因是（　　）。

A. 流动速度大于零　　　B. 管壁不够光滑　　　C. 流体具有黏性

⑮ 流体在管内流动时，滞流内层的厚度随流速的增加而（　　）。

A. 变小　　　　　　　B. 变大　　　　　　　C. 不变

⑯ 水在圆形直管中做完全湍流时，当输送量、管长和管子的相对粗糙度不变，仅将其管径缩小一半，则阻力变为原来的（　　）倍。

A. 16　　　　　　　　B. 32　　　　　　　　C. 不变

⑰ 相同管径的圆形管道中，分别流动着黏油和清水，若雷诺数 Re 相等，两者的密度相差不大，而黏度相差很大，则油速（　　）水速。

A. 大于　　　　　　　B. 小于　　　　　　　C. 等于

⑱ 水在一条等直径的垂直管内做稳定连续流动时，其流速（　　）。

A. 会越流越快　　　　B. 会越流越慢　　　　C. 不变

⑲ 离心泵的性能曲线中的 H-Q 线是在（　　）情况下测定的。

A. 效率一定　　　　B. 功率一定　　　　C. 转速一定　　　　D. 管路阻力损失一定

⑳ 某同学进行离心泵特性曲线测定实验，启动泵后，出水管不出水，泵进口处真空计指示真空度很高，他对故障原因做出了正确判断，排除了故障，你认为以下可能的原因中，哪一个是真正的原因（　　）？

A. 水温太高　　　　B. 真空计坏了　　　　C. 吸入管路堵塞　　　　D. 排出管路堵塞

实训二　恒压过滤实验仿真

一、实验目的

① 了解板框过滤机的结构，掌握其操作方法。
② 测定恒压过滤操作时的过滤常数 K、q_e、τ_e。

二、实验内容

① 在一定的压强差下进行恒压过滤，测定其过滤常数 K、q_e、τ_e。
② 改变压强差，重复上述实验。

三、实验原理

过滤过程是将悬浮液送至过滤介质的一侧，在其上维持比另一侧较高的压力，液体通过介质成为滤液，固体粒子则被截流逐渐形成滤饼。

过滤速率由过滤压强差及过滤阻力决定，过滤阻力由滤布和滤饼两部分组成。因为滤饼厚度随着时间而增加，所以恒压过滤速率随着时间而降低。对于不可压缩滤饼，过滤速率可表示为：

$$\frac{\mathrm{d}q}{\mathrm{d}\tau} = \frac{K}{2(q+q_e)} \tag{2-15}$$

$$q_e = V_e/A$$

式中　V_e——阻力相等的滤饼层所得滤液量，m^3；

　　　A——过滤面积，m^2；

　　　q——τ 时间内单位面积的累计滤液量，m^3/m^2；

K——过滤常数，m^2/s；

τ——过滤时间，s。

恒压过滤时，将上述微分方程积分可得过滤常数 q_e 的测定方法。将式（2-15）进行积分变换可得：

$$q^2 + 2qq_e = K\tau \tag{2-16}$$

整理为：

$$\frac{\tau}{q} = \frac{1}{K}q + \frac{2}{K}q_e \tag{2-17}$$

以 τ/q 为纵坐标，q 为横坐标作图，可得一直线，直线的斜率为 $1/K$，截距为 $2q_e/K$。在不同的过滤时间 τ，记取单位过滤面积所得的滤液量 q，由式（2-17）便可求出 K 和 q_e。

若在恒压过滤之前的 τ_1 时间内已通过单位过滤面积的滤液 q_1，则在 τ_1 至 τ 及 q_1 至 q 范围内将（2-15）积分，整理后得：

$$\frac{\tau - \tau_1}{q - q_1} = \frac{1}{K}(q - q_1) + \frac{2}{K}(q_1 + q_e) \tag{2-18}$$

$\dfrac{\tau - \tau_1}{q - q_1}$ 与 $q - q_1$ 之间为线性关系，同样可求出 K 和 q_e。

洗涤速率与最终过滤速率的测定：在一定的压强下，洗涤速率 $\left(\dfrac{dV}{d\tau}\right)_W$ 是恒定不变的，因此它的测定比较容易。它可以在水量流出正常后开始计量，计量多少也可根据需要决定。洗涤速率为单位时间所得的洗液量。

$$\left(\frac{dV}{d\tau}\right)_W = \frac{V_W}{\tau_W} \tag{2-19}$$

式中 V_W——洗液量，m^3；

τ_W——洗涤时间，s。

V_W、τ_W 均由实验测得，即可算出 $\left(\dfrac{dV}{d\tau}\right)_W$。

最终过滤速率的测定是比较困难的，因为它是一个变数，为测得比较准确，建议过滤操作要进行到滤框全部被滤渣充满以后再停止。根据恒压过滤基本方程，恒压过滤最终速率为：

$$\left(\frac{dV}{d\tau}\right)_E = \frac{KA^2}{2(V + V_e)} = \frac{KA}{2(q + q_e)} \tag{2-20}$$

式中 $\left(\dfrac{dV}{d\tau}\right)_E$——最终过滤速率；

V——整个过滤时间 τ 内所得的滤液总量；

q——整个过滤时间 τ 内通过单位过滤面积所得的滤液总量。

四、软件操作

3D 场景仿真系统运行界面见图 2-11。

操作者主要在 3D 场景仿真界面中根据任务提示进行操作；实验操作简介界面（图 2-2）可以查看软件特点介绍、实验原理简介、视野调整简介、移动方式简介和设备操作简介；评分界面（图 2-3）可以查看实验任务的完成情况及得分情况。

仿真软件操作方式参见离心泵性能测定实验仿真。

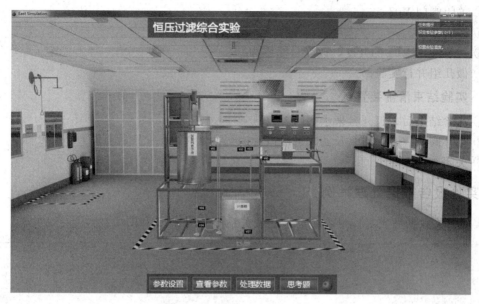

图 2-11　3D 场景仿真系统运行界面

五、实验步骤

1. 设定实验参数

① 设置实验温度，范围为 0～40℃（本实验中温度主要影响物性）。

② 设置板框数，范围为 2～10 个（板框未设置则默认为 2）。

③ 完成设置后，保存数据。

2. 实验一

① 打开总电源开关。

② 打开搅拌器开关。

③ 调节搅拌器转速大于 500r/min。

④ 打开旋涡泵前阀 V06。

⑤ 打开旋涡泵电源开关。

⑥ 全开阀门 V01，建立回流。

⑦ 观察泵后压力表示数，等待指针稳定。

⑧ 压力表稳定后，打开过滤入口阀 V03。

⑨ 压紧板框。

⑩ 打开过滤出口阀 V05。

⑪ 步骤 A：滤液流出时开始计时，液面高度每上升 10cm 记录一次数据。

⑫ 重复进行步骤 A，记录 8 组数据。

⑬ 当每秒滤液量接近 0 时停止计时。

3. 实验二

① 关闭过滤入口阀 V03。

② 打开阀门 V07，把计量槽内的滤液放空。

③ 等待滤液放空。

④ 关闭阀门 V07。

⑤ 卸渣清洗。

⑥ 调节阀门 V01 的开度，改变过滤压力。

⑦ 做几组并行实验。

4. 实验结束清洗装置

① 实验结束后，打开自来水阀门 V04。

② 打开阀门 V02，对泵及滤浆进出口管进行冲洗。

③ 关闭阀门 V01。

六、实验报告数据处理举例

实验相关数据见表 2-18～表 2-25，相关关系图见图 2-12 和图 2-13。

流体综合实验
实验报表

姓　　名：×××　　　　班　　级：Esst

学　　号：160703305　　实验日期：2019-4-11

可选参数：

搅拌器：功率 160W；转速 3200r/min

过滤板：规格 160mm×180mm×11mm

滤布：过滤面积 0.0475m²

计量桶：长 287mm，宽 328mm

固定数据：

温度：30℃

板框数：2（范围：2～10 个）

表 2-18　恒压过滤原始数据表

压强 ΔP	0.05		0.07		0.1		0.15		0.21		0.24	
序号	滤液高度 h/mm	过滤时间 θ/s	滤液高度 h/mm	过滤时间 θ/s	滤液高度 h/mm	过滤时间 θ/s	滤液高度 h/mm	过滤时间 θ/s	滤液高度 h/mm	过滤时间 θ/s	滤液高度 h/mm	过滤时间 θ/s
1	3		7		9		3		8		6	
2	14	15	10	2	20	10	4		11		14	2
3	24	35	20	15	30	22	18	19	34	14	24	7
4	34	58	30	32	41	37	30	37	42	20	35	14
5	44	86	40	52	50	53	40	54	48	26	46	22
6	54	119	50	75	60	72	50	72	59	36	56	31
7	64	156	60	101	70	94	60	93	68	47	66	41
8	74	198	70	131	80	118	71	116	79	60	77	53
9	84	244	80	164	90	144	80	138	88	73	87	65
10												

表 2-19　过滤压差为 0.05MPa 时的数据

序号	滤液高度 h/mm	$q/(\text{m}^3/\text{m}^2)$	$\Delta q/(\text{m}^3/\text{m}^2)$	θ/s	$\Delta\theta$/s	$\Delta\theta/\Delta q/(\text{s/m})$	$\overline{q}/(\text{m}^3/\text{m}^2)$
1	3						
2	14	0.0282	0.0214	15	15	701	0.0175
3	24	0.0485	0.0203	35	20	984.5	0.0384
4	34	0.0676	0.0191	58	23	1207.3	0.0581
5	44	0.0872	0.0196	86	28	1425.9	0.0774
6	54	0.1072	0.02	119	33	1649.6	0.0972
7	64	0.127	0.0197	156	37	1873.9	0.1171
8	74	0.147	0.02	198	42	2098.2	0.137
9	84	0.1668	0.0198	244	46	2322.7	0.1569
10							

表 2-20　过滤压差为 0.07MPa 时的数据

序号	滤液高度 h/mm	$q/(\text{m}^3/\text{m}^2)$	$\Delta q/(\text{m}^3/\text{m}^2)$	θ/s	$\Delta\theta$/s	$\Delta\theta/\Delta q/(\text{s/m})$	$\overline{q}/(\text{m}^3/\text{m}^2)$
1	7						
2	10	0.0202	0.0054	2	2	372.3	0.0175

序号	滤液高度 h/mm	q/(m³/m²)	Δq/(m³/m²)	θ/s	$\Delta\theta$/s	$\Delta\theta/\Delta q$/(s/m)	$\bar{q}$/(m³/m²)
3	20	0.0398	0.0196	15	13	664.8	0.03
4	30	0.0601	0.0204	32	17	834.6	0.05
5	40	0.08	0.0199	52	20	1005.3	0.0701
6	50	0.0996	0.196	75	23	1172.6	0.0898
7	60	0.1191	0.0194	101	26	1337.8	0.1094
8	70	0.139	0.0199	131	30	1504.3	0.1291
9	80	0.1588	0.0197	164	33	1672	0.1489
10							

表 2-21　过滤压差为 0.1MPa 时的数据

序号	滤液高度 h/mm	q/(m³/m²)	Δq/(m³/m²)	θ/s	$\Delta\theta$/s	$\Delta\theta/\Delta q$/(s/m)	$\bar{q}$/(m³/m²)
1	9						
2	20	0.0405	0.0232	10	10	430.5	0.0289
3	30	0.0603	0.0198	22	12	606.7	0.0504
4	41	0.0808	0.0205	37	15	730.9	0.0705
5	50	0.0996	0.0188	53	16	851.8	0.0902
6	60	0.1192	0.0196	72	19	969.7	0.1094
7	70	0.1393	0.0202	94	22	1091.7	0.1293
8	80	0.1591	0.0198	118	24	1214.1	0.1492
9	90	0.1786	0.0195	144	26	1334.5	0.1688
10							

表 2-22　过滤压差为 0.15MPa 时的数据

序号	滤液高度 h/mm	q/(m³/m²)	Δq/(m³/m²)	θ/s	$\Delta\theta$/s	$\Delta\theta/\Delta q$/(s/m)	$\bar{q}$/(m³/m²)
1	3						
2	4	0.0071	0.0017				0.0062
3	18	0.0366	0.0295	19	19	634.6	0.0219
4	30	0.0603	0.0237	37	18	760.3	0.0485
5	40	0.0802	0.0199	54	17	855.7	0.0702
6	50	0.0993	0.0191	72	18	941	0.0897
7	60	0.1197	0.0204	93	21	1027.6	0.1095
8	71	0.1403	0.0206	116	23	1117.4	0.13
9	80	0.1586	0.0183	138	22	1202.4	0.1495
10							

表 2-23　过滤压差为 0.21MPa 时的数据

序号	滤液高度 h/mm	q/(m³/m²)	Δq/(m³/m²)	θ/s	$\Delta\theta$/s	$\Delta\theta/\Delta q$/(s/m)	$\overline{q}$/(m³/m²)
1	8						
2	11	0.0213	0.0046				0.019
3	34	0.0678	0.0465	14	14	301.2	0.0446
4	42	0.0827	0.0149	20	6	402.4	0.0753
5	48	0.0961	0.0134	26	6	448.7	0.0894
6	59	0.116	0.0199	36	10	503.1	0.106
7	68	0.1354	0.0194	47	11	567.2	0.1257
8	79	0.1559	0.0206	60	13	632.5	0.1456
9	88	0.1746	0.0187	73	13	696.5	0.1652
10							

表 2-24　过滤压差为 0.24MPa 时的数据

序号	滤液高度 h/mm	q/(m³/m²)	Δq/(m³/m²)	θ/s	$\Delta\theta$/s	$\Delta\theta/\Delta q$/(s/m)	$\overline{q}$/(m³/m²)
1	6						
2	14	0.0278	0.015	2	2	133.1	0.0203
3	24	0.0476	0.0198	7	5	252.9	0.0377
4	35	0.0697	0.0221	14	7	316.2	0.0587
5	46	0.0907	0.021	22	8	380.9	0.0802
6	56	0.1111	0.0203	31	9	442.7	0.1009
7	66	0.1309	0.0199	41	10	502.7	0.121
8	77	0.1522	0.0213	53	12	564.1	0.1416
9	87	0.1714	0.0192	65	12	624.4	0.1618
10							

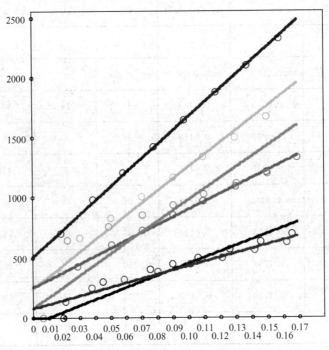

图 2-12 $\Delta\theta/\Delta q$-q 关系图

表 2-25 结果数据表

过滤压强 ΔP/MPa		0.05	0.07	0.1	0.15	0.21	0.24
斜率 $2/K$/(s/m²)		11696	10151	6512	9026	4995	3553
截距 $2/K \times q_e$/(s/m²)		508	244	253	83	−46	78
过滤常数	K/(m²/s)	0.000171	0.000197	0.0003071	0.0002216	0.0004004	0.0005629
	q_e/(m³/m²)	0.0435					
	θ_e/s	11	2.9	4.9	0.4	0.2	0.9

化工原理及工艺仿真实训

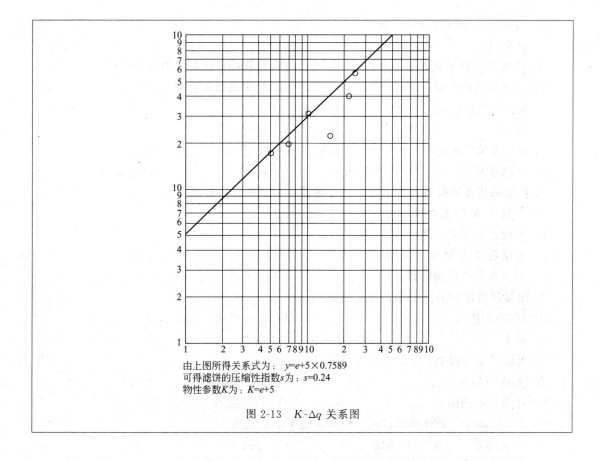

由上图所得关系式为：$y = e+5 \times 0.7589$

可得滤饼的压缩性指数s为：$s = 0.24$

物性参数K为：$K = e+5$

图 2-13　$K\text{-}\Delta q$ 关系图

<hr>

■ 思考题 ■

① 为什么每次实验结束后，都得把滤饼和滤液倒回滤浆槽？

② 本实验装置真空表的读数是否真正反映实际过滤推动力？为什么？

③ 若真空泵已启动了，但真空表上不去，应从哪些方面寻找原因？

■ 练习题 ■

① 滤饼过滤中，过滤介质常用多孔织物，其网孔尺寸（　　）被截留的颗粒直径。

A. 一定小于　　　　　　B. 一定大于　　　　　　C. 不一定小于

② 当操作压力增大一倍，K 的值（　　）。

A. 增大一倍　　　　　　　　　　　　B. 减小一半

C. 增大幅度小于一倍　　　　　　　　D. 减小幅度小于一半

③ 深层过滤中，固体颗粒尺寸（　　）介质空隙。

A. 大于　　　　　　B. 小于　　　　　　C. 等于　　　　　　D. 无法确定

④ 不可压缩滤饼是指（　　）。

A. 滤饼中含有细微颗粒，黏度很大

B. 滤饼空隙很小，无法压缩

C. 滤饼的空隙结构不会因操作压差的增大而变形

D. 组成滤饼的颗粒不可压缩

⑤ 助滤剂是（　　　）。

A. 坚硬而形状不规则的小颗粒　　　　　　B. 松软而形状不规则的小颗粒

C. 坚硬的球形颗粒　　　　　　　　　　　D. 松软的球形颗粒

⑥ 板框过滤的推动力为（　　　）。

A. 离心力　　　　　　　B. 压力差　　　　　　　C. 重力

⑦ 如果实验中测量用的秒表偏慢，则所测得的 K 值（　　　）。

A. 无法确定　　　　　B. 没有影响　　　　　C. 偏小　　　　　　　D. 偏大

⑧ 如果采用本实验的装置对清水进行过滤，则所测得的曲线为（　　　）。

A. 平行于 X 轴的直线

B. 平行于 Y 轴的直线

C. 过原点与 X 轴夹角为 $45°$的直线

D. 顶点在原点的抛物线

⑨ 如果滤饼没有清洗干净，则所测得的 q_e 值（　　　）。

A. 无法确定　　　　　　　　　　　　　　B. 没有影响

C. 偏小　　　　　　　　　　　　　　　　D. 偏大

⑩ 板框过滤过程中，过滤阻力主要是（　　　）。

A. 液体的黏性　　　　　　　　　　　　　B. 板框的阻力

C. 过滤介质的阻力　　　　　　　　　　　D. 滤饼阻力

⑪ 在本实验中，液体在滤饼内的细微孔道中的流动属于（　　　）。

A. 无法确定　　　　　　B. 湍流　　　　　　　　C. 层流

⑫ 实验开始阶段所得到的滤液通常是浑浊的，可能的原因有（　　　）。

A. 开始阶段滤饼层太薄，过滤能力不足

B. 滤布没有安装正确

C. 滤布网孔过大

D. 滤饼层疏松

⑬ 在一定压差下，滤液通过速率随过滤时间的延长而（　　　）。

A. 时大时小　　　　　　B. 不变　　　　　　　　C. 减小　　　　　　　D. 增大

⑭ 在实验过程中需要保持压缩空气压力稳定，这是因为（　　　）。

A. 使悬浮液流量稳定　　　　　　　　　　B. 使滤液流量稳定

C. 测定恒压下的实验数据　　　　　　　　D. 使数据更容易测量

⑮ 用板框压滤机恒压过滤某一滤浆（滤渣不可压缩，且忽略介质阻力），若过滤时间相同，要使其得到的滤液量增加一倍的方法有（　　　）。

A. 将过滤面积增加一倍　　　　　　　　　B. 将过滤压差增加一倍

C. 将滤浆温度升高一倍　　　　　　　　　D. 将过滤速度提高一倍

⑯ 恒压过滤时过滤速率随过程的进行而不断（　　　）。

A. 加快　　　　　　　　B. 减慢　　　　　　　　C. 不变　　　　　　　D. 不确定

⑰ 板框过滤机采用横穿法洗涤滤渣时，若洗涤压差等于最终过滤压差，洗涤液黏度等于滤液黏度，则其洗涤速率为过滤终了速率的（　　　）倍。

A. 1　　　　　　　　　B. 0.5　　　　　　　　C. 0.25　　　　　　　D. 1.25

实训三　气-汽传热实验仿真

一、实验目的

① 通过对空气-水蒸气简单套管换热器的实验研究，掌握对流传热系数 α_i 的测定方法，加深对其概念和影响因素的理解，并应用线性回归分析方法，确定关联式 $Nu = ARe^m Pr^n$ 中常数 A、m 的值。

② 通过对管程内部插有螺旋线圈和采用螺旋扁管为内管的空气-水蒸气强化套管换热器的实验研究，测定其特征数关联式 $Nu = BRe^m$ 中常数 B、m 的值和强化比 Nu/Nu_0，了解强化传热的基本理论和基本方式。

③ 了解套管换热器的管内压降 Δp 和 Nu 之间的关系。

二、实验原理

1. 普通管换热器传热系数及其特征数关联式的测定

（1）对流传热系数 α_i 的测定

对流传热系数 α_i 可以根据牛顿冷却定律，用实验来测定。

$$\alpha_i = \frac{Q_i}{\Delta t_{mi} S_i} \tag{2-21}$$

式中　α_i——管内流体对流传热系数，$W/(m^2 \cdot \text{℃})$；

Q_i——管内传热速率，W；

S_i——管内换热面积，m^2；

Δt_{mi}——内管壁面温度与内管流体温度的平均温差，℃。

平均温差由下式确定：

$$\Delta t_{mi} = t_w - \left(\frac{t_{i1} + t_{i2}}{2}\right) \tag{2-22}$$

式中　t_{i1}，t_{i2}——冷流体的入口、出口温度，℃；

t_w——壁面平均温度，℃。

因为换热器内管为紫铜管，其热导率很大，且管壁很薄，故认为内壁温度、外壁温度和壁面平均温度近似相等，用 t_w 来表示。

管内换热面积：

$$s_i = \pi d_i L_i \tag{2-23}$$

式中　d_i——内管内径，m；

L_i——传热管测量段的实际长度，m。

由热量衡算式：

$$Q_i = W_i c_{pi}(t_{i2} - t_{i1}) \tag{2-24}$$

其中质量流量由下式求得:

$$W_i = \frac{V_i \rho_i}{3600} \tag{2-25}$$

式中　V_i——冷流体在套管内的平均体积流量，m^3/h；

　　　c_{pi}——冷流体的定压比热容，$kJ/(kg \cdot ℃)$；

　　　ρ_i——冷流体的密度，kg/m^3。

c_{pi} 和 ρ_i 可根据定性温度 t_m 查得，$t_m = \dfrac{t_{i1}+t_{i2}}{2}$，为冷流体进出口平均温度。$t_{i1}$、$t_{i2}$、$t_w$、$V_i$ 可采取一定的测量手段得到。

（2）对流传热系数特征数关联式的实验确定

流体在管内做强制湍流，处于被加热状态，特征数关联式的形式为:

$$Nu_i = A Re_i^m Pr_i^n \tag{2-26}$$

其中:

$$Nu_i = \frac{\alpha_i d_i}{\lambda_i} \tag{2-27}$$

$$Re_i = \frac{d_i u_i \rho_i}{\mu_i} \tag{2-28}$$

$$Pr_i = \frac{c_{pi} \mu_i}{\lambda_i} \tag{2-29}$$

物性数据 λ_i、c_{pi}、ρ_i、μ_i 可根据定性温度 t_m 查得。经过计算可知，对于管内被加热的空气，普兰特数 Pr_i 变化不大，可以认为是常数，则关联式的形式简化为:

$$Nu_i = A Re_i^m Pr_i^{0.4} \tag{2-30}$$

通过实验确定不同流量下的 Re_i 与 Nu_i，然后用线性回归方法确定 A 和 m 的值。

2. 强化管换热器传热系数及其特征数关联式及强化比的测定

强化传热又被学术界称为第二代传热技术，它能减小初设计的传热面积，以减小换热器的体积和重量；提高现有换热器的换热能力；使换热器能在较低温差下工作；并且能够减少换热器的阻力以减少换热器的动力消耗，更有效地利用能源和资金。强化传热的方法有多种，本实验装置是采用在换热器内管插入螺旋线圈的方法来强化传热。

螺旋线圈的结构图如图 2-14 所示，螺旋线圈由直径 3mm 以下的铜丝和钢丝按一定节距绕成。将金属螺旋线圈插入并固定在管内，即可构成一种强化传热管。在近壁区域，流体一面由于螺旋线圈的作用而发生旋转，一面还周期性地受到线圈的螺旋金属丝的扰动，因而可以使传热强化。由于绕制线圈的金属丝直径很细，流体旋流强度也较弱，所以阻力较小，有

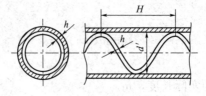

图 2-14　螺旋线圈强化管内部结构

利于节省能源。螺旋线圈是以线圈节距 H 与管内径 d 的比值为主要技术参数，且节距与管内径的比是影响传热效果和阻力系数的重要因素。科学家通过实验研究总结了形式为 $Nu = BRe^m$ 的经验公式，其中 B 和 m 的值因螺旋丝尺寸不同而不同。

在本实验中，采用实验方法确定不同流量下的 Re_i 与 Nu_i，用线性回归方法可确定 B 和 m 的值。

单纯研究强化手段的强化效果（不考虑阻力的影响），可以用强化比的概念作为评判准则，它的形式是 Nu/Nu_0，其中 Nu 是强化管的努塞尔数，Nu_0 是普通管的努塞尔数，显然，强化比 $Nu/Nu_0 > 1$，而且它的值越大，强化效果越好。需要说明的是，如果评判强化方式的真正效果和经济效益，则必须考虑阻力因素，阻力系数随着换热系数的增加而增加，从而导致换热性能的降低和能耗的增加，只有强化比高且阻力系数小的强化方式，才是最佳的强化方法。

三、软件操作

3D 场景仿真系统运行界面见图 2-15。

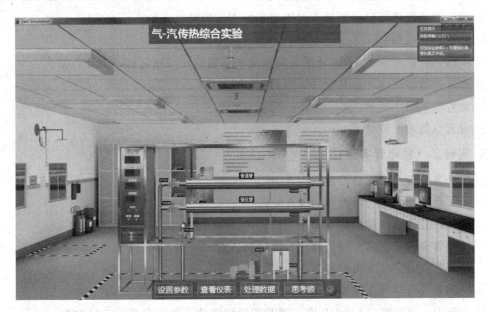

图 2-15　3D 场景仿真系统运行界面

操作者主要在 3D 场景仿真界面中根据任务提示进行操作；实验操作简介界面（图 2-2）可以查看软件特点介绍、实验原理简介、视野调整简介、移动方式简介和设备操作简介；评分界面（图 2-3）可以查看实验任务的完成情况及得分情况。

仿真软件操作方式参见离心泵性能测定实验仿真。

四、实验步骤

1. 实验准备

① 设定实验参数 1：设置普通套管长度及半径。

---

② 设定实验参数 2：设置强化套管长度及半径。

③ 设定实验参数 3：设置蒸汽温度。

④ 设定实验参数完成后，记录数据。

⑤ 打开注水阀 VA102，向蒸汽发生器加水。

⑥ 等待蒸汽发生器内的液位上升到 2/3 左右高度。

⑦ 关闭注水阀 VA102。

⑧ 检查空气流量旁路调节阀 VA106 是否全开。

⑨ 检查普通管空气支路控制阀 VA107 是否打开。

⑩ 打开连通阀 VA101，使水槽与蒸汽发生器相通。

⑪ 检查普通管蒸汽支路控制阀 VA104 是否打开。

2. 实验一（普通管实验）

① 启动总电源。

② 启动蒸汽发生器电源，开始加热。

③ 等待普通管蒸汽排出口有恒量蒸汽排出。

④ 普通管蒸汽排出口有恒量蒸汽排出，标志实验可以开始。

⑤ 启动风机电源。

⑥ 步骤 A：调节阀 VA106 开度，调节流量所需值，待稳定后，记录数据。

⑦ 重复进行步骤 A，总共记录 6 组数据。

⑧ 设置空气最小流量。

⑨ 设置空气最大流量。

3. 实验二（强化管实验）

① 打开强化管蒸汽支路控制阀 VA105。

② 关闭普通管蒸汽支路控制阀 VA104。

③ 等待强化管蒸汽排出口有恒量蒸汽排出。

④ 强化管蒸汽排出口有恒量蒸汽排出，标志实验可以开始。

⑤ 打开强化管空气支路控制阀 VA108。

⑥ 关闭普通管空气支路控制阀 VA107。

⑦ 步骤 B：调节阀 VA106 开度，调节流量所需值，待稳定后，记录数据。

⑧ 重复进行步骤 B，总共记录 6 组数据。

4. 实验结束

① 关停蒸汽发生器电源。

② 关停风机电源。

③ 全开空气流量旁路调节阀 VA106。

④ 关停总电源。

五、实验报告数据处理举例

相关实验数据见表 2-26～表 2-29，相关关系图见图 2-16、图 2-17。

传热实验仿真

实验报表

姓　　名：×××　　　　　　班　　级：Esst

学　　号：160703305　　　实验日期：2019-4-11

培训名称：实验操作

实验参数：

普通套管：

半径：0.02m　　　　长度：1.2m

强化套管：

半径：0.02m　　　　长度：1.2m

物性：空气——水蒸气

温度：100℃

表 2-26　普通套管原始数据

序号	雷诺数（普通）	普兰特数（普通）	努塞尔数（普通）	压降（普通）
1	23632.87	0.6973627	34.31187	0.6675627
2	26020.96	0.6973861	37.08765	0.6835641
3	29643.1	0.6974193	41.11651	0.8442909
4	34488.91	0.6974977	46.57202	1.374796
5	41519.35	0.6976097	53.92919	2.522141
6	52022.49	0.6978752	64.83517	5.49297

表 2-27　强化套管原始数据

序号	雷诺数（强化）	普兰特数（强化）	努塞尔数（强化）	压降（强化）
1	21589.03	0.6977932	56.74744	2.945325
2	24374.67	0.6978259	63.79368	4.195609
3	28032.1	0.6978669	72.94427	6.239447
4	32936.66	0.6979282	84.95	9.526225
5	39884.23	0.6980467	102.0882	15.8333
6	50347.91	0.6982686	127.6932	28.55409

表 2-28　普通套管传热数据

名称	1	2	3	4	5	6
孔板压降（普）	0.6675627	0.6835641	0.8442909	1.374796	2.522141	5.49297
入口温度（普）	20.98727	21.72856	22.91792	25.01878	28.14608	34.08496
出口温度（普）	52.73701	52.74507	52.6983	53.39627	54.53402	57.6496
壁面温度（普）	100	100	100	100	100	100
管压降（普）	0.6675627	0.6835641	0.8442909	1.374796	2.522141	5.49297
定性温度（普）	36.8524	37.25672	37.83274	39.20169	41.17408	45.92736
孔板流量（普）	21.66369	23.93844	27.41509	32.2198	39.363	50.89164
校正流量（普）	22.833	25.19634	28.795	33.75594	41.08189	52.84407
流速（普）	20.18876	22.27841	25.46032	29.84673	36.32428	46.72431
质量流量（普）	0.007296425	0.008042023	0.00917495	0.01071202	0.01296023	0.01643373
传热量（普）	232.7167	250.3757	274.7021	305.9022	342.4359	389.2254
传热系数（普）	48.59534	52.57911	58.37377	66.34212	77.19512	93.88429
努塞尔数（普）	34.31187	37.08765	41.11651	46.57202	53.92919	64.83517
雷诺数（普）	23632.87	26020.96	29643.1	34488.91	41519.35	52022.49
普兰特数（普）	0.6973627	0.6973861	0.6974193	0.6974977	0.6976097	0.6978752

表 2-29　强化套管传热实验数据

名称	1	2	3	4	5	6
孔板压降（强）	0.8600013	1.102798	1.46945	2.051836	3.074258	5.096883
入口温度（强）	20.515	21.36822	22.47878	24.44381	27.61009	33.67465
出口温度（强）	68.3269	68.72351	68.95717	69.49267	70.57196	72.83501
壁面温度（强）	100	100	100	100	100	100
管压降（强）	2.945325	4.195609	6.239447	9.526225	15.8333	28.55409
定性温度（强）	44.44733	45.03584	45.77618	46.88791	49.05356	53.17133
孔板流量（强）	20.10788	22.80429	26.37984	31.27138	38.48064	50.03874
校正流量（强）	21.75122	24.63781	28.451	33.63527	41.22181	53.23922
流速（强）	19.23226	21.78456	25.15615	29.74004	36.448	47.0737
质量流量（强）	0.006794707	0.00768274	0.008851903	0.01042954	0.01269763	0.01619234
传热量（强）	327.5545	365.4868	412.8897	471.2944	546.5838	638.1682
传热系数（强）	81.87903	92.17711	105.5881	123.2974	148.946	188.1435
努塞尔数（强）	56.74744	63.79368	72.94427	84.95	102.0882	127.6932
雷诺数（强）	21589.03	24374.67	28032.1	32936.66	39884.23	50347.91
普兰特数（强）	0.6977932	0.6978259	0.6978669	0.6979282	0.6980467	0.6982686

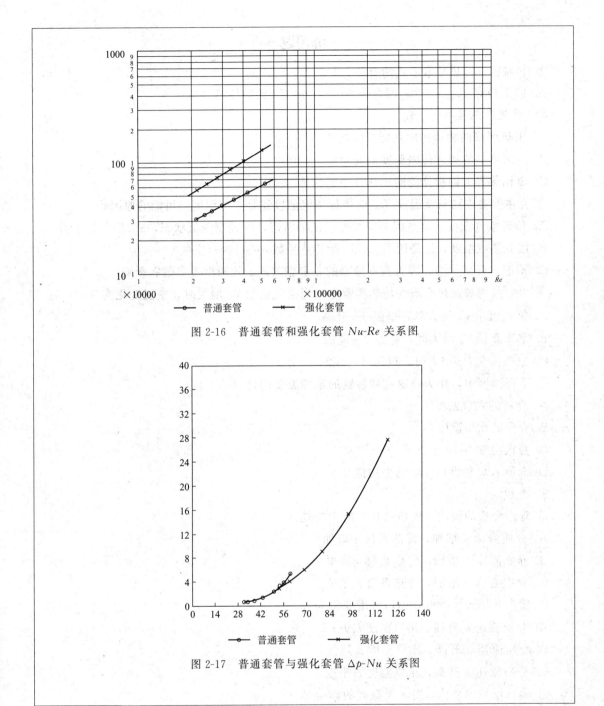

图 2-16　普通套管和强化套管 Nu-Re 关系图

图 2-17　普通套管与强化套管 Δp-Nu 关系图

思考题

① 实验开始时是否需要确定冷流体的最小流量？怎么确定？

② 实验中管壁温度接近哪侧流体的温度？为什么？

③ 管内空气流动对对流传热系数有何影响？当空气流速增大时，空气离开热交换器的温度是升高还是降低？为什么？

① 下列属于传热基本形式的有（　　　）。

A. 间壁换热　　　　　B. 混合换热　　　　　C. 辐射传热

② "热能"总是（　　　）。

A. 由热能高的物体传向热能低的物体

B. 由温度高的物体传向温度低的物体

C. 由比热容大的物体传向比热容小的物体

③ 在本实验中的管壁温度 T_W 应接近蒸汽温度还是空气温度？可能的原因是（　　　）。

A. 接近空气温度，这是因为空气处于流动状态，即强制湍流状态，α（空气）上升

B. 接近蒸汽温度，这是因为蒸汽冷凝传热系数 α(蒸)$\gg\alpha$(空气)

C. 不偏向任何一边，因为蒸汽冷凝的 α 和空气的 α 均对壁温参数有影响

④ 以空气为被加热介质的传热实验中，当空气流量 V_a 增大时，壁温变化为（　　　）。

A. 空气流量 V_a 增大时，壁温 T_W 升高

B. 空气流量 V_a 增大时，壁温 T_W 降低

C. 空气流量 V_a 增大时，壁温 T_W 不变

⑤ 下列温度中，作为确定物性参数的定性温度的是（　　　）。

A. 介质的入口温度

B. 介质的出口温度

C. 蒸汽温度

D. 介质入口和出口温度的平均值

E. 壁温

⑥ 管内介质的流速对传热系数 α 的影响是（　　　）。

A. 介质流速 u 增加，传热系数 α 增加

B. 介质流速 u 增加，传热系数 α 降低

C. 介质流速 u 增加，传热系数 α 不变

⑦ 管内介质流速改变，出口温度变化为（　　　）。

A. 介质流速 u 升高，出口温度 t_2 升高

B. 介质流速 u 升高，出口温度 t_2 降低

C. 介质流速 u 升高，出口温度 t_2 不变

⑧ 蒸汽压强的变化，对 α 关联式的影响是（　　　）。

A. 压强 p 增大，α 值增大，对 α 关联式有影响

B. 压强 p 增大，α 值不变，对 α 关联式无影响

C. 压强 p 增大，α 值减小，对 α 关联式有影响

⑨ 改变管内介质的流动方向，总传热系数 K 的变化是（　　　）。

A. 管内介质的流动方向改变，总传热系数 K 值增加

B. 管内介质的流动方向改变，总传热系数 K 值减小

C. 管内介质的流动方向改变，总传热系数 K 值不变

实训四　填料吸收塔（CO_2-H_2O）实验仿真

一、实验目的

① 了解填料吸收塔的结构和流体力学性能。

② 学习填料吸收塔传质能力和传质效率的测定方法。

二、实验内容

① 测定填料层压强降与操作气速的关系，确定填料塔在某液体喷淋量下的液泛气速。

② 采用水吸收二氧化碳，空气解吸水中二氧化碳，测定填料塔的液相侧传质膜系数和总传质系数。

三、实验原理

1. 气体通过填料层的压强降

压强降是塔设计中的重要参数，气体通过填料层压强降的大小决定了塔的动力消耗。压强降与气液流量有关，不同喷淋量下的填料层的压强降 Δp 与气速 u 的关系如图 2-18 所示。

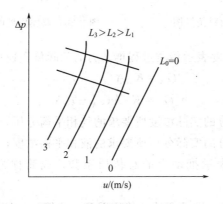

图 2-18　填料层的 Δp-u 关系

当无液体喷淋即喷淋量 $L_0 = 0$ 时，干填料的 Δp-u 的关系是直线，如图中的直线 0。当有一定的喷淋量时，Δp-u 的关系变成折线，并存在两个转折点，下转折点称为"载点"，上转折点称为"泛点"。这两个转折点将 Δp-u 关系分为三个区段：恒持液量区、载液区与液泛区。

2. 传质性能

吸收系数是决定吸收过程速率高低的重要参数，而实验测定是获取吸收系数的根本途径。对于相同的物系及一定的设备（填料类型与尺寸），吸收系数将随着操作条件及气液接触状况的不同而变化。

双膜模型的基本假设中气相侧和液相侧的吸收质 A 的传质速率方程可分别表达为：

气膜：
$$G_A = k_g A(p_A - p_{Ai}) \tag{2-31}$$

液膜：
$$G_A = k_1 A(c_{Ai} - c_A) \tag{2-32}$$

式中 G_A——A组分的传质速率，kmol/s；

A——两相接触面积，m^2；

p_A——气相侧A组分的平均分压，Pa；

p_{Ai}——相界面上A组分的平均分压，Pa；

c_A——液相侧A组分的平均浓度，$kmol/m^3$；

c_{Ai}——相界面上A组分的浓度，$kmol/m^3$；

k_g——以分压表达推动力的气相侧传质膜系数，$kmol/(m^2 \cdot s \cdot Pa)$；

k_1——以物质的量浓度表达推动力的液相侧传质膜系数，m/s。

填料塔的物料衡算图见图2-19，双膜模型的浓度分布图见图2-20。

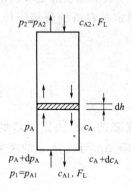

图2-19 填料塔的物料衡算图

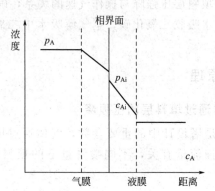

图2-20 双膜模型的浓度分布图

以气相分压或以液相浓度表示传质过程推动力的相际传质速率方程又可分别表达为：

$$G_A = K_G A(p_A - p_A^*) \tag{2-33}$$

$$G_A = K_L A(c_A^* - c_A) \tag{2-34}$$

式中 p_A——液相中A组分的实际浓度所要求的气相平衡分压，Pa；

c_A——气相中A组分的实际分压所要求的液相平衡浓度，$kmol/m^3$；

K_G——以气相分压表示推动力的总传质系数，或简称为气相传质总系数，$kmol/(m^2 \cdot s \cdot Pa)$；

K_L——以液相分压表示推动力的总传质系数，或简称为液相传质总系数，m/s。

若气液相平衡关系遵循亨利定律：$c_A = Hp_A$。则：

$$\frac{1}{K_G} = \frac{1}{k_g} + \frac{1}{Hk_1} \tag{2-35}$$

$$\frac{1}{K_L} = \frac{H}{k_g} + \frac{1}{k_1} \tag{2-36}$$

当气膜阻力远大于液膜阻力时，则相际传质过程式受气膜传质速率控制，此时，$K_G = k_g$；反之，当液膜阻力远大于气膜阻力时，则相际传质过程受液膜传质速率控制，此时，$K_L = k_1$。

如图2-19所示，在逆流接触的填料层内，任意截取一微分段，并以此为衡算系统，则由吸收质A的物料衡算可得：

$$dG_A = \frac{F_L}{\rho_L} dc_A \tag{2-37}$$

式中　F_L——液相摩尔流率，kmol/s；

　　　ρ_L——液相摩尔密度，kmol/m^3。

根据传质速率基本方程式，可写出该微分段的传质速率微分方程：

$$dG_A = K_L(c_A^* - c_A)aS\,dh \tag{2-38}$$

联立上两式可得：

$$dh = \frac{F_L}{K_L aS\rho_L} \times \frac{dc_A}{c_A^* - c_A} \tag{2-39}$$

式中　a——气液两相接触的比表面积，m^2/m；

　　　S——填料塔的横截面积，m^2。

实验采用水吸收二氧化碳，已知二氧化碳在常温常压下溶解度较小，因此，液相摩尔流率 F_L 和摩尔密度 ρ_L 的比值，亦即液相体积流率 $(V_S)_L$ 可视为定值，且设总传质系数 K_L 和两相接触比表面积 a，在整个填料层内为一定值，则按边值条件积分式(2-39)，可得填料层高度的计算公式：

当 $h=0$ 时，$c_A = c_{A2}$；$h=h$ 时，$c_A = c_{A1}$。

$$h = \frac{V_{sL}}{K_L aS} \times \int_{c_{A2}}^{c_{A1}} \frac{dc_A}{c_A^* - c_A} \tag{2-40}$$

令：

$$H_L = \frac{V_{sL}}{K_L aS} \tag{2-41}$$

式中，H_L 为液相传质单元高度（HTU）。

$$N_L = \int_{c_{A2}}^{c_{A1}} \frac{dc_A}{c_A^* - c_A} \tag{2-42}$$

式中，N_L 为液相传质单元数（NTU）。

因此，填料层高度为传质单元高度与传质单元数之乘积，即：

$$h = H_L N_L \tag{2-43}$$

若气液平衡关系遵循亨利定律，即平衡曲线为直线，则式(2-40)为可用解析法解得填料层高度的计算式，亦即可采用下列平均推动力法计算填料层的高度或液相传质单元高度：

$$h = \frac{V_{sL}}{K_L aS} \times \frac{c_{A1} - c_{A2}}{\Delta c_{Am}} \tag{2-44}$$

$$N_L = \frac{h}{H_L} = \frac{h}{\dfrac{c_{A1} - c_{A2}}{\Delta c_{Am}}} \tag{2-45}$$

$$\Delta c_{Am} = \frac{\Delta c_{A2} - \Delta c_{A1}}{\ln \dfrac{\Delta c_{A2}}{\Delta c_{A1}}} = \frac{(c_{A2}^* - c_{A2}) - (c_{A1}^* - c_{A1})}{\ln \dfrac{c_{A2}^* - c_{A2}}{c_{A1}^* - c_{A1}}} \tag{2-46}$$

式中，c_{Am} 为液相平均推动力。

因为本实验采用纯水吸收二氧化碳，则：

$$c_{A1}^* = c_{A2}^* = c_A^* = H p_A \tag{2-47}$$

二氧化碳的溶解度常数：

$$H = \frac{\rho_W}{M_W} \times \frac{1}{E} \tag{2-48}$$

式中　ρ_W——水的密度，kg/m^3；

　　M_W——水的摩尔质量，$kmol/kg$；

　　E——二氧化碳在水中的亨利系数，Pa。

因此，式(2-46)可简化为：

$$\Delta c_{Am} = \frac{c_{A1}}{\ln \dfrac{c_A^*}{c_A^* - c_{A1}}} \tag{2-49}$$

因本实验采用的物系不仅遵循亨利定律，而且气膜阻力可以不计，在此情况下，整个传质过程阻力都集中于液膜，即属于液膜控制过程，则液相侧体积传质膜系数等于液相体积传质总系数，亦即：

$$k_l a = K_L a = \frac{V_{sL}}{hS} \times \frac{c_{A1} - c_{A2}}{\Delta c_{Am}} \tag{2-50}$$

四、软件操作

3D场景仿真系统运行界面见图2-21。

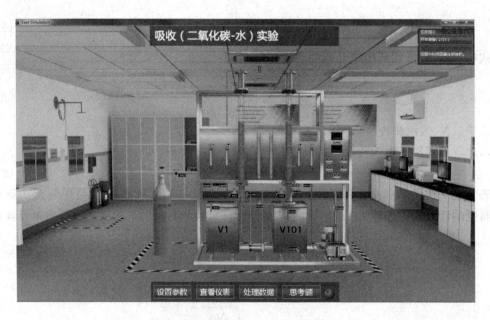

图 2-21　3D场景仿真系统运行界面

操作者主要在3D场景仿真界面中根据任务提示进行操作；实验操作简介界面（图2-2）可以查看软件特点介绍、实验原理简介、视野调整简介、移动方式简介和设备操作简介；评分界面（图2-3）可以查看实验任务的完成情况及得分情况。

仿真软件操作方式参见离心泵性能测定实验仿真。

五、实验步骤

1. 开车准备

① 点击"设置参数",设置环境温度。

② 设置中和用氢氧化钡浓度。

③ 设置中和用氢氧化钡体积。

④ 设置滴定用盐酸浓度。

⑤ 设置样品体积。

⑥ 设置吸收塔的塔径。

⑦ 设置吸收塔的填料高度。

⑧ 设置吸收塔的填料种类。

⑨ 吸收塔填料参数设置完成后点击"记录数据"。

⑩ 设置解吸塔的塔径。

⑪ 设置解吸塔的填料高度。

⑫ 设置解吸塔的填料种类。

⑬ 解吸塔填料参数设置完成后点击"记录数据"。

2. 流体力学性能实验——干塔实验

① 打开总电源开关。

② 打开风机 P101 开关。

③ 全开阀门 VA101。

④ 全开阀门 VA102。

⑤ 全开阀门 VA110。

⑥ 减小阀门 VA101 的开度,在"查看仪表"第二页,记录数据。

⑦ 逐步减小阀门 VA101 的开度,调节流量,记录至少 6 组数据。

3. 流体力学性能实验——湿塔实验

① 打开加水开关。

② 等待水位到达 50%。

③ 关闭加水开关。

④ 启动水泵 P102。

⑤ 全开阀门 VA101。

⑥ 全开阀门 VA109,调节水的流量到 60L/h。

⑦ 全开阀门 VA105。

⑧ 减小阀门 VA101 开度,在"查看仪表"第二页,记录数据。

⑨ 逐步减小阀门 VA101 的开度,调节流量,记录至少 6 组数据。

4. 吸收传质实验

① 打开 CO_2 钢瓶阀门 VA001。

② 打开阀门 VA107。

③ 调节减压阀 VA002 开度,控制 CO_2 流量。

④ 启动水泵 P103。

⑤ 打开阀门 VA108。

⑥ 关闭阀门 VA105。

⑦ 待稳定后，打开取样阀 VA1 取样分析。

⑧ 待稳定后，打开取样阀 VA2 取样分析。

⑨ 待稳定后，打开取样阀 VA3 取样分析。

⑩ 点击"查看仪表"，记录数据。

5. 停止实验

① 关闭 CO_2 钢瓶阀门 VA001。

② 关停水泵 P102。

③ 关停水泵 P103。

④ 关停风机。

⑤ 关闭总电源。

六、注意事项

① 启动鼓风机前，务必先全开放空阀。

② 在传质实验时，水流量不能超过 40L/h，否则尾气浓度极低，给尾气分析带来困难。

③ 两次传质实验所用的进料浓度必须一致。

七、实验报告数据处理举例

相关实验数据记录见表 2-30～表 2-32，相关曲线见图 2-22。

二氧化碳吸收与解吸实验仿真装置
实验报表

姓　　名：×××　　　　　　班　　级：Esst

学　　号：160703305　　　实验日期：2019-4-16

培训名称：二氧化碳吸收与解吸实验

实验参数：

　填料吸收塔：

　　吸附塔填料类型：陶瓷鲍尔环，$\phi 25 \times 25$

　　空隙率：0.75；比表面积：$220m^2/m^3$；填料因子：$300m^{-1}$；干填料因子：$300m^{-1}$

　　吸附塔填料高度：0.7m

　　吸附塔填料塔径：0.1m

　填料解吸塔：

　　解吸塔填料类型：陶瓷鲍尔环，$\phi 25 \times 25$

　　空隙率：0.75；比表面积：$220m^2/m^3$；填料因子：$300m^{-1}$；干填料因子：$300m^{-1}$

　　解吸塔填料高度：0.7m

　　解吸塔填料塔径：0.1m

表 2-30　干塔流体性能数据

序号	空塔气速 /(m/s)	吸收塔压降 /mmH₂O	单位高度压降 /(mmH₂O/m)	空气温度 /℃	空气流量 /(m³/h)
1	0.02	0.01	0.02	20	0.53
2	0.02	0.01	0.02	20	0.48
3	0.02	0.01	0.02	20	0.54
4	0.02	0.02	0.03	20	0.61
5	0.03	0.03	0.04	20	0.72
6	0.03	0.04	0.05	20	0.85

表 2-31　湿塔流体性能数据

序号	空塔气速 /(m/s)	吸收塔压降 /mmH₂O	单位高度压降 /(mmH₂O/m)	空气温度 /℃	空气流量 /(m³/h)	操作现象
1	0.02	0.13	0.18	20	0.51	流动正常
2	0.02	0.1	0.15	20	0.48	流动正常
3	0.02	0.13	0.19	20	0.54	流动正常
4	0.02	0.17	0.24	20	0.61	流动正常
5	0.03	0.23	0.33	20	0.71	流动正常
6	0.03	0.39	0.56	20	0.94	流动正常

表 2-32　填料塔传质性能实验数据

序号	名称	吸附塔	解吸塔	单位
1	CO_2 流量计读数	0.23		m³/h
2	CO_2 温度	10		℃
3	CO_2 流量	0.22		m³/h
4	水流量计读数	60.1	47.79	L/h
5	水流量	59.8	47.79	L/h
6	氢氧化钡浓度	0.1		mol/L
7	氢氧化钡体积	8		mL
8	盐酸浓度	0.1		mol/L
9	塔底液用盐酸体积	8.69	10.216	mL
10	空白液用盐酸体积	13.13		mL
11	样品体积	8		mL

序号	名称	吸附塔	解吸塔	单位
12	塔底液相温度	20	20	℃
13	亨利常数	1.46	1.424	$\times 10^8$ Pa
14	塔底液相浓度	0.046	0.036	kmol/m³
15	空白液相浓度	0.018		kmol/m³
16	传质单元高度	2.176	5.801	$\times 10^{-7}$ kmol/(m³·Pa)
17	平衡浓度	13.415	5.139	$\times 10^{-2}$ kmol/m³
18	平衡推动力	0.102	0.064	kmolCO₂/m³
19	液相传质系数	0.002	0.001	m/s

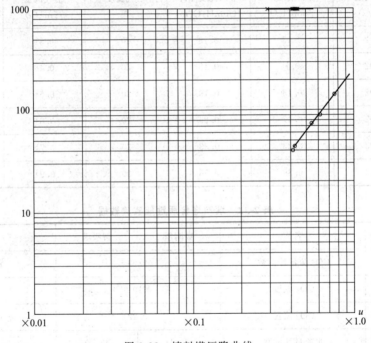

图 2-22　填料塔压降曲线

思考题

① 试从理论上预测干填料层（$\Delta p/Z$）-u 关系曲线变化规律，湿填料层（$\Delta p/Z$）-u 关系曲线随液体流量的变化趋势。

② 从理论上分析当喷淋量、填料层高度、混合气中氨浓度一定时，气体处理量增加（保持塔内正常操作），吸收塔性能（包括吸收率 φ_A、体积吸收系数 K_{Ya}、传质单元数 N_{OG}、

传质单元高度 H_{OG}）如何变化？实验结果与理论上分析一致否？为什么？

③ 本实验流程中混合气体和吸收剂入塔前的流程具有什么特点？为什么刚开始实验时常出现转子流量计的进水阀门已全开，但水流量总是上不去的情况？

练习题

① 下列关于体积传质系数与液泛程度的关系正确的是（　　）。

A. 液泛越厉害，K_{Ya} 越小

B. 液泛越厉害，K_{Ya} 越大

C. K_{Ya} 随液泛程度先增加后减少

D. K_{Ya} 随液泛程度无变化

② 关于亨利定律与拉乌尔定律计算应用正确的是（　　）。

A. 吸收计算应用亨利定律　　　　　　B. 吸收计算应用拉乌尔定律

C. 精馏计算应用亨利定律　　　　　　D. 精馏计算应用拉乌尔定律

③ 关于填料塔压降 Δp 与气速和喷淋量 L 的关系正确的是（　　）。

A. u 越大，Δp 越大　　　　　　　B. u 越大，Δp 越小

C. L 越大，Δp 越大　　　　　　　D. L 越大，Δp 越小

④ 干填料和湿填料压降-气速曲线的特征是（　　）。

A. 对于干填料 u 增大，$\Delta p/z$ 增大

B. 对于干填料 u 增大，$\Delta p/z$ 不变

C. 对于湿填料 u 增大，$\Delta p/z$ 增大

D. 载点以后泛点之前 u 增大，$\Delta p/z$ 不变

⑤ 测定压降-气速曲线的意义在于（　　）。

A. 确定填料塔的直径　　　　　　　　B. 确定填料塔的高度

C. 确定填料层高度　　　　　　　　　D. 选择适当的风机

⑥ 测定传质系数 K_{Ya} 的意义在于（　　）。

A. 确定填料塔的直径　　　　　　　　B. 确定填料塔的高度

C. 确定填料层高度　　　　　　　　　D. 选择适当的风机

⑦ 为测取压降-气速曲线需测下列哪组数据（　　）？

A. 测流速、压降和大气压

B. 测水流量、空气流量、水温和空气温度

C. 测塔压降、空气转子流量计读数、空气温度、空气压力和大气压

⑧ 传质单元数的物理意义为（　　）。

A. 反映了物系分离的难易程度

B. 仅反映设备效能的好坏（高低）

C. 反映相平衡关系和进出口浓度状况

⑨ 温度和压力对吸收的影响为（　　）。

A. T 增大 p 减小，Y_2 增大 X_1 减小

B. T 减小 p 增大，Y_2 减小 X_1 增大

C. T 减小 p 增大，Y_2 增大 X_1 减小

D. T 增大 p 减小，Y_2 增大 X_1 增大

⑩ 气体流速 u 增大对 K_{Ya} 的影响为（　　　）。

A. u 增大，K_{Ya} 增大

B. u 增大，K_{Ya} 不变

C. u 增大，K_{Ya} 减小

实训五　精馏塔实验仿真

一、实验目的

① 充分利用计算机采集和控制系统具有的快速、大容量和实时处理的特点，进行精馏过程多实验方案的设计，并进行实验验证，得出实验结论，以掌握实验研究的方法。

② 学会识别精馏塔内出现的几种操作状态，并分析这些操作状态对塔性能的影响。

③ 学习精馏塔性能参数的测量方法，并掌握其影响因素。

④ 测定精馏过程的动态特性，提高学生对精馏过程的认识。

二、实验内容

① 在全回流条件下，测定塔的总板效率。

② 在部分回流条件下，测定塔的总板效率。

三、实验原理

① 在板式精馏塔中，由塔釜产生的蒸气沿塔板逐板上升与来自塔板下降的回流液在塔板上实现多次接触，进行传热与传质，使混合液达到一定程度的分离。回流是精馏操作得以实现的基础。塔顶的回流量与采出量之比称为回流比。回流比是精馏操作的重要参数之一，其大小影响着精馏操作的分离效果和能耗。回流比存在两种极限情况：最小回流比和全回流。若塔在最小回流比下操作，要完成分离任务，则需要有无穷多块塔板。当然，这不符合工业实际，所以最小回流比只是一个操作限度。若操作处于全回流时，既无任何产品采出，也无原料加入，塔顶的冷凝液全部返回塔内中，这在生产中无实际意义。但是，由于此时所需理论塔板数最少，又易于达到稳定，故常在工业装置的开停车、排除故障及科学研究时使用。实际回流比常取最小回流比 $1.2 \sim 2.0$ 倍。在精馏操作中，若回流系统出现故障，操作情况会急剧恶化，分离效果也会变坏。

② 对于二元物系，如已知其气液平衡数据，则根据精馏塔的原料液组成、进料热状况、操作回流比及塔顶馏出液组成、塔底釜液组成可以求出该塔的理论板数 N_T。按照式（2-51）可以得到总板效率 E_T，其中 N_P 为实际塔板数。

$$E_T = \frac{N_T}{N_P} \times 100\% \tag{2-51}$$

部分回流时，进料热状况参数的计算式为：

$$q = \frac{c_{pm}(t_{BP} - t_F) + r_m}{r_m} \tag{2-52}$$

式中　t_F——进料温度，℃；

t_{BP}——进料的泡点温度，℃；

c_{pm}——进料液体在平均温度下的比热，kJ/(kmol·℃)；

r_m——进料液体在其组成和泡点温度下的汽化潜热，kJ/kmol。

$$c_{pm}=c_{p1}M_1x_1+c_{p2}M_2x_2 \tag{2-53}$$

$$r_m=r_1M_1x_1+r_2M_2x_2 \tag{2-54}$$

式中　c_{p1}，c_{p2}——分别为纯组分 1 和组分 2 在平均温度下的比热，kJ/(kg·℃)；

　　r_1，r_2——分别为纯组分 1 和组分 2 在泡点温度下的汽化潜热，kJ/kg；

　　M_1，M_2——分别为纯组分 1 和组分 2 的千摩尔质量，kg/kmol；

　　x_1，x_2——分别为纯组分 1 和组分 2 在进料中的分率。

四、软件操作

3D 场景仿真系统运行界面见图 2-23。

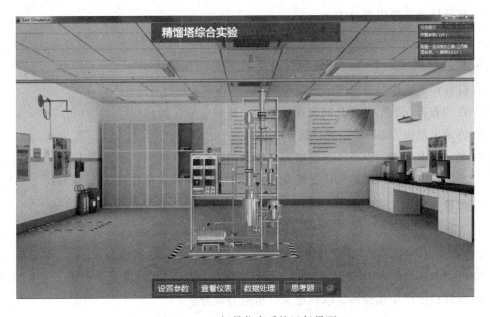

图 2-23　3D 场景仿真系统运行界面

操作者主要在 3D 场景仿真界面中进行操作，根据任务提示进行操作；实验操作简介界面（图 2-2）可以查看软件特点介绍、实验原理简介、视野调整简介、移动方式简介和设备操作简介；评分界面（图 2-3）可以查看实验任务的完成情况及得分情况。

仿真软件操作方式参见离心泵性能测定实验仿真。

五、实验步骤

1. 设置参数

① 设置精馏段塔板数（默认 5）。

② 设置提馏段塔板数（默认 3）。

③ 配制一定浓度的乙醇/正丙醇混合液（推荐比 0.66）。

④ 设置进料罐的一次性进料量（推荐量 2L）。

2. 精馏塔进料

① 连续点击"进料"按钮，进料罐开始进料，直到罐内液位达到 70% 以上。

② 打开总电源开关。

③ 打开进料泵 P101 的电源开关，启动进料泵。

④ 在"查看仪表"中设定进料泵功率，将进料流量控制器的 OP 值设为 50%。

⑤ 打开进料阀门 V106，开始进料。

⑥ 在"查看仪表"中设定预热器功率，将进料温度控制器的 OP 值设为 60%，开始加热。

⑦ 打开塔釜液位控制器，控制液位在 70%～80% 之间。

3. 启动再沸器

① 打开阀门 PE103，将塔顶冷凝器内通入冷却水。

② 打开塔釜加热电源开关。

③ 设定塔釜加热功率，将塔釜温度控制器的 OP 值设为 50%。

4. 建立回流

① 打开回流比控制器电源。

② 在"查看仪表"中打开回流比控制器，将回流值设为 20。

③ 将采出值设为 5，即回流比控制在 4。

④ 在"查看仪表"中将塔釜温度控制器的 OP 值设为 60%，加大蒸出量。

⑤ 将塔釜液位控制器的 OP 值设为 10% 左右，控制塔釜液位在 50% 左右。

5. 调整至正常

① 进料温度稳定在 95.3℃ 左右时，将控制器设自动，将 SP 值设为 95.3℃。

② 塔釜液位稳定在 50% 左右时，将控制器设自动，将 SP 值设为 50%。

③ 塔釜温度稳定在 90.5℃ 左右时，将控制器设自动，SP 值设为 90.5℃。

④ 保持稳定操作几分钟，取样记录分析组分成分。

6. 停车操作

① 关闭原料预热器，将进料温度控制器设手动，将 MV 值设 0。

② 关闭原料进料泵电源，将进料流量控制器设手动，将 MV 值设 0。

③ 关闭塔釜加热器，将塔釜温度控制器设手动，将 MV 值设 0。

④ 待塔釜温度冷却至室温后，关闭冷却水。

六、注意事项

① 实验开始时，应先供冷凝器的冷却水，再向塔釜供热，停止实验时则反之。

② 设备加热时注意不要加热太快，升温和正常操作中釜的电功率不能过大。

七、实验报告数据处理举例

相关实验数据见表 2-33～表 2-36，相关图见图 2-24、图 2-25。

表 2-33　不同回流比下塔体温度沿塔高的分布　　　　　　　单位：℃

序号	回流比	塔顶	第三块塔板	第四块塔板	第五块塔板	第六块塔板	第八块塔板	塔釜
1	4	77.22302	80.39476	81.70555	82.83034	83.76714	92.19571	92.19571
2	4	77.09322	80.26213	81.57148	82.69481	83.63013	92.04292	92.04292
3	4	76.79926	79.96179	81.26787	82.38789	83.31987	91.69696	91.69696
4	4	76.56107	79.71841	81.02186	82.13921	83.06847	91.41667	91.41667
5	4	76.4734	79.62885	80.93132	82.04768	82.97594	91.31351	91.31351
6	4	76.41623	79.57043	80.87227	81.98798	82.9156	91.24623	91.24623
7	4	76.2926	79.44412	80.74458	81.85892	82.78513	91.10078	91.10078
8	4	76.2338	79.38405	80.68386	81.79753	82.72307	91.03159	91.03159
9								
10								

表 2-34　不同操作状况下进出口组分

序号	回流比	进料量/(kg/h)	进料组分/%	进料温度/℃	塔顶组分/%	塔釜组分/%
1	4	1.58877	40	95.2978	81.00005	24.76795
2	4	1.58877	40	95.29823	80.83003	24.73902
3	4	1.58877	40	95.29852	80.39173	24.61939
4	4	1.58877	40	95.29871	80.04266	24.52021
5	4	1.58877	40	95.29877	79.90924	24.48185
6	4	1.58877	40	95.2988	79.82202	24.45668
7	4	1.58877	40	95.29887	79.63295	24.40186
8	4	1.58877	40	95.2989	79.54281	24.37561

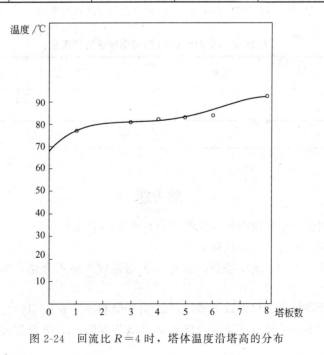

图 2-24　回流比 $R=4$ 时，塔体温度沿塔高的分布

塔板数	塔顶	3	4	5	6	8	塔釜
塔板温度/℃	77.22	80.39	81.71	82.83	83.77	92.2	92.2

表 2-35 原始数据：回流比 $R=4$ 时，塔体温度沿塔高的分布

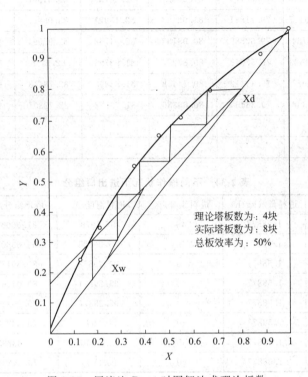

图 2-25 回流比 $R=4$ 时图解法求理论板数

表 2-36 回流比 $R=4$ 时精馏塔进出口组分

位置	塔顶	进料	塔釜
组分/%	79.91	40	24.48

思考题

① 什么是全回流？全回流操作在生产中有什么实际意义？

② 如何判断塔的操作已经达到稳定？

③ 精馏塔操作中，如果由于塔顶采出量太大而造成产品不合格，如何调节可在最快时间内恢复正常？

④ 试讨论精馏塔操作过程中以下情况：a. 由于物料不平衡而引起的不正常现象及调节方法；b. 分离能力不够引起的产品不合格现象及调节方法；c. 进料温度发生变化对操作的影响及调节方法。

① 精馏段与提馏段的理论板关系是（　　　）。

A. 精馏段比提馏段多　　　B. 精馏段比提馏段少　　　C. 两者相同　　　D. 不一定

② 当采用冷液进料时，进料热状况 q 值（　　　）。

A. $q>1$　　　　　　　　B. $q=1$　　　　　　　　C. $q=0$　　　　　　　　D. $q<0$

③ 精馏塔塔身伴热的目的是（　　　）。

A. 减小塔身向环境散热的推动力

B. 防止塔的内回流

C. 加热塔内液体

④ 全回流操作的特点有（　　　）。

A. $F=0$，$D=0$，$W=0$

B. 在一定分离要求下 N_T 最少

C. 操作线和对角线重合

⑤ 本实验全回流稳定操作中，温度分布与（　　　）有关。

A. 当压力不变时，温度分布与组成的分布有关

B. 温度分布仅与组成的分布有关

C. 当压力不变时，温度分布与板效率、全塔物料的总组成及塔顶液与塔釜液的摩尔量的比值有关

⑥ 冷料回流对精馏操作的影响为（　　　）。

A. x_D 增加，塔顶 T 降低

B. x_D 增加，塔顶 T 升高

C. x_D 减少，塔顶 T 降低

⑦ 在正常操作下，影响精馏塔全塔效率的因素是（　　　）。

A. 物系、设备与操作条件

B. 仅与操作条件有关

C. 加热量增加效率一定增加

D. 仅与物系和设备条件有关

⑧ 精馏塔的常压操作实现的方法为（　　　）。

A. 塔顶连通大气

B. 精馏塔冷凝器入口连通大气

C. 塔顶成品受槽顶部连通大气

D. 进料口连通大气

⑨ 塔内上升气速对精馏操作的影响为（　　　）。

A. 上升气速过大会引起漏液

B. 上升气速过大会引起液泛

C. 上升气速过大会造成过量液沫夹带

D. 上升气速过大会造成过量的气泡夹带

E. 上升气速过大会使塔板效率下降

⑩ 要控制塔釜液面高度的原因是（　　　）。

A. 防止加热装置被烧坏

B. 使精馏塔的操作稳定

C. 使釜液在釜内有足够的停留时间

D. 使塔釜与其相邻塔板间有足够的分离空间

E. 使釜压保持稳定

⑪ 如果实验采用乙醇-水系统，塔顶能否达到98%（质量分数）的乙醇产品（　　）。（注意：95.57%乙醇-水系统共沸组成）

A. 若进料组成小于95.57%，塔顶不能达到98%以上的乙醇

B. 若进料组成大于95.57%，塔釜可达到98%以上的乙醇

C. 若进料组成小于95.57%，塔顶可达到98%以上的乙醇

D. 若进料组成大于95.57%，塔顶不能达到98%以上的乙醇

⑫ 全回流在生产中的意义在于（　　）。

A. 用于开车阶段采用全回流操作

B. 产品质量达不到要求时采用全回流操作

C. 用于测定全塔效率

实训六　萃取塔实验仿真

一、实验目的

① 了解脉冲填料萃取塔的结构。

② 掌握填料萃取塔的性能测定方法。

③ 掌握萃取塔传质效率的强化方法。

二、实验内容

固定两相流量（即固定相比），在液泛速度以下，取两个相差较大的桨叶转速（或固定桨叶转速改变相比），测定萃取塔的传质单元高度、传质单元数和总传质系数。

三、实验原理

① 填料萃取塔是石油炼制、化学工业和环境保护部分广泛应用的一种萃取设备，具有结构简单、便于安装和制造等特点。塔内填料的作用可以使分散相液滴不断破碎和聚合，以使液滴表面不断更新，还可以减少连续相的轴向混合。本实验连续通入压缩空气向填料塔内提供外加能量，来增加液体滞动，强化传质。在普通填料萃取塔内，两相依靠密度差而逆相流动，相对密度较小，界面湍动程度低，限制了传质速率的进一步提高。为了防止分散相液滴过多聚结，增加塔内流动的湍动，可连续通入或断续通入压缩空气（脉冲方式）向填料塔提供外加能量，来增加液体湍动。当然湍动太厉害，会导致液液两相乳化，难以分离。

② 萃取塔的分离效率可以用传制单元高度 H_{OE} 和理论级当量高度 h_e 来表示，影响脉冲填料萃取塔分离效率的因素主要有：填料的种类、轻重，两相的流量以及脉冲强度等。对一定的实验设备，在两相流量固定条件下，脉冲强度增加，传制单元高度降低，塔的分离能力增强。

③ 本实验以水为萃取剂，从煤油中萃取苯甲酸，苯甲酸在煤油中的浓度约为 0.2%（质量分数）。水相为萃取相（用字母 E 表示，在本实验中又称连续相、重相），煤油相为萃余相（用字母 R 表示，在本实验中又称分散相）。在萃取过程中苯甲酸部分地从萃余相转移至萃取相。萃取相及萃余相的进出口浓度由容量分析法测定。考虑水与煤油是完全不互溶的，且苯甲酸在两相中的浓度都很低，可认为在萃取过程中两相液体的体积流量不发生变化。

a. 按萃取相计算的传质单元数 N_{OE} 计算公式为：

$$N_{OE} = \int_{Y_{Et}}^{Y_{Eb}} \frac{dY_E}{(Y_E^* - Y_E)} \tag{2-55}$$

式中　　Y_{Et}——苯甲酸在进入塔顶的萃取相中的质量比组成，本实验中 $Y_{Et} = 0$，$kg_{苯甲酸}/kg_水$；

　　　　Y_{Eb}——苯甲酸在离开塔底萃取相中的质量比组成，$kg_{苯甲酸}/kg_水$；

　　　　Y_E——苯甲酸在塔内某一高度处萃取相中的质量比组成，$kg_{苯甲酸}/kg_水$；

　　　　Y_E^*——与苯甲酸在塔内某一高度处萃余相组成 x_R 成平衡的萃取相中的质量比组成，$kg_{苯甲酸}/kg_水$。

用 Y_E-x_R 图上的分配曲线（平衡曲线）与操作线可求得 $\dfrac{1}{Y_E^* - Y_E}$-Y_E 的关系。再进行图解积分或用辛普森积分可求得 N_{OE}。

b. 按萃取相计算的传质单元高度 H_{OE}：

$$H_{OE} = \frac{H}{N_{OE}} \tag{2-56}$$

式中　　H——萃取塔的有效高度，m；

　　　　H_{OE}——按萃取相计算的传质单元高度，m。

c. 按萃取相计算的体积总传质系数：

$$K_{YEa} = \frac{S}{H_{OE}\Omega} \tag{2-57}$$

式中　　S——萃取相中纯溶剂的流量，$kg_水/h$；

　　　　Ω——萃取塔截面积，m^2；

　　　　K_{YEa}——按萃取相计算的体积总传质系数，$kg_{苯甲酸}/(m^3 \cdot h \cdot kg_{苯甲酸}/kg_水)$。

四、软件操作

3D 场景仿真系统运行界面见图 2-26。

操作者主要在 3D 场景仿真界面中根据任务提示进行操作；实验操作简介界面（图 2-2）可以查看软件特点介绍、实验原理简介、视野调整简介、移动方式简介和设备操作简介；评分界面（图 2-3）可以查看实验任务的完成情况及得分情况。

仿真软件操作方式参见离心泵性能测定实验仿真。

五、实验步骤

1. 引重相入萃取塔

① 打开总电源开关。

② 打开重相加料阀 KV04 加料。

③ 等待重相液位涨到 $75\% \sim 90\%$ 之间。

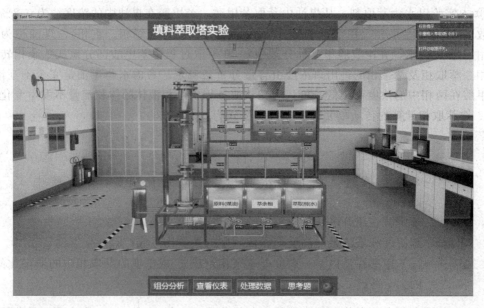

图 2-26　3D 场景仿真系统运行界面

④ 关闭重相加料阀 KV04。

⑤ 打开底阀 KV01。

⑥ 打开水泵 P101 的电源开关。

⑦ 全开水流量调节阀 MV01，以最大流量将重相打入萃取塔。

⑧ 将水流量调节到接近指定值 6L/h。

2. 引轻相入萃取塔

① 打开轻相加料阀 KV05 加料。

② 等待轻相液位涨到 75%～90%之间。

③ 关闭轻相加料阀 KV05。

④ 打开底阀 KV02。

⑤ 打开煤油泵 P102 的电源开关。

⑥ 打开煤油流量调节阀 MV03。

⑦ 将煤油流量调节到接近 9L/h。

3. 调整至平衡后取样分析

① 打开压缩机电源开关。

② 点击"查看仪表"，在脉冲频率调节器上设定脉冲频率。

③ 待重相、轻相流量稳定、萃取塔上罐界面液位稳定后，在组分分析面板上取样分析。

④ 在塔顶重相栏中选择取样体积，点击分析按钮分析 NaOH 的消耗体积和重相进料中的苯甲酸组成。

⑤ 在塔底轻相栏中选择取样体积，点击分析按钮分析 NaOH 的消耗体积和轻相进料中的苯甲酸组成。

⑥ 在塔底重相栏中选择取样体积，点击分析按钮分析 NaOH 的消耗体积和萃取相中的苯甲酸组成。

⑦ 在塔顶轻相栏中选择取样体积，点击分析按钮分析 NaOH 的消耗体积和萃余相中的

苯甲酸组成。

六、注意事项

① 调节桨叶转速时一定要小心，慢慢地升速。

② 萃取塔顶部两相界面一定要控制在轻相出口与重相入口之间适中的位置。

③ 由于分散相和连续相在塔顶、塔底滞留量很大，改变操作条件后，保持温度时间一定要足够长，大约要用半个小时，否则误差极大。

④ 煤油实际的体积流量并不等于流量计的读数，需要用煤油流量的读数时，必须用流量计修正公式对流量计的读数进行修正后方可使用。

七、实验报告处理举例

相关实验数据见表 2-37，相关图见图 2-27。

填料萃取实训装置仿真
实验报表

姓　　名：×××　　　　班　级：Esst

学　　号：160703305　　　实验日期：2019-4-11

设备数据　　　　　操作条件　　　　　物理性质

塔型：脉冲填料萃取塔　　塔内平均温度：20℃　　重相密度：1000kg/m³

塔内径：37mm　　　　溶质 A：苯甲酸　　轻相密度：800kg/m³

塔有效高度：700mm　　稀释剂 B：煤油　　密度 Pf：7900kg/m³

萃取剂 S：水

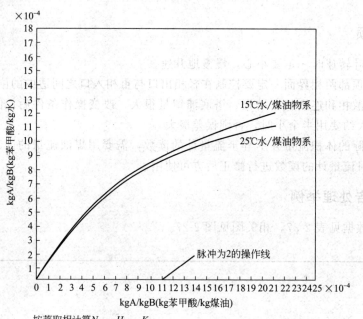

按萃取相计算N_{OE}、H_{OE}、K_{YEa}

脉冲频率：1∶1

$N_{OE}=0.189$

$H_{OE}=3.706m$ $H=1.5m$

$K_{YEa}=4638$ kg苯甲酸/(m³·h·kg苯甲酸/kg水)$D=0.1m$

图 2-27　填料萃取实验（直角坐标相图）

表 2-37　萃取实验数据及结果列表

实验序号			1	2	3
脉冲频率			2∶1	2∶1	2∶1
水转子流量计读数/(L/h)			18.47	18.47	18.47
煤油转子流量计读数/(L/h)			13.68	13.68	13.68
校正得到的煤油实际流量/(L/h)			13.68	13.68	13.68
浓度分析	塔顶重相	取样体积/mL	15	15	15
		NaOH 用量/mL	0.00	0.00	0.00
	塔底轻相	取样体积/mL	15	15	15
		NaOH 用量/mL	16.2	16.2	16.2
	塔底重相	取样体积/mL	15	15	15
		NaOH 用量/mL	2.4	2.4	2.4
	塔顶轻相	取样体积/mL	15	15	15
		NaOH 用量/mL	12.96	12.96	12.96

实验序号		1	2	3
实验结果	塔顶重相浓度 Y_s/(kgA/kgS)	0	0	0
	塔底轻相浓度 X_f/(kgA/kgB)	0.001584	0.001584	0.001584
	塔底重相浓度 Y_n/(kgA/kgS)	0.000188	0.000188	0.000188
	塔顶轻相浓度 X_n/(kgA/kgB)	0.001267	0.001267	0.001267
	水流量 S/(kgS/h)	18.47	18.47	18.47
	煤油流量 B/(kgB/h)	10.94	10.94	10.94
	传质单元数 N_{OE}(辛普森积分法)			0.189
	传质单元高度 H_{OE}/m			3.706
	体积总传质系数 K_{YEa},kgA/(m³·h·kgA/kgS)			4638

思考题

① 塔内桨叶的转速愈高，液滴被分散得愈细，两相的接触面积愈大，K_{YEa} 愈大，因此转速愈高愈好。对吗？为什么？

② 如何用本实验的数据求取理论级的当量高度？

实训七　干燥速率曲线测定实验仿真

一、实验目的

① 熟悉洞道式干燥器的构造和操作。

② 测定在恒定干燥条件下的湿物料干燥曲线和干燥速率曲线。

二、实验内容

① 在固定的空气流量和固定的空气温度下测量一种物料干燥曲线、干燥速率曲线和临界含水量。

② 测定恒速干燥阶段物料与空气之间的对流传热系数。

三、实验原理

将湿物料置于一定的干燥条件下，测定被干燥物料的质量和温度随时间变化的关系，可得到物料含水量（X）与时间（τ）的关系曲线及物料温度（θ）与时间（τ）的关系曲线。物料含水量与时间关系曲线的斜率即为干燥速率（u）。将干燥速率对物料含水量作图，即为干燥速率曲线。

干燥曲线见图 2-28。

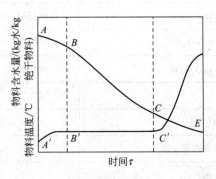

图 2-28　干燥曲线

干燥速率曲线见图 2-29。

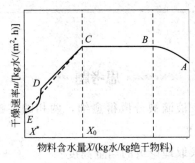

图 2-29　干燥速率曲线

干燥过程可分为以下三个阶段。

（1）物料预热阶段（AB 段）

在开始干燥时，有一较短的预热阶段，空气中部分热量用来加热物料，物料含水量随时间变化不大。

（2）恒速干燥阶段（BC 段）

由于物料表面存在自由水分，物料表面温度等于空气的湿球温度，传入的热量只用来蒸发物料表面的水分，物料含水量随时间成比例减少，干燥速率恒定且最大。

（3）降速干燥阶段（CDE 段）

物料含水量减少到某一临界含水量（X_0），由于物料内部水分的扩散慢于物料表面的蒸发，不足以使物料表面保持湿润，而形成干区，干燥速率开始降低，物料温度逐渐上升。物料含水量越小，干燥速率越慢，直至达到平衡含水量（X^*）而终止。

干燥速率为单位时间在单位面积上汽化的水分量，用微分式表示为：

$$u = \frac{\mathrm{d}W}{A\,\mathrm{d}\tau} \tag{2-58}$$

式中　u——干燥速率，kg 水/(m² · s)；

A——干燥表面积，m^2；

$d\tau$——相应的干燥时间，s；

dW——汽化的水分量，kg。

图 2-29 中的横坐标 X 为对应于某干燥速率下的物料平均含水量

$$X = \frac{X_i - X_{i+1}}{2} \tag{2-59}$$

式中　　X——某一干燥速率下湿物料的平均含水量；

X_i，X_{i+1}——$\Delta\tau$ 时间间隔内开始和终了时的含水量，kg 水/kg 绝干物料。

$$X_i = \frac{G_{si} - G_{ci}}{G_{ci}} \tag{2-60}$$

式中　　G_{si}——第 i 时刻取出的湿物料的质量，kg；

G_{ci}——第 i 时刻取出的物料的绝干质量，kg。

干燥速率曲线只能通过实验测定，因为干燥速率不仅取决于空气的性质和操作条件，而且还受物料的性质、结构及含水量的影响。本实验装置为间歇操作的沸腾床干燥器，可测定达到一定干燥要求所需的时间，为工业上连续操作的流化床干燥器提供相应的设计参数。

四、软件操作

3D 场景仿真系统运行界面见图 2-30。

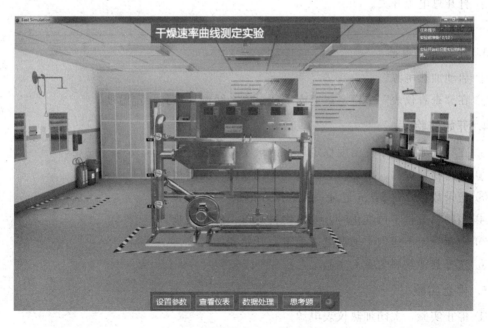

图 2-30　3D 场景仿真系统运行界面

操作者主要在 3D 场景仿真界面中根据任务提示进行操作；实验操作简介界面（图 2-2）可以查看软件特点介绍、实验原理简介、视野调整简介、移动方式简介和设备操作简介；评分界面（图 2-3）可以查看实验任务的完成情况及得分情况。

仿真软件操作方式参见离心泵性能测定实验仿真。

五、实验步骤

1. 实验前准备

① 实验开始前设置实验物料种类。

② 记录支架重量。

③ 记录干物料重量。

④ 记录浸水后的物料重量。

⑤ 记录空气温度。

⑥ 记录环境湿度。

⑦ 输入大气压力。

⑧ 输入孔板流量计孔径。

⑨ 输入湿物料面积。

⑩ 设置参数完成后，记录数据。

2. 开启风机

① 打开风机进口阀门 V12。

② 打开出口阀门 V10。

③ 打开循环阀门 V11。

④ 打开总电源开关。

⑤ 启动风机。

3. 开启加热电源

① 启动加热电源。

② 在"查看仪表"中设定洞道内干球温度，缓慢加热到指定温度。

4. 开始实验

① 在空气流量和干球温度稳定后，记录实验参数。

② 双击物料进口，小心将物料放置在托盘内，关闭物料进口。

③ 记录数据，每 2min 记录一组数据，记录 10 组数据。

④ 当物料重量不再变化时，双击物料进口，停止实验。

⑤ 重新设定洞道内干球温度，稳定后开始新的实验。

⑥ 选择其他物料，重复实验。

5. 停止实验

① 停止实验，关闭加热仪表电源。

② 待干球温度和进气温度相同时，关闭风机电源。

③ 关闭总电源开关。

六、注意事项

实验时先启动送风机向系统送风，然后再通电加热，以免烧坏加热器。

七、实验报告数据处理举例

实验相关数据见表 2-38，相关曲线见图 2-31、图 2-32。

洞道干燥曲线测定实验报告

姓　　名：×××　　　　　　　班　　级：Esst

学　　号：160703305　　　　实验日期：2019-4-9

表 2-38　干燥数据表

物料名称：新闻纸　　　　物料面积：0.02m²　　　空气流量：L/s
流量计处温度：25℃　　　干球温度：25℃　　　　湿球温度：24.8℃

序号	时刻 /min	物料重量 /g	干基含水率 /(kg/kg)	干燥速率 /(kg/m²·h)	传热系数 /(W/m²·℃)
1	0.2	94.88	79.99	36.88	4.35
2	2.2	92.44	77.11	63.76	4.73
3	4.4	89.63	71.79	63.85	4.73
4	6.9	86.44	65.43	63.87	4.73
5	8.2	84.78	62.11	63.87	4.73
6	10.1	82.35	57.26	63.87	4.73
7	12	79.93	52.4	63.79	4.73
8	14.1	77.32	47.09	56.74	4.73
9	16.1	75.05	42.38	52.39	4.73
10	18.1	72.97	38.02	49.97	4.73

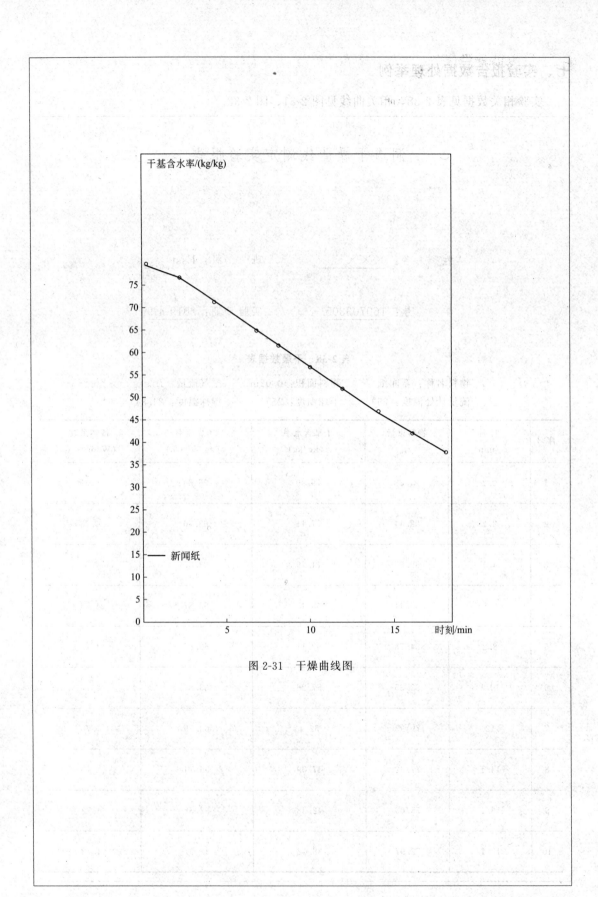

图 2-31　干燥曲线图

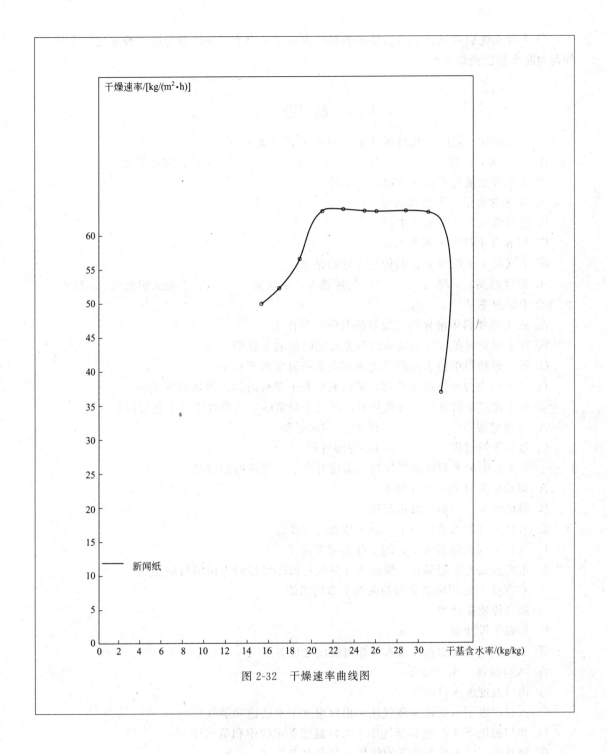

图 2-32 干燥速率曲线图

===== 思考题 =====

① 什么是恒定干燥条件？本实验装置中采用了哪些措施来保持干燥过程在恒定干燥条件下进行？

② 控制恒速干燥阶段干燥速率的因素是什么？控制降速干燥阶段干燥速率的因素又是什么？

③ 为什么先启动风机，再启动加热器？实验过程中干、湿球温度计是否变化？为什么？如何判断实验已经结束？

练习题

① 空气湿度一定时，相对湿度 φ 与温度 T 的关系是（　　　）。

A. T 越大，φ 越大　　　　B. T 越大，φ 越小　　　　C. T 与 φ 无关

② 临界含水量与平衡含水量的关系是（　　　）。

A. 临界含水量＞平衡含水量

B. 临界含水量＝平衡含水量

C. 临界含水量＜平衡含水量

③ 下列关于干燥速率 u 的说法正确的是（　　　）。

A. 温度越高，u 越大　　　　B. 气速越大，u 越大　　　　C. 干燥面积越大，u 越小

④ 干燥速率是（　　　）。

A. 被干燥物料中液体的蒸发量随时间的变化率

B. 被干燥物料单位面积液体的蒸发量随时间的变化率

C. 被干燥物料单位表面积液体的蒸发量随温度的变化率

D. 当推动力为单位湿度差时，单位表面积上单位时间内液体的蒸发量

⑤ 若干燥室不向外界环境散热时，通过干燥室的空气将经历的变化过程是（　　　）。

A. 等温过程　　　　　　　B. 绝热增湿过程

C. 近似等焓过程　　　　　D. 等湿过程

⑥ 本实验中如果湿球温度计指示温度升高了，可能的原因是（　　　）。

A. 湿球温度计的棉纱球缺水

B. 湿球温度计的棉纱被水淹没

C. 入口空气的焓值增大了，而干球温度未变

D. 入口空气的焓值未变，而干球温度升高了

⑦ 本实验装置采用部分干燥介质（空气）循环使用的方法的目的是（　　　）。

A. 在保证一定传质推动力的前提下节约热能

B. 提高传质推动力

C. 提高干燥速率

⑧ 本实验中空气加热器出入口相对湿度之比等于（　　　）。

A. 入口温度：出口温度

B. 出口温度：入口温度

C. 入口温度下水的饱和蒸气压：出口温度下水的饱和蒸气压

D. 出口温度下水的饱和蒸气压：入口温度下水的饱和蒸气压

⑨ 物料在一定干燥条件下的临界干基含水率为（　　　）。

A. 干燥速率为零时的干基含水率

B. 干燥速率曲线上由恒速转为降速的那一点的干基含水率

C. 干燥速率曲线上由降速转为恒速的那一点的干基含水率

D. 恒速干燥线上任一点所对应的干基含水率

⑩ 等式 $(t-t_w)a/r=k(H_w-H)$ 成立的条件是（　　　）。

A. 恒速干燥条件下

B. 物料表面温度等于空气的湿球温度

C. 物料表面温度接近空气的绝热饱和温度

D. 降速干燥条件下

E. 物料升温阶段

⑪ 下列条件中有利于干燥过程进行的包括（　　）。

A. 提高空气温度　　　　　B. 降低空气湿度　　　　　C. 提高空气流速

D. 提高入口空气湿度　　　E. 降低入口空气相对湿度

⑫ 若本实验中干燥室不向外散热，则入口和出口处空气的湿球温度的关系是（　　）。

A. 入口湿球温度＞出口湿球温度

B. 入口湿球温度＜出口湿球温度

C. 入口湿球温度＝出口湿球温度

实训八　离心泵串并联实验仿真

一、实验目的

① 增进对离心泵串、并联运行工况及其特点的感性认识。

② 绘制单泵的工作曲线和两泵串、并联总特性曲线。

二、实验内容

① 单泵特性曲线测定。

② 双泵特性曲线测定。

三、实验原理

在实际生产中，有时单台泵无法满足生产要求，需要几台组合运行，组合方式可以有串联和并联两种方式。下面讨论的内容限于多台性能相同的泵的组合操作。基本思路是：多台泵无论怎样组合，都可以看作是一台泵，因而需要找出组合泵的特性曲线。

1. 泵的并联工作

当用单泵不能满足工作需要的流量时，可采用两台泵（或两台以上）的并联工作方式，如图 2-33 所示。离心泵 I 和泵 II 并联后，在同一扬程（压头）下，其流量 Q 是这两台泵的流量之和，$Q_并 = Q_I + Q_{II}$。并联后的系统特性曲线，就是在各相同扬程下，将两台泵特性曲线 $(Q-H)_I$ 和 $(Q-H)_{II}$ 上的对应的流量相加，得到并联后的各相应合成流量 $Q_并$，最后绘出 $(Q-H)_并$ 曲线，如图 2-34 所示。图中两根虚线为两台泵各自的特性曲线 $(Q-H)_I$ 和 $(Q-H)_{II}$；实线为并联后的总特性曲线 $(Q-H)_并$。根据以上所述，在 $(Q-H)_并$ 曲线上任一点 M，其相应的流量 Q_M 是对应具有相同扬程的两台泵相应流量 Q_A 和 Q_B 之和，即 $Q_M = Q_A + Q_B$。

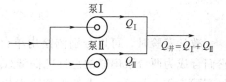

图 2-33　泵的并联工作

上面所述的是两台性能不同的泵的并联。在工程实际中，普遍遇到的情况是用同型号、同性能泵的并联，如图 2-34 所示。$(Q\text{-}H)_I$ 和 $(Q\text{-}H)_{II}$ 特性曲线相同，在图上彼此重合，并联后的总特性曲线为 $(Q\text{-}H)_并$。本实验台就是两台相同性能的泵的并联。

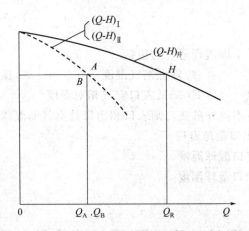

图 2-34　两台性能曲线相同的泵的并联特性曲线

进行教学实验时，可以分别测绘出单台泵 I 和泵 II 工作时的特性曲线 $(Q\text{-}H)_I$ 和 $(Q\text{-}H)_{II}$，把它们合成为两台泵并联的总性能曲线 $(Q\text{-}H)_并$。再将两台泵并联运行，测出并联工况下的某些实际工作点与总性能曲线上相应点相比较。

2. 泵的串联工作

当单台泵工作不能提供所需要的压头（扬程）时，可用两台泵（或两台上）的串联方式工作。离心泵串联后，通过每台泵的流量 Q 是相同的，而合成压头是两台泵的压头之和。串联后的系统总特性曲线，是在同一流量下把两台泵对应扬程叠加起来得出泵串联的相应合成压头，从而绘制出串联系统的总特性曲线 $(Q\text{-}H)_串$，如图 2-35 所示。串联特性曲线 $(Q\text{-}H)_串$ 上的任一点 M 的压头 H_M 为对应于相同流量 Q_M 的两台单泵 I 和 II 的压头 H_A 和 H_B 之和，即 $H_M = H_A + H_B$。

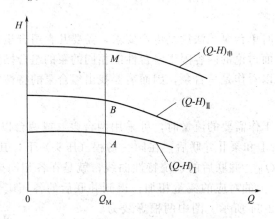

图 2-35　两台泵的串联的特性曲线

教学实验时，可以分别测绘出单台泵泵 I 和泵 II 的特性曲线 $(Q\text{-}H)_I$ 和 $(Q\text{-}H)_{II}$，并将它们合成为两台泵串联的总性能曲线 $(Q\text{-}H)_串$，再将两台泵串联运行，测出串联工况下的某些实际工作点与总性能曲线的相应点相比较。

四、软件操作

软件运行界面见图 2-36。

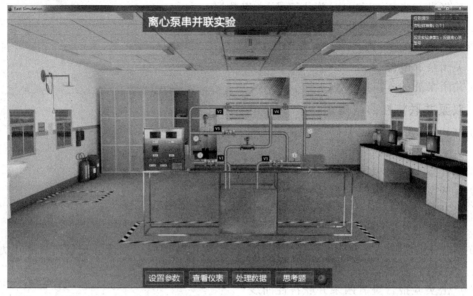

图 2-36　3D 场景仿真系统运行界面

五、实验步骤

1. 实验前准备

① 设定实验参数 1：设置离心泵型号。

② 启动总电源。

③ 设定实验参数 2：调节离心泵转速（频率默认 50r/min）。

④ 设定实验参数完成后，记录数据。

⑤ 检查泵Ⅰ的出口阀 V2 是否关闭。

⑥ 检查泵Ⅱ的出口阀 V4 是否关闭。

⑦ 检查泵Ⅰ和泵Ⅱ的串联阀 V5 是否关闭。

2. 泵Ⅰ特性曲线测定

① 打开泵Ⅰ的入口阀 V1。

② 启动泵Ⅰ电源。

③ 步骤 A：略开泵Ⅰ的出口阀 V2，调节其开度。

④ 步骤 B：待泵Ⅰ真空表、压力表和流量计读数稳定后，测读并记录。

⑤ 重复进行步骤 A 和 B，总共记录 10 组数据。

⑥ 点击实验报告查看泵Ⅰ特性曲线。

⑦ 关闭泵Ⅰ的出口阀 V2。

⑧ 断开泵Ⅰ电源。

⑨ 关闭泵Ⅰ的入口阀 V1。

3. 泵Ⅱ特性曲线测定

① 打开泵Ⅱ的入口阀 V3。

② 启动泵Ⅱ电源。

③ 步骤 C：略开泵Ⅱ的出口阀 V4，调节其开度。

④ 步骤 D：待泵Ⅱ真空表、压力表和流量计读数稳定后，测读并记录。

⑤ 重复进行步骤 C 和 D，总共记录 10 组数据。

⑥ 点击实验报告查看泵Ⅱ特性曲线。

⑦ 关闭泵Ⅱ的出口阀 V4。

⑧ 关闭泵Ⅱ电源。

⑨ 关闭泵Ⅱ的入口阀 V3。

4. 双泵并联特性曲线测定

① 打开泵Ⅰ的入口阀 V1。

② 启动泵Ⅰ电源。

③ 略开泵Ⅰ的出口阀 V2。

④ 打开泵Ⅱ的入口阀 V3。

⑤ 启动泵Ⅱ电源。

⑥ 略开泵Ⅱ的出口阀 V4。

⑦ 步骤 E：调节 V2 和 V4 开度，使两个压力表读数相同，测读并记录流量和压力。

⑧ 重复进行步骤 E，总共记录 10 组数据。

⑨ 点击实验报告查看两泵并联特性曲线

⑩ 关闭泵Ⅰ的出口阀 V2。

⑪ 断开泵Ⅰ电源。

⑫ 关闭泵Ⅰ的入口阀 V1。

⑬ 关闭泵Ⅱ的出口阀 V4。

⑭ 断开泵Ⅱ电源。

⑮ 关闭泵Ⅱ的入口阀 V3。

5. 双泵串联特性曲线测定

① 打开泵Ⅰ的入口阀 V1。

② 打开泵Ⅱ的入口阀 V3。

③ 启动泵Ⅱ电源。

④ 待泵Ⅱ运行正常后，打开串联阀 V5。

⑤ 启动泵Ⅰ电源。

⑥ 待泵Ⅰ运行正常后，关闭泵Ⅱ入口阀 V3。

⑦ 步骤 F：略开泵Ⅱ的出口阀 V4，调节其开度。

⑧ 步骤 G：待泵Ⅰ的真空表、泵Ⅱ的压力表和流量计读数稳定后，测读并记录。

⑨ 重复进行步骤 F 和 G，总共记录 10 组数据。

⑩ 点击实验报告查看两泵串联特性曲线。

⑪ 关闭泵Ⅱ的出口阀 V4。

⑫ 断开泵Ⅱ电源。

⑬ 关闭串联阀 V5。

⑭ 断开泵Ⅰ电源。

六、实验报告处理举例

实验相关数据记录见表 2-39～表 2-47，相关曲线见图 2-37。

离心泵串并联实验报告

姓　　名：×××　　　　　　班　　级：Esst

学　　号：160703305　　　　实验日期：2019-4-16

参数设置及设备数据

离心泵输入频率（Hz）：40（范围 0～50Hz）

离心泵转速（r/min）：2320

所选离心泵型号：50BX20/31

表 2-39　BX 级单级悬臂清水离心泵工作性能表

泵的型号	流量/(m³/h)	扬程/m	最小转速/(r/min)	最大转速/(r/min)	轴功率/kW
50BX20/31	20	30.8	1900	2900	2.60
80BX45/33	45	32.6	1900	2900	5.56
65BX25/32	25	32.6	1900	2900	3.25
80BX50/32	50	32.6	1900	2900	5.80

设备数据：

泵进口管内径：41mm

泵出口管内径：41mm

两测压口间垂直距离：0.3m

初始水温：15℃

表 2-40　泵 Ⅰ 扬程曲线测定原始数据记录

序号	泵Ⅰ真空表（表压）/MPa	泵Ⅰ压力表（表压）/MPa	流量/(m³/h)	温度/℃
1	−0.0171171	0.234289	3.826442	20.89144
2	−0.02239975	0.224524	5.619602	21.23485
3	−0.02663249	0.2133808	7.303813	21.71407
4	−0.03019984	0.2025028	8.895046	21.94742
5	−0.03320832	0.190762	10.35925	22.21791
6	−0.03806533	0.1679025	12.95925	22.44828
7	−0.04171569	0.1460094	15.10534	22.66754
8	−0.04451522	0.1263508	16.86217	22.85288
9	−0.04666947	0.1090975	18.27871	23.24798
10	−0.04835965	0.09438212	19.4301	23.49844

表 2-41　泵Ⅱ扬程曲线测定原始数据记录

序号	泵Ⅱ真空表（表压）/MPa	泵Ⅱ压力表（表压）/MPa	流量/(m³/h)	温度/℃
1	−0.01008063	0.2447162	1.955401	23.99075
2	−0.02245393	0.2240924	5.613645	25.10378
3	−0.03026703	0.2027124	8.900398	25.20499
4	−0.03584259	0.1790521	11.70848	25.34324
5	−0.04004244	0.1565598	14.07668	25.44477
6	−0.04324024	0.1358295	16.02587	25.51836
7	−0.04568765	0.1173499	17.60333	25.62947
8	−0.04764116	0.1016577	18.91139	25.66648
9	−0.04909084	0.0878714	19.9197	25.73928
10	−0.05028669	0.0764402	20.7664	25.77331

表 2-42　两泵并联扬程曲线测定原始数据记录

序号	泵Ⅰ真空表（表压）/MPa	泵Ⅰ压力表（表压）/MPa	泵Ⅱ真空表（表压）/MPa	泵Ⅱ压力表（表压）/MPa	流量/(m³/h)	温度/℃
1	−0.01012352	0.2446246	−0.01011894	0.2444107	3.909074	25.94051
2	−0.02248309	0.2243637	−0.02248436	0.2243955	11.2354	26.00105
3	−0.03024884	0.2021053	−0.03024907	0.2021095	17.77076	26.07768
4	−0.03588017	0.1793745	−0.03588397	0.1794252	23.44323	26.12115
5	−0.04005289	0.1565455	−0.0400533	0.1565496	28.15219	26.17705
6	−0.04324306	0.1357639	−0.04324322	0.1357651	32.04263	26.23313
7	−0.04569755	0.1173441	−0.04569755	0.1173441	35.20578	26.35496
8	−0.04760902	0.1014515	−0.0476106	0.1014591	37.77365	26.38007
9	−0.04910611	0.08789304	−0.04911004	0.08790772	39.84887	26.40003
10	−0.05029196	0.07642932	−0.05029477	0.0764372	41.53038	26.41731

表 2-43　两泵串联扬程曲线测定原始数据记录

序号	泵Ⅰ真空表（表压）/MPa	泵Ⅰ压力表（表压）/MPa	泵Ⅱ真空表（表压）/MPa	泵Ⅱ压力表（表压）/MPa	流量/(m³/h)	温度/℃
1	−0.02151505	0.2261984	0.1959621	0.4427767	5.25998	26.47684
2	−0.02747433	0.2110654	0.1749182	0.4137188	7.627793	26.52626
3	−0.0358514	0.1789122	0.1344793	0.3502932	11.69921	26.55551
4	−0.0413929	0.147682	0.0977697	0.2885984	14.86799	26.57858
5	−0.04513673	0.1208612	0.06724992	0.2345059	17.22908	26.59904
6	−0.0477602	0.09951213	0.04338064	0.1908076	18.99117	26.62032
7	−0.04966265	0.08237843	0.02444649	0.1563585	20.31769	26.64119
8	−0.0509942	0.06847514	0.009180726	0.1288394	21.27755	26.65618
9	−0.05196296	0.05683348	−0.003549973	0.1070544	21.98153	26.66644
10	−0.05277541	0.04923799	−0.01179924	0.09056219	22.59386	26.6777

表 2-44 泵 I 扬程曲线测定数据处理

序号	泵 I 前压 （绝压）/MPa	泵 I 后压 （绝压）/MPa	泵 I 扬程 /m	流量 /(m³/h)	密度 /(kg/m³)
1	−1.708283	23.3815	25.08978	3.826442	998.0213
2	−2.23546	22.40846	24.64392	5.619602	997.9492
3	−2.657515	21.29224	23.94975	7.303813	997.8466
4	−3.013455	20.20796	23.22141	8.895046	997.7958
5	−3.313368	19.03389	22.34726	10.35925	997.7361
6	−3.797876	16.75323	20.5511	12.95925	997.6848
7	−4.161805	14.56735	18.72915	15.10534	997.6353
8	−4.440929	12.60554	17.04647	16.86217	997.5931
9	−4.655289	10.88251	15.5378	18.27871	997.502
10	−4.823602	9.41409	14.23769	19.4301	997.4434

表 2-45 泵 II 扬程曲线测定数据处理

序号	泵 II 前压 （绝压）/MPa	泵 II 后压 （绝压）/MPa	泵 II 扬程 /m	流量 /(m³/h)	密度 /(kg/m³)
1	−1.005358	24.40592	25.41127	1.955401	997.3264
2	−2.238774	22.3432	24.58198	5.613645	997.0526
3	−3.017923	20.21487	23.2328	8.900398	997.027
4	−3.573485	17.85146	21.42494	11.70848	996.9919
5	−3.99212	15.60874	19.60085	14.07668	996.9661
6	−4.310902	13.54211	17.85301	16.02587	996.9473
7	−4.554688	11.69883	16.25352	17.60333	996.9188
8	−4.750023	10.13742	14.88745	18.91139	996.9092
9	−4.89382	8.759821	13.65364	19.9197	996.8905
10	−5.013172	7.620699	12.63387	20.7664	996.8817

表 2-46 两泵并联扬程曲线测定数据处理

序号	泵 I 前压 （绝压）/MPa	泵 I 后压 （绝压）/MPa	泵 II 前压 （绝压）/MPa	泵 II 后压 （绝压）/MPa	并联扬程 /m	流量/(m³/h)	密度 /(kg/m³)
1	−1.009138	24.38457	−1.008657	24.36209	25.37075	3.909074	996.8383
2	−2.24123	22.36672	−2.241364	22.37008	24.61144	11.2354	996.8226
3	−3.015224	20.14612	−3.015248	20.14656	23.16181	17.77076	996.8026
4	−3.576687	17.88234	−3.577092	17.88774	21.46483	23.44323	996.7911
5	−3.992397	15.60429	−3.992441	15.60474	19.59718	28.15219	996.7765
6	−4.31031	13.53249	−4.310328	13.53262	17.84295	32.04263	996.7617
7	−4.554811	11.69603	−4.554811	11.69603	16.25084	35.20578	996.7296
8	−4.745375	10.11226	−4.745553	10.11313	14.85868	37.77365	996.723
9	−4.894604	8.76087	−4.89506	8.762572	13.65763	39.84887	996.7177
10	−5.012793	7.618167	−5.01313	7.61911	12.63224	41.53038	996.7131

表 2-47 两泵串联扬程曲线测定数据处理

序号	泵 Ⅰ前压 (绝压)/MPa	泵 Ⅰ后压 (绝压)/MPa	泵 Ⅱ前压 (绝压)/MPa	泵 Ⅱ后压 (绝压)/MPa	串联扬程 /m	流量/(m³/h)	密度 /(kg/m³)
1	−2.144297	22.5452	19.53163	44.1268	46.2711	5.25998	996.6973
2	−2.738361	21.03654	17.43377	41.23604	43.9744	7.627793	996.6841
3	−3.573424	17.8309	13.40221	34.91743	38.49086	11.69921	996.6764
4	−4.125898	14.716	9.741009	28.76958	32.89547	14.86799	996.6702
5	−4.498834	12.04091	6.697175	23.37371	27.87255	17.22908	996.6647
6	−4.759914	9.915076	4.320379	19.01489	23.7748	18.99117	996.6591
7	−4.949477	8.209542	2.435627	15.58219	20.53167	20.31769	996.6535
8	−5.081954	6.820508	0.9104324	12.8378	17.91975	21.27755	996.6495
9	−5.1789	5.652246	−0.3669207	10.66655	15.84545	21.98153	996.6467
10	−5.259243	4.902305	−1.181634	9.022937	14.28218	22.59386	996.6437

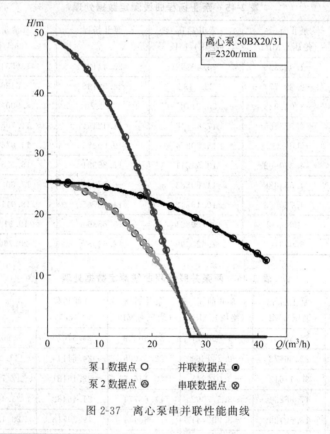

图 2-37 离心泵串并联性能曲线

第三章

化工单元 3D 虚拟现实仿真实训

实训一 CO_2压缩机单元 3D 虚拟现实仿真

一、装置流程

1. 单元简介

CO_2压缩机单元是将合成氨装置的原料气 CO_2经本单元压缩做功后送往下一工段（尿素合成工段），采用的是以汽轮机驱动的四级离心压缩机。其机组主要由压缩机主机、驱动机、润滑油系统、控制油系统和防喘振装置组成。

（1）离心式压缩机工作原理

离心式压缩机的工作原理和离心泵类似，气体从中心流入叶轮，在高速转动的叶轮的作用下，随叶轮做高速旋转并沿半径方向甩出来。叶轮在驱动机械的带动下旋转，把所得到的机械能通过叶轮传递给流过叶轮的气体，即离心压缩机通过叶轮对气体做了功。气体一方面受到旋转离心力的作用增加了气体本身的压力，另一方面又得到了很大的动能。气体离开叶轮后，这部分动能在通过叶轮后的扩压器、回流弯道的过程中转变为压力能，进一步使气体的压力提高。

离心式压缩机中，气体经过一个叶轮压缩后压力的升高是有限的。因此在要求升压较高的情况下，通常都有许多级叶轮一个接一个连续地进行压缩，直到最末一级出口达到所要求的压力为止。压缩机的叶轮数越多，所产生的总压头也越大。气体经过压缩后温度升高，当要求压缩比较高时，常常将气体压缩到一定的压力后，从缸内引出，在外设冷却器冷却降温，然后再导入下一级继续压缩。这样依冷却次数的多少，将压缩机分成几段，一个段可以是一级或多级。

（2）离心式压缩机的喘振现象及防止措施

离心压缩机的喘振是操作不当，进口气体流量过小产生的一种不正常现象。当进口气体流量不适当地减小到一定值时，气体进入叶轮的流速过低，气体不再沿叶轮流动，在叶片背面形成很大的涡流区，甚至充满整个叶片而把通道塞住，气体只能在涡流区打转而流不出来。这时系统中的气体自压缩机出口倒流进入压缩机，暂时弥补进口气量的不足。虽然压缩机似乎恢复了正常工作，重新压出气体，但当气体被压出后，由于进口气体仍然不足，上述倒流现象重复出现。这样一种在出口处时而倒吸时而吐出的气流，引起出口管道低频、高振幅的气流脉动，并迅速波及各级叶轮，于是整个压缩机产生噪声和振动，这种现象称为喘振。喘振对机器是很不利的，振动过分会产生局部过热，时间过久甚至会造成叶轮破碎等严重事故。

当喘振现象发生后，应设法立即增大进口气体流量，方法是利用防喘振装置，将压缩机出口的一部分气体经旁路阀回流到压缩机的进口，或打开出口放空阀，降低出口压力。

（3）离心式压缩机的临界转速

由于制造原因，压缩机转子的重心和几何中心往往是不重合的，因此在旋转的过程中产生了周期性变化的离心力。这个力的大小与制造的精度有关，而其频率就是转子的转速。如果产生离心力的频率与轴的固有频率一致时，就会由于共振而产生强烈振动，严重时会使机器损坏，这个转速就称为轴的临界转速。临界转速不只是一个，因而分别称为第一临界转速、第二临界转速等等。

压缩机的转子不能在接近于各临界转速下工作。一般离心泵的正常转速比第一临界转速低，这种轴叫作刚性轴。离心压缩机的工作转速往往高于第一临界转速而低于第二临界转速，这种轴称为挠性轴。为了防止振动，离心压缩机在启动和停车过程中，必须较快地越过临界转速。

（4）离心式压缩机的结构

离心式压缩机由转子和定子两大部分组成。转子由主轴、叶轮、轴套和平衡盘等部件组成。所有的旋转部件都安装在主轴上，除轴套外，其他部件用键固定在主轴上。主轴安装在径向轴承上，以利于旋转。叶轮是离心式压缩机的主要部件，其上有若干个叶片，用以压缩气体。

气体经叶片压缩后压力升高，因而每个叶片两侧所受到气体压力不一样，产生了方向指向低压端的轴向推力，可使转子向低压端窜动，严重时可使转子与定子发生摩擦和碰撞。为了消除轴向推力，在高压端外侧装有平衡盘和止推轴承。平衡盘一边与高压气体相通，另一边与低压气体相通，用两边的压力差所产生的推力平衡轴向推力。

离心式压缩机的定子由气缸、扩压室、弯道、回流器、隔板、密封、轴承等部件组成。气缸也称机壳，分为水平剖分和垂直剖分两种形式。水平剖分就是将机壳分成上下两部分，上盖可以打开，这种结构多用于低压。垂直剖分就是筒形结构，由圆筒形本体和端盖组成，多用于高压。气缸内有若干隔板，将叶片隔开，并组成扩压器和弯道、回流器。

为了防止级间窜气或向外漏气，都设有级间密封和轴密封。

离心式压缩机的辅助设备有中间冷却器、气液分离器和油系统等。

（5）汽轮机的工作原理

汽轮机又称为蒸汽透平，是用蒸汽做功的旋转式原动机。进入汽轮的高压、高温蒸汽，由喷嘴喷出，经膨胀降压后，形成的高速气流按一定方向冲动汽轮机转子上的动叶片，带动转子按一定速度均匀地旋转，从而将蒸汽的能量转变成机械能。

由于能量转换方式不同，汽轮机分为冲动式和反动式两种，在冲动式中，蒸汽只在喷嘴中膨胀，动叶片只受到高速气流的冲动力。在反动式汽轮机中，蒸汽不仅在喷嘴中膨胀，而且还在叶片中膨胀，动叶片既受到高速气流的冲动力，同时受到蒸汽在叶片中膨胀时产生的反作用力。

根据汽轮机中叶轮级数不同，可分为单极或多极两种。按热力过程不同，汽轮机可分为背压式、凝汽式和抽气凝汽式。背压式汽轮机的蒸汽经膨胀做功后以一定的温度和压力排出汽轮机，可继续供工艺使用；凝汽式汽轮机的蒸汽在膨胀做功后，全部排入冷凝器凝结为水；抽气凝汽式汽轮机的蒸汽在膨胀做功时，一部分蒸汽在中间抽出去作为他用，其余部分继续在气缸中做功，最后排入冷凝器冷凝。

2. 工艺流程简述

（1）CO_2 流程说明

来自合成氨装置的原料气 CO_2 压力为 150kPa(A)，温度为 38℃，流量由 FR8103 计量，进入 CO_2 压缩机入口分离器 V111，在此分离掉 CO_2 中夹带的液滴后进入 CO_2 压缩机的一段入口，经过一段压缩后，CO_2 压力上升为 0.38MPa(A)，温度为 194℃，进入一段冷却器 E119 用循环水冷却到 43℃，为了保证尿素装置防腐所需氧气，在 CO_2 进入 E119 前加入适量来自合成氨装置的空气，流量由 FRC8101 调节控制，CO_2 气中氧含量 0.25%～0.35%，在一段分离器 V119 中分离掉液滴后进入二段进行压缩，二段出口 CO_2 压力为 1.866MPa(A)，温度为 227℃，然后进入二段冷却器 E120 冷却到 43℃，并经二段分离器 V120 分离掉液滴后进入三段。

在三段入口设计有段间放空阀，便于低压缸 CO_2 压力控制和快速泄压，CO_2 经三段压缩后压力升到 8.046MPa(A)，温度 214℃，进入三段冷却器 E121 中冷却。为防止 CO_2 过度冷却而生成干冰，在三段冷却器冷却水回水管线上设计有温度调节阀 TV8111，用此阀来控制四段入口 CO_2 温度在 50～55℃ 之间。冷却后的 CO_2 进入四段压缩后压力升到 15.5MPa(A)，温度为 121℃，进入尿素高压合成系统。为防止 CO_2 压缩机高压缸超压、喘振，在四段出口管线上设计有四回一阀 HV8162（即 HIC8162）。

（2）蒸汽流程说明

主蒸气压力为 5.882MPa，温度为 450℃，流量为 82t/h，进入透平做功，其中一大部分在透平中部被抽出，抽气压力为 2.598MPa，温度为 350℃，流量为 54.4t/h，送至框架，另一部分通过中压调节阀进入透平后汽缸继续做功，做完功后的蒸汽进入蒸汽冷凝系统。

3. 主要设备列表

（1）CO_2 气路系统

E119、E120、E121、V111、V119、V120、V121、K101。

（2）蒸汽透平及油系统

DSTK101、油箱、油温控制器、油泵、油冷器、油过滤器、盘车油泵、稳压器、速关阀、调速器、调压器。

（3）设备说明

设备说明见表 3-1。

表 3-1　设备说明

流程图位号	主要设备
U8001	E119（CO_2 一段冷却器）
	E120（CO_2 二段冷却器）
	E121（CO_2 三段冷却器）
	V119（CO_2 一段分离器）
	V120（CO_2 二段分离器）
	V121（CO_2 三段分离器）
	DSTK101（CO_2 压缩机组透平）
U8002	DSTK101 油箱、油泵、油冷器、油过滤器、盘车油泵

注：E 为换热器；V 为分离器。

（4）主要控制阀列表

主要控制阀列表见表 3-2。

表 3-2　主要控制阀列表

位号	说明	所在流程图位号
FRC8103	配空气流量控制	U8001
LIC8101	V111 液位控制	U8001
LIC8167	V119 液位控制	U8001
LIC8170	V120 液位控制	U8001
LIC8173	V121 液位控制	U8001
HIC8101	段间放空阀	U8001
HIC8162	四回一防喘振阀	U8001
PIC8241	四段出口压力控制	U8001
HS8001	透平蒸汽速关阀	U8002
HIC8205	调速阀	U8002
PIC8224	抽出中压蒸汽压力控制	U8002

4. 正常操作工艺指标

正常操作工艺指标见表 3-3。

表 3-3　正常操作工艺指标

表位号	测量点位置	常值	单位	备注
TR8102	CO_2 原料气温度	40	℃	
TI8103	CO_2 压缩机一段出口温度	190	℃	
PR8108	CO_2 压缩机一段出口压力	0.28	MPa(G)	
TI8104	CO_2 压缩机一段冷却器出口温度	43	℃	
FRC8101	二段空气补加流量	330	kg/h	
FR8103	CO_2 吸入流量	27000	m^3/h	
FR8102	三段出口流量	27330	m^3/h	
AR8101	含氧量	0.25～0.3	%	
TE8105	CO_2 压缩机二段出口温度	225	℃	
PR8110	CO_2 压缩机二段出口压力	1.8	MPa(G)	
TI8106	CO_2 压缩机二段冷却器出口温度	43	℃	
TI8107	CO_2 压缩机三段出口温度	214	℃	
PR8114	CO_2 压缩机三段出口压力	8.02	MPa(G)	
TIC8111	CO_2 压缩机三段冷却器出口温度	52	℃	
TI8119	CO_2 压缩机四段出口温度	120	℃	
PIC8241	CO_2 压缩机四段出口压力	15.4	MPa(G)	
PIC8224	出透平中压蒸汽压力	2.5	MPa(G)	
Fr8201	入透平蒸汽流量	82	t/h	

表位号	测量点位置	常值	单位	备注
FR8210	出透平中压蒸汽流量	54.4	t/h	
TI8213	出透平中压蒸汽温度	350	℃	
TI8338	CO_2 压缩机油冷器出口温度	43	℃	
PI8357	CO_2 压缩机油滤器出口压力	0.25	MPa(G)	
PI8361	CO_2 控制油压力	0.95	MPa(G)	
SI8335	压缩机转速	6935	r/min	
XI8001	压缩机振动	0.022	mm	
GI8001	压缩机轴位移	0.24	mm	

二、工艺报警及联锁系统

1. 工艺报警及联锁说明

为了保证工艺、设备的正常运行，防止事故发生，在设备重点部位安装检测装置并在辅助控制盘上设有报警灯进行提示，以提前进行处理将事故消除。

工艺联锁是设备处于不正常运行时的自保系统，本单元设计了两个联锁自保措施：

（1）压缩机振动超高联锁（发生喘振）

① 动作 20s 后（主要是为了方便培训人员处理）自动进行以下操作：

a. 关闭透平速关阀 HS8001、调速阀 HIC8205、中压蒸汽调压阀 PIC8224；

b. 全开防喘振阀 HIC8162、段间放空阀 HIC8101。

② 处理 在辅助控制盘上按 RESET 按钮，按冷态开车中暖管暖机冲转重新开车。

（2）油压低联锁

① 动作 自动进行以下操作：

a. 关闭透平速关阀 HS8001、调速阀 HIC8205、中压蒸汽调压阀 PIC8224；

b. 全开防喘振阀 HIC8162、段间放空阀 HIC8101。

② 处理 找到并处理造成油压低的原因后在辅助控制盘上按 RESET 按钮，按冷态开车中油系统开车重新开车。

2. 工艺报警及联锁触发值

工艺报警及联锁触发值见表 3-4。

表 3-4 工艺报警及联锁触发值

位号	检测点	触发值	备注
PSXL8101	V111 压力	≤0.09MPa	
PSXH8223	蒸汽透平背压	≥2.75MPa	
LSXH8165	V119 液位	≥85%	
LSXH8168	V120 液位	≥85%	
LSXH8171	V121 液位	≥85%	
LAXH8102	V111 液位	≥85%	
SSXH8335	压缩机转速	≥7200r/min	

位号	检测点	触发值	备注
PSXL8372	控制油油压	$\leq 0.85MPa$	
PSXL8359	润滑油油压	$\leq 0.2MPa$	
PAXH8136	CO_2 四段出口压力	$\geq 16.5MPa$	
PAXL8134	CO_2 四段出口压力	$\leq 14.5MPa$	
SXH8001	压缩机轴位移	$\geq 0.3mm$	
SXH8002	压缩机径向振动	$\geq 0.03mm$	
振动联锁		XI8001$\geq 0.05mm$ 或 GI8001$\geq 0.5mm$（20s 后触发）	
油压联锁		PI8361$\leq 0.6MPa$	
辅油泵自启动联锁		PI8361$\leq 0.8MPa$	

三、软件启动及操作

1. 启动方式介绍

（1）软件启动方式

① 双击该图标启动软件： 。

② 点击"培训工艺"和"培训项目"，根据教学学习需要点选某一培训项目，然后点击"启动项目"启动软件。

启动方式界面见图 3-1。

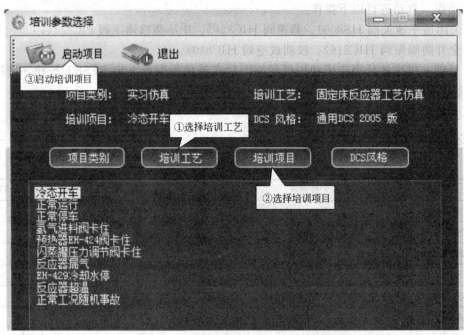

图 3-1　启动方式界面

（2）软件运行界面

3D 场景仿真系统软件运行界面见图 3-2。

图 3-2　3D 场景仿真系统软件运行界面

（3）操作质量评分系统运行界面

操作质量评分系统运行界面见图 3-3。

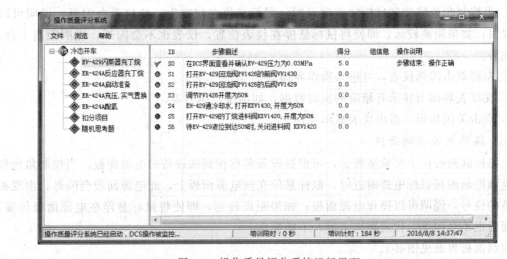

图 3-3　操作质量评分系统运行界面

2. 3D 场景仿真系统介绍

（1）移动方式

① 按住 W、S、A、D 键可控制当前角色向前后左右移动。

② 按住 Q、E 键可进行角色视角左转与右转。

③ 点击 R 键或功能钮中"走跑切换"按钮可控制角色进行走、跑切换。

④ 鼠标右键点击一个地点，当前角色可瞬移到该位置。

（2）视野调整

① 用户在操作软件过程中，所能看到的场景都是由摄像机来拍摄，摄像机跟随当前控制角色（如培训学员）。所谓视野调整，即摄像机位置的调整。

② 按住鼠标左键在屏幕上向左或向右拖动，可调整操作者视野即摄像机位置向左转或是向右转，但当前角色并不跟随场景转动。

③ 按住鼠标左键在屏幕上向上或向下拖动，可调整操作者视野即摄像机位置向上转或是向下，相当于抬头或低头的动作。

④ 滑动鼠标滚轮向前或是向后转动，可调整摄像机与角色之间的距离变化。

（3）视角切换

点击空格键即可切换视角，在默认人物视角和全局视角间切换。

（4）操作阀门

① 当控制角色移动到目标阀门附近时，鼠标悬停在阀门上，此阀门会闪烁，代表可以操作阀门；如果距离较远，即使将鼠标悬停在阀门位置，阀门也不会闪烁，代表距离太远，不能操作。

② 左键双击闪烁阀门，可进入操作界面。在操作界面上方有操作框，点击后进行开关操作，同时阀门手轮或手柄会相应转动。

③ 按住上下左右方向键，可调整摄像机以当前阀门为中心进行上下左右的旋转。

④ 滑动鼠标滚轮，可调整摄像机与当前阀门的距离。

⑤ 单击右键，退出阀门操作界面。

（5）查看仪表

① 当控制角色移动到目标仪表附近时，鼠标悬停在仪表上，此仪表会闪烁，说明可以查看仪表；如果距离较远，即使将鼠标悬停在仪表位置，仪表也不会闪烁，说明距离太远，不可观看。

② 左键双击闪烁仪表，可进入操作界面。

③ 在仪表界面上显示有相应的实时数据，如温度、压力等。

④ 点击关闭标识，退出仪表显示界面。

（6）操作电源控制面板

电源控制面板位于实验装置旁，可根据设备名称找到该设备的电源面板。当控制角色移动到电源控制面板目标电源附近时，鼠标悬停在该电源面板上，此电源面板会闪烁，出现相应设备的位号，说明可以操作电源面板；如果距离较远，即使将鼠标悬停在电源面板位置，电源面板也不会闪烁，代表距离太远，不能操作。

控制面板界面见图 3-4。

① 在操作面板界面上双击启动按钮，开启相应设备，同时启动按钮会变亮。

② 在操作面板界面上双击关闭按钮，关闭相应设备，同时启动按钮会变暗。

③ 按住上下左右方向键，可调整摄像机以当前控制面板为中心进行上下左右的旋转。

④ 滑动鼠标滚轮，可调整摄像机与当前电源面板的距离。

（7）知识点

本单元操作知识点介绍了精馏塔所用到的主要设备及阀门，在 2D 界面有知识点的按钮，也可从 3D 中控室中双击电脑屏幕调出知识点界面。

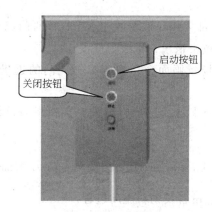

图 3-4 控制面板界面

（8）功能钮介绍

点击某功能钮后弹出一个界面，再次点击该功能钮，界面消失。下面介绍操作中几个常用的功能钮。

① 查找功能 ![查找]：左键点击"查找"功能钮，弹出查找框，适用于知道阀门位号，不知道阀门位置的情况。查找举例见图 3-5。

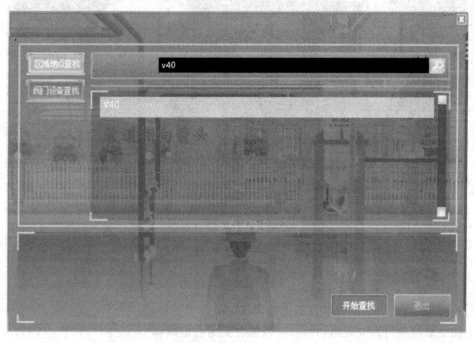

图 3-5 查找举例界面

a. ![搜索区 v40]：上部为搜索区，在搜索栏内输入目标阀门位号，如 VA101，按回车或 ![搜索]开始搜索，在显示区将显示出此阀门位号；也可直接点击 ![搜索]，在显示区将显示出所有阀门位号。

b. ![V40 显示区]：中部为显示区，显示搜索到的阀门位号。

c. 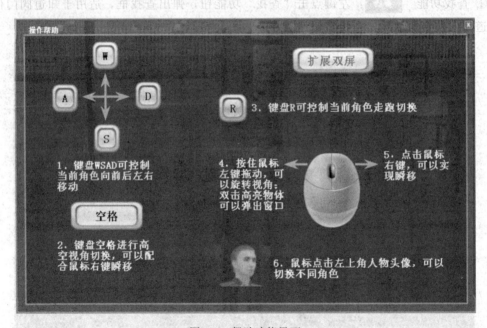　：下部为操作确认区，选中目标阀门位号，点击开始查找按钮。

d. 进入到查找状态；若点击退出，则取消此操作。

e. 进入查找状态后，主场景画面会切换到目标阀门的近景图，可大概查看周边环境。点击右键退出阀门近景图。

f. 主场景中当前角色头顶出现绿色指引箭头，实施指向目标阀门方向，到达目标阀门位置后，指引箭头消失。

② 演示功能　：左键点击"演示"功能钮，即开始播放间歇釜反应单元的漫游，漫游中介绍了本软件的工艺、设备及物料流动过程。

③ 手册功能　：左键点击"手册"功能钮，即弹出本软件的操作手册，便于了解软件的使用。

④ 帮助功能　

a. 单击"帮助"功能钮，会出现如图 3-6 所示的操作帮助。

图 3-6　帮助功能界面

b. 按住 W、S、A、D 键可控制当前角色向前后左右移动。

c. 按空格键进行高空视角切换，可以配合鼠标右键瞬移。

d. 按住 Q、E 键可进行左转弯与右转弯。

e. 点击 R 键或功能钮中"走跑切换"按钮可控制角色进行走、跑切换。

f. 按住鼠标左键在屏幕上向左或向右拖动，可调整操作者视野即摄像机位置向左转或是向右转，但当前角色并不跟随场景转动。

g. 点击鼠标右键可实现瞬移。

h. 通过鼠标左键点击左上角人物头像，可以切换当前角色。

⑤ 视角功能 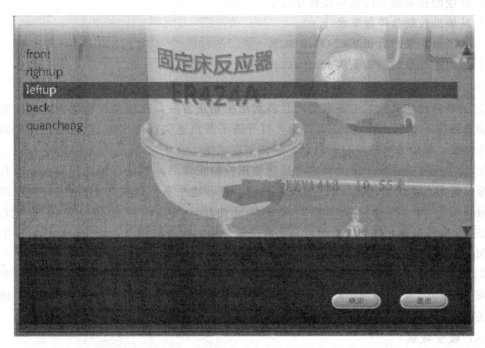：视角功能中保存了各个视角，点击不同视角可以从不同角度观察3D 环境。视角功能界面见图 3-7。

图 3-7 视角功能界面

⑥ 地图功能 地图：地图功能主要展现了厂区的环境和主要的操作区域。

四、操作规程

1. 冷态开车

（1）准备工作（引循环水）

① 压缩机岗位 E119 开循环水阀 OMP1001，引入循环水。

② 压缩机岗位 E120 开循环水阀 OMP1002，引入循环水。

③ 压缩机岗位 E121 开循环水阀 TIC8111，引入循环水。

（2）CO_2 压缩机油系统开车

① 在辅助控制盘上启动油箱油温控制器 OMP1045，将油温升到 40℃ 左右。

② 打开油泵的前切断阀 OMP1026。

③ 打开油泵的后切断阀 OMP1048。

④ 从辅助控制盘上开启主油泵 OIL PUMP。

⑤ 调整油泵回路阀 TMPV186，将油压力控制在 0.9MPa 以上。

（3）盘车

① 开启盘车泵的前切断阀 OMP1031。

② 开启盘车泵的后切断阀 OMP1032。

③ 从辅助控制盘启动盘车泵。

④ 在辅助控制盘上按盘车按钮，盘车至转速大于 150r/min。

⑤ 检查压缩机有无异常响声，检查振动、轴位移等。

（4）停止盘车

① 在辅助控制盘上按盘车按钮停盘车。

② 从辅助控制盘停盘车泵。

③ 关闭盘车泵的后切断阀 OMP1032。

④ 关闭盘车泵的前切断阀 OMP1031。

（5）联锁试验

① 油泵自启动试验　主油泵启动且将油压控制正常后，在辅助控制盘上将辅助油泵自动启动按钮按下，按一下 RESET 按钮，打开透平蒸汽速关阀 HS8001，再在辅助控制盘上按停主油泵，辅助油泵应该自行启动，联锁不应动作。

② 低油压联锁试验　主油泵启动且将油压控制正常后，确认在辅助控制盘上没有将辅助油泵设置为自动启动，按一下 RESET 按钮，打开透平蒸汽速关阀 HS8001，关闭四回一阀和段间放空阀，通过油泵回路阀缓慢降低油压，当油压降低到一定值时，仪表盘 PSXL8372 应该报警，按确认后继续开大阀降低油压，检查联锁是否动作，动作后透平蒸汽速关阀 HS8001 应该关闭，关闭四回一阀，段间放空阀应该全开。

③ 停车试验　主油泵启动且将油压控制正常后，按一下 RESET 按钮，打开透平蒸汽速关阀 HS8001，关闭四回一阀和段间放空阀，在辅助控制盘上按一下 STOP 按钮，透平蒸汽速关阀 HS8001 应该关闭，关闭四回一阀，段间放空阀应该全开。

（6）暖管暖机

① 在辅助控制盘上点辅油泵自动启动按钮，将辅油泵设置为自启动。

② 打开入界区蒸汽副线阀 OMP1006，准备引蒸汽。

③ 打开蒸汽透平主蒸汽管线上的切断阀 OMP1007，压缩机暖管。

④ 打开 CO_2 放空截止阀 TMPV102。

⑤ 打开 CO_2 放空调节阀 PIC8241。

⑥ 透平入口管道内蒸汽压力上升到 5.0MPa 后，打开入界区蒸汽阀 OMP1005。

⑦ 关副线阀 OMP1006。

⑧ 打开 CO_2 进料总阀 OMP1004。

⑨ 全开 CO_2 进口控制阀 TMPV104。

⑩ 打开透平抽出截止阀 OMP1009。

⑪ 从辅助控制盘上按一下 RESET 按钮，准备冲转压缩机。

⑫ 打开透平速关阀 HS8001。

⑬ 逐渐打开阀 HIC8205，将转速 SI8335 提高到 1000r/min，进行低速暖机。

⑭ 控制转速为 1000r/min，暖机 15min（模拟为 1min）。

⑮ 打开油冷器冷却水阀 TMPV181。

⑯ 暖机结束，将机组转速缓慢提到 2000r/min，检查机组运行情况。

⑰ 检查压缩机有无异常响声，检查振动、轴位移等。

⑱ 控制转速为 2000r/min，停留 15min（模拟为 1min）。

（7）过临界转速

① 继续开大 HIC8205，将机组转速缓慢提到 3000r/min，准备通过临界转速（3000～

3500r/min)。

② 继续开大 HIC8205，用 20～30s 的时间将机组转速缓慢提到 4000r/min，通过临界转速。

③ 逐渐打开 PIC8224 到 50％。

④ 缓慢将段间放空阀 HIC8101 关小到 72％。

⑤ 将 V111 液位控制 LIC8101 设自动，设定值在 20％左右。

⑥ 将 V119 液位控制 LIC8167 设自动，设定值在 20％左右。

⑦ 将 V120 液位控制 LIC8170 设自动，设定值在 20％左右。

⑧ 将 V121 液位控制 LIC8173 设自动，设定值在 20％左右。

⑨ 将 TIC8111 设自动，设定值在 52℃左右。

（8）升速升压

① 继续开大 HIC8205，将机组转速缓慢提到 5500r/min。

② 缓慢将段间放空阀 HIC8101 关小到 50％。

③ 继续开大 HIC8205，将机组转速缓慢提到 6050r/min。

④ 缓慢将段间放空阀 HIC8101 关小到 25％。

⑤ 缓慢将四回一阀 HIC8162 关小到 75％。

⑥ 继续开大 HIC8205，将机组转速缓慢提到 6400r/min。

⑦ 缓慢将段间放空阀 HIC8101 关闭。

⑧ 缓慢将四回一阀 HIC8162 关闭。

⑨ 继续开大 HIC8205，将机组转速缓慢提到 6935r/min。

⑩ 调整 HIC8205，将机组转速 SI8335 稳定在 6935r/min。

（9）投料

① 逐渐关小 PIC8241，缓慢将压缩机四段出口压力提升到 14.4MPa，平衡合成系统压力。

② 打开 CO_2 出口阀 OMP1003。

③ 继续手动关小 PIC8241，缓慢将压缩机四段出口压力提升到 15.4MPa，将 CO_2 引入合成系统。

④ 当 PIC8241 稳定控制在 15.4MPa 左右后，将其设定在 15.4MPa 设自动。

2. 正常停车

① 调节 HIC8205，将转速降至 6500r/min。

② 调节 HIC8162，将负荷减至 21000m³/h。

③ 继续调节 HIC8162 抽汽与注汽量，直至 HIC8162 全开。

④ 手动缓慢打开 PIC8241，将四段出口压力降到 14.5MPa 以下，CO_2 退出合成系统。

⑤ 关闭 CO_2 入合成总阀 OMP1003。

⑥ 继续开大 PIC8241，缓慢降低四段出口压力到 8.0～10.0MPa。

⑦ 调节 HIC8205，将转速降至 6403r/min。

⑧ 继续调节 HIC8205，将转速降至 6052r/min。

⑨ 调节 HIC8101，将四段出口压力降至 4.0MPa。

⑩ 继续调节 HIC8205，将转速降至 3000r/min。

⑪ 继续调节 HIC8205，将转速降至 2000r/min。

⑫ 在辅助控制盘上按 STOP 按钮，停压缩机。

⑬ 关闭 CO_2 入压缩机控制阀 TMPV104。

⑭ 关闭 CO_2 入压缩机总阀 OMP1004。

⑮ 关闭蒸汽抽出至 MS 总阀 OMP1009。

⑯ 关闭蒸汽至压缩机工段总阀 OMP1005。

⑰ 关闭压缩机蒸汽入口阀 OMP1007。

3. 油系统停车

① 从辅助控制盘上取消辅油泵自启动。

② 从辅助控制盘上停运主油泵。

③ 关闭油泵进口阀 OMP1048。

④ 关闭油泵出口阀 OMP1026。

⑤ 关闭油冷器冷却水阀 TMPV181。

⑥ 从辅助控制盘上停油温控制。

五、事故列表

1. 压缩机振动大

（1）原因

① 机械方面的原因　如轴承磨损、平衡盘密封损坏、找正不良、轴弯曲、连轴节松动等等设备本身的原因。

② 转速控制方面的原因　机组接近临界转速下运行产生共振。

③ 工艺控制方面的原因　主要是操作不当造成计算机喘振。

（2）处理措施

模拟中只有 20s 的处理时间，处理不及时就会发生联锁停车。

① 机械方面故障需停车检修。

② 产生共振时，需改变操作转速，另外在开停车过程中通过临界转速时应尽快。

③ 当压缩机发生喘振时，找出发生喘振的原因，并采取相应的措施。

a. 入口气量过小　打开防喘振阀 HIC8162，开大入口控制阀开度。

b. 出口压力过高　打开防喘振阀 HIC8162，开大四段出口排放调节阀开度。

c. 操作不当、开关阀门动作过大　打开防喘振阀 HIC8162，消除喘振后再精心操作。

（3）预防措施

① 离心式压缩机一般都设有振动检测装置，在生产过程中应经常检查，发现轴振动或位移过大，应分析原因，及时处理。

② 喘振预防　应经常注意压缩机气量的变化，严防入口气量过小而引发喘振。在开车时应遵循"升压先升速"的原则，先将防喘振阀打开，当转速升到一定值后，再慢慢关小防喘振阀，将出口压力升到一定值，然后再升速，使升速、升压交替缓慢进行，直到满足工艺要求。停车时应遵循"降压先降速"的原则，先将防喘振阀打开一些，将出口压力降低到某一值，然后再降速，降速、降压交替进行，直到泄完压力再停机。

2. 压缩机辅助油泵自动启动

（1）原因

辅助油泵自动启动的原因是油压低引起的自保措施，一般情况下是由以下两种原因引起的：

① 油泵出口过滤器堵塞。

② 油泵回路阀开度过大。

（2）处理措施

① 关小油泵回路阀。

② 按过滤器清洗步骤清洗油过滤器。

③ 从辅助控制盘停辅助油泵。

（3）预防措施

油系统正常运行是压缩机正常运行的重要保证，因此，压缩机的油系统也设有各种检测装置，如油温、油压、过滤器压降、油位等，生产过程中要经常对这些内容进行检查，油过滤器要定期切换清洗。

3. 四段出口压力偏低，CO_2打气量偏少

（1）原因

① 压缩机转速偏低。

② 防喘振阀未关死。

③ 压力控制阀 PIC8241 未设自动，或未关死。

（2）处理措施

① 将转速调到 6935r/min。

② 关闭防喘振阀。

③ 关闭压力控制阀 PIC8241。

（3）预防措施

压缩机四段出口压力和下一工段的系统压力有很大的关系，下一工段系统压力波动也会造成四段出口压力波动，也会影响到压缩机的打气量，所以在生产过程中下一系统（合成系统）压力应该控制稳定，同时应该经常检查压缩机的吸气流量、转速、排放阀和防喘振阀以及段间放空阀的开度，正常工况下这三个阀应该尽量保持关闭状态，以保持压缩机的最高工作效率。

4. 压缩机因喘振发生联锁跳车

（1）原因

操作不当，压缩机发生喘振，处理不及时。

（2）处理措施

① 关闭 CO_2 去尿素合成总阀 OMP1003。

② 在辅助控制盘上按一下 RESET 按钮。

③ 按冷态开车步骤中暖管暖机冲转开始重新开车。

（3）预防措施

按振动过大情况中喘振预防措施预防喘振发生，一旦发生喘振要及时按其处理措施进行处理，及时打开防喘振阀。

5. 压缩机三段冷却器出口温度过低

（1）原因

冷却水控制阀 TIC8111 未设自动，阀门开度过大。

（2）处理措施

① 关小冷却水控制阀 TIC8111，将温度控制在 52℃ 左右。

② 控制稳定后将 TIC8111 设定在 52℃ 设自动。

（3）预防措施

二氧化碳在高压下温度过低会析出固体干冰，干冰会损坏压缩机叶轮，而影响到压缩机的正常运行，因而压缩机运行过程中应该经常检查该点温度，将其控制在正常工艺指标范围之内。

六、仿真界面

二氧化碳压缩机工艺 3D 虚拟现实仿真界面见图 3-8。

图 3-8　二氧化碳压缩机工艺 3D 虚拟现实仿真界面

二氧化碳压缩 DCS 界面图见图 3-9。

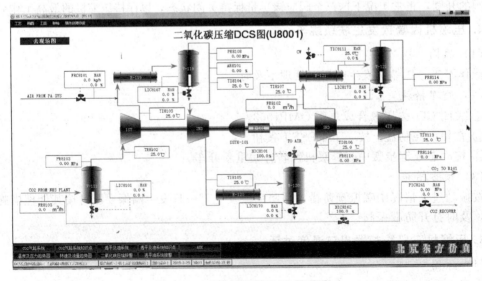

图 3-9　二氧化碳压缩 DCS 界面图

二氧化碳压缩报警显示界面图见图 3-10。

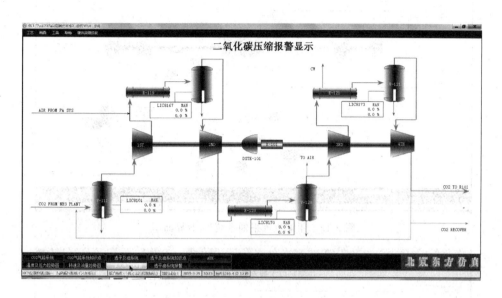

图 3-10　二氧化碳压缩报警显示界面图

二氧化碳压缩知识点界面图见图 3-11。

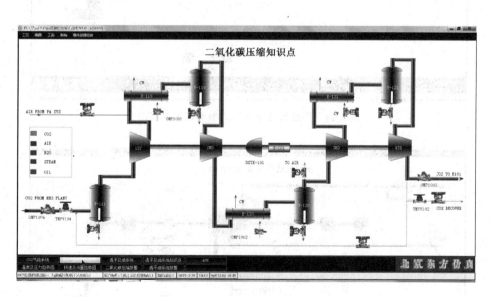

图 3-11　二氧化碳压缩知识点界面图

压缩机透平油系统 DCS 界面图见图 3-12。
压缩机透平油系统报警显示界面图见图 3-13。
压缩机透平油系统知识点界面图见图 3-14。

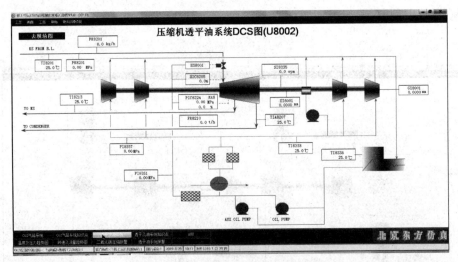

图 3-12　压缩机透平油系统 DCS 界面图

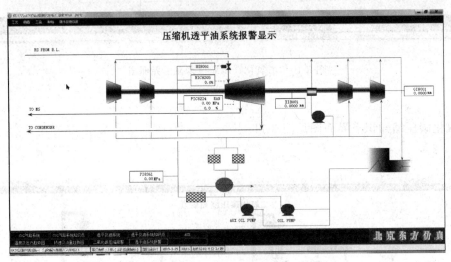

图 3-13　压缩机透平油系统报警显示界面图

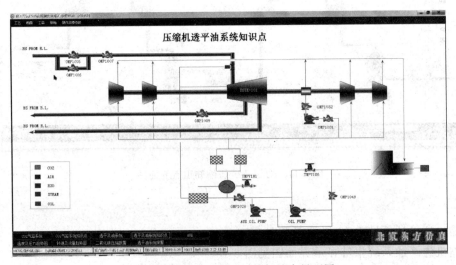

图 3-14　压缩机透平油系统知识点界面图

实训二　固定床反应器单元 3D 虚拟现实仿真

一、工艺流程说明

1. 工艺说明

本流程为利用催化加氢脱乙炔的工艺。乙炔是通过等温加氢反应器除掉的，反应器温度由壳侧中冷剂温度控制。

主反应为：

$$nC_2H_2 + 2nH_2 \longrightarrow (C_2H_6)_n \tag{3-1}$$

该反应是放热反应。每克乙炔反应后放出热量约为 34000kcal（1cal＝4.1868J）。温度超过 66℃时有副反应为：

$$2nC_2H_4 \longrightarrow (C_4H_8)_n \tag{3-2}$$

该反应也是放热反应。

冷却介质为液态丁烷，通过丁烷蒸发带走反应器中的热量，丁烷蒸气通过冷却水冷凝。反应原料分两股，一股为约 −15℃的以 C_2 为主的烃原料，进料量由流量控制器 FIC1425 控制；另一股为 H_2 与 CH_4 的混合气，温度约 10℃，进料量由流量控制器 FIC1427 控制。FIC1425 与 FIC1427 为比值控制，两股原料按一定比例在管线中混合后经原料气/反应气换热器（EH423）预热，再经原料预热器（EH424）预热到 38℃，进入固定床反应器（ER424A/B）。预热温度由温度控制器 TIC1466 通过调节预热器 EH424 加热蒸气（S3）的流量来控制。

ER424A/B 中的反应原料在 2.523MPa、44℃下反应生成 C_2H_6。当温度过高时会发生 C_2H_4 聚合生成 C_4H_8 的副反应。反应器中的热量由反应器壳侧循环的加压 C_4 冷剂蒸发带走。C_4 蒸气在水冷器 EH429 中由冷却水冷凝，而 C_4 冷剂的压力由压力控制器 PIC1426 通过调节 C_4 蒸气冷凝回流量来控制，从而保持 C_4 冷剂的温度。

2. 本单元复杂控制回路说明

FFI1427 为一比值调节器。根据 FIC1425（以 C_2 为主的烃原料）的流量，按一定的比例调整 FIC1427（H_2）的流量。

比值调节：工业上为了保持两种或两种以上物料的比例为一定值的调节叫比值调节。对于比值调节系统，首先是要明确哪种物料是主物料，而另一种物料按主物料来配比。在本单元中，FIC1425（以 C_2 为主的烃原料）为主物料，而 FIC1427（H_2）的量是随主物料（C_2 为主的烃原料）的量的变化而改变。

3. 设备

EH423 为原料气/反应气换热器；EH424 为原料气预热器；EH429 为 C_4 蒸气冷凝器；EV429 为 C_4 闪蒸罐；ER424A/B 为 C_2X 加氢反应器。

二、软件启动及操作

软件启动及操作参见 CO_2 压缩机工艺 3D 虚拟现实仿真的相关内容。

三、操作规程

1. 开车操作规程

装置的开工状态为反应器和闪蒸罐都处于已进行过氮气冲压置换后，保压在 0.03MPa 状态，可以直接进行实气冲压置换。

（1）EV429 闪蒸器充丁烷

① 确认 EV429 压力为 0.03MPa。

② 打开 EV429 回流阀 PV1426 的前后阀 VV1429、VV1430。

③ 调节 PV1426（PIC1426）阀开度为 50%。

④ EH429 通冷却水，打开 KXV1430，开度为 50%。

⑤ 打开 EV429 的丁烷进料阀门 KXV1420，开度为 50%。

⑥ 当 EV429 液位到达 50% 时，关进料阀 KXV1420。

（2）ER424A 反应器充丁烷

① 确认事项

a. 反应器 0.03MPa 保压。

b. EV429 液位到达 50%。

② 充丁烷　打开丁烷冷剂进入 ER424A 壳层的阀门 KXV1423，有液体流过，充液结束；同时打开出 ER424A 壳层的阀门 KXV1425。

（3）ER424A 启动

① 启动前准备工作

a. ER424A 壳层有液体流过。

b. 打开 S3 蒸气进料控制 TIC1466。

c. 调节 PIC1426 设定，压力控制设定在 0.4MPa。

② ER424A 充压、实气置换

a. 打开 FIC1425 的前后阀 VV1425、VV1426 和 KXV1412。

b. 打开阀 KXV1418。

c. 微开 ER424A 出料阀 KXV1413，丁烷进料控制 FIC1425（手动），慢慢增加进料，提高反应器压力，充压至 2.523MPa。

d. 慢开 ER424A 出料阀 KXV1413 至 50%，充压至压力平衡。

e. 乙炔原料进料控制 FIC1425 设自动，设定值为 56186.8kg/h。

③ ER424A 配氢，调整丁烷冷剂压力

a. 稳定反应器入口温度在 38.0℃，使 ER424A 升温。

b. 当反应器温度接近 38.0℃（超过 35.0℃），准备配氢。打开 FV1427 的前后阀 VV1427、VV1428。

c. 氢气进料控制 FIC1427 设自动，流量设定为 80kg/h。

d. 观察反应器温度变化，当氢气量稳定后，FIC1427 设手动。

e. 缓慢增加氢气量，注意观察反应器温度变化。

f. 氢气流量控制阀开度每次增加不超过 5%。

g. 氢气量最终加至 200g/h 左右，此时 $H_2/C_2=2.0$，FIC1427 设串级。

h. 控制反应器温度 44.0℃ 左右。

2. 正常操作规程

（1）正常工况下工艺参数

① 正常运行时，反应器温度 TI1467A 为 44.0℃，压力 PI1424A 控制在 2.523MPa。

② FIC1425 设自动，设定值为 56186.8kg/h，FIC1427 设串级。

③ PIC1426 压力控制在 0.4MPa，EV429 温度 TI1426 控制在 38.0℃。

④ TIC1466 设自动，设定值为 38.0℃。

⑤ ER424A 出口氢气浓度低于 50×10^{-6}，乙炔浓度低于 200×10^{-6}。

⑥ EV429 液位 LI1426 为 50%。

（2）ER424A 与 ER424B 间切换

① 关闭氢气进料。

② ER424A 温度低于 38.0℃后，打开 C_4 冷剂进 ER424B 的阀 KXV1424、KXV1426，关闭 C_4 冷剂进 ER424A 的阀 KXV1423、KXV1425。

③ 打开 C_2H_2 进 ER424B 的阀 KXV1415，微开 KXV1416。关闭 C_2H_2 进 ER424A 的阀 KXV1412。

（3）ER424B 的操作

ER424B 的操作与 ER424A 操作相同。

3. 停车操作规程

（1）正常停车

① 关闭氢气进料，关 VV1427、VV1428，FIC1427 设手动，设定值为 0%。

② 关闭加热器 EH424 蒸气进料，TIC1466 设手动，开度 0%。

③ 闪蒸器冷凝回流控制 PIC1426 设手动，开度 100%。

④ 逐渐减少乙炔进料，开大 EH429 冷却水进料。

⑤ 逐渐降低反应器温度、压力至常温、常压。

⑥ 逐渐降低闪蒸器温度、压力至常温、常压。

（2）紧急停车

① 与停车操作规程相同。

② 也可按急停车按钮（在现场操作图上）。

四、联锁说明

1. 联锁源

① 现场手动紧急停车（紧急停车按钮）。

② 反应器温度高报（TI1467A/B＞66℃）。

2. 联锁动作

① 关闭氢气进料，FIC1427 设手动。

② 关闭加热器 EH424 蒸气进料，TIC1466 设手动。

③ 闪蒸器冷凝回流控制 PIC1426 设手动，开度 100%。

④ 自动打开电磁阀 XV1426。

该联锁有一复位按钮。（注意：在复位前，应首先确定反应器温度已降回正常，同时处于手动状态的各控制点的设定应设成最低值。）

五、仪表及报警一览表

仪表及报警一览表见表 3-5。

表 3-5　仪表及报警一览表

位号	说明	类型	量程高限	量程低限	工程单位	报警上限	报警下限
PIC1426	EV429 罐压力控制	PID	1.0	0.0	MPa	0.70	无
TIC1466	EH423 出口温度控制	PID	80.0	0.0	℃	43.0	无
FIC1425	C_2X 流量控制	PID	700000.0	0.0	kg/h	无	无
FIC1427	H_2 流量控制	PID	300.0	0.0	kg/h	无	无
FT1425	C_2X 流量	PV	700000.0	0.0	kg/h	无	无
FT1427	H_2 流量	PV	300.0	0.0	kg/h	无	无
TC1466	EH423 出口温度	PV	80.0	0.0	℃	43.0	无
TI1467A	ER424A 温度	PV	400.0	0.0	℃	48.0	无
TI1467B	ER424B 温度	PV	400.0	0.0	℃	48.0	无
PC1426	EV429 压力	PV	1.0	0.0	MPa	0.70	无
LI1426	EV429 液位	PV	100	0.0	%	80.0	20.0
AT1428	ER424A 出口氢浓度	PV	200000.0	0.0	ppm	90.0	无
AT1429	ER424A 出口乙炔浓度	PV	1000000.0	0.0	ppm	无	无
AT1430	ER424B 出口氢浓度	PV	200000.0	0.0	ppm	90.0	无
AT1431	ER424B 出口乙炔浓度	PV	1000000.0	0.0	ppm	无	无

六、事故设置一览

1. 氢气进料阀卡住

① 原因：FIC1427 卡在 20％处。

② 现象：氢气量无法自动调节。

③ 处理：

a. 降低 EH429 冷却水的量。

b. 用旁路阀 KXV1404 手工调节氢气量。

2. 预热器 EH424 阀卡住

① 原因：TIC1466 卡在 70％处。

② 现象：换热器出口温度超高。

③ 处理：

a. 增加 EH429 冷却水的量。

b. 减少配氢量。

3. 闪蒸罐压力调节阀卡

① 原因：PIC1426 卡在 20％处。

② 现象：闪蒸罐压力、温度超高。

③ 处理：

a. 增加 EH429 冷却水的量。

b. 用旁路阀 KXV1434 手工调节。

4. 反应器漏气

① 原因：反应器漏气，KXV1414 卡在 50％处。

② 现象：反应器压力迅速降低。

③ 处理：停工。

5. EH429 冷却水停止

① 原因：EH429 冷却水供应停止。

② 现象：闪蒸罐压力、温度超高。

③ 处理：停工。

6. 反应器超温

① 原因：闪蒸罐通向反应器的管路有堵塞。

② 现象：反应器温度超高，会引发乙烯聚合的副反应。

③ 处理：增加 EH429 冷却水的量。

七、仿真界面

固定床反应器工艺 3D 虚拟现实仿真界面见图 3-15。

图 3-15　固定床反应器工艺 3D 虚拟现实仿真界面

固定床 DCS 界面图见图 3-16。

固定床反应器报警显示界面图见图 3-17。

固定床知识点界面图见图 3-18。

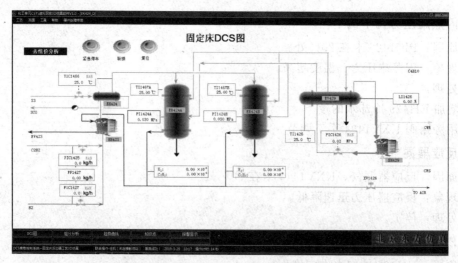

图 3-16　固定床 DCS 界面图

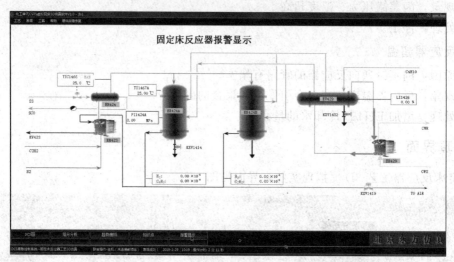

图 3-17　固定床反应器报警显示界面图

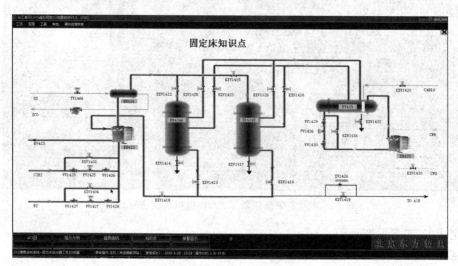

图 3-18　固定床知识点界面图

① 结合本单元说明比例控制的工作原理。

② 为什么是根据乙炔的进料量调节氢气的量，而不是根据氢气的量调节乙炔的进料量？

③ 根据本单元实际情况，说明反应器冷却剂的自循环原理。

④ 观察在 EH429 冷却器的冷却水中断后会造成的结果。

⑤ 结合本单元实际，理解"联锁"和"联锁复位"的概念。

练习题

1. 判断题（对于错的问题给出正确答案）

① 固定床反应器多用于大规模气相反应。（   ）

② 反应流体的组成沿流动方向而变化，在与流动垂直的方向上，组成也有可能由于温度梯度而变化。（   ）

③ 固定床反应器参加反应的气体通过静止的催化剂进行反应。（   ）

④ 固定床反应器操作不当、温度控制不严时发生飞温，则催化剂会降低活性和缩短寿命，危及设备安全，影响产品质量。（   ）

⑤ 日常设备检查是指专职维修人员每天对设备进行的检查。（   ）

⑥ 现场管理是综合性、全面性和全员性的管理。（   ）

⑦ 开车前系统所有导淋阀、排放阀、放空阀、安全阀的上下游阀均关闭。（   ）

⑧ 在一定条件下，一个反应体系可以按热力学上可能的若干方向进行，当某种催化剂存在时，可使其中一个方向显著加速，这就是催化剂的选择性。（   ）

⑨ 正常操作时，负荷波动不会造成反应器出口分析不合格。（   ）

⑩ 反应器设置超温联锁是为了防止因超温而发生爆炸事故。（   ）

⑪ 装置的氮气置换主要方法有两种：连续置换法和憋压式置换法。其中连续置换法节约氮气，置换的时间短。（   ）

⑫ 固定床反应器床层静止不动，流体通过床层进行反应。（   ）

⑬ 固定床反应器是装填固体催化剂或固体反应物的可以实现单相反应过程的一种反应器。（   ）

⑭ 装置开车前，调节阀校对只能由仪表维修人员负责完成。（   ）

⑮ 非均相中液固相反应的结构形式是固定床反应器。（   ）

⑯ 列管式固定床反应器返混小、选择性较低。（   ）

⑰ 催化剂只能使平衡较快达到，而不能使平衡发生移动。（   ）

⑱ 化学反应速率用不同物质的浓度变化来表示时，其数值相等。（   ）

⑲ 选择性是指经过反应器生产成产品的物料与该物料进料总量的比率。（   ）

⑳ 飞温是指反应过程恶化，在反应器催化剂床层部分地区产生温度失控，造成催化剂烧结和循环气燃烧、爆炸等危险。（   ）

㉑ 接触时间是反应气体在反应条件下，通过催化剂床层中自由空间所需的时间，单位为秒。（   ）

㉒ 堆积密度是当催化剂自由地填入反应器床层时，每单位容积反应器中催化剂的质量，

单位为 kg/m³。（　　　）

㉓ 固定床反应器是指在反应器中催化剂以确定的堆积方式排列，而被催化反应的物料经过催化剂层进行催化反应。（　　　）

㉔ 空速过大，催化剂磨损增大，缩短催化剂使用寿命；空速过小，易产生热点，选择性下降，影响产量，单耗增加。（　　　）

㉕ 空速是每单位体积催化剂每小时通过的气体质量。（　　　）

㉖ 固定床反应器工艺仿真单元中 EH423 预热器的主要作用是反应前将反应器温度加热到反应的初始温度。（　　　）

㉗ 固定床反应器工艺仿真单元中反应温度的控制是由壳侧中冷剂温度控制的。（　　　）

㉘ 工业上为了保持两种或两种以上物料的比例为一定值的调节叫比值调节。（　　　）

㉙ 列管式固定床反应器的优点是返混小、选择性较高。（　　　）

㉚ 列管式固定床反应器的优点是结构比绝热反应器简单，但缺点是催化剂的装卸不方便。（　　　）

㉛ 绝热式固定床反应器的缺点是传热差，操作过程中催化剂不能更换。（　　　）

㉜ 绝热式固定床反应器的优点是结构简单。（　　　）

㉝ 绝热式固定床反应器的优点是返混小。（　　　）

㉞ 凡是流体通过不动的固体物料所形成的床层而进行反应的装置都称作固定床反应器。（　　　）

2. 选择题

① 反应器发生飞温的危害有（　　　）。

A. 损坏催化剂　　　　B. 发生事故　　　　C. 破坏设备　　　　D. 影响生产

② 对设备进行清洗、润滑，紧固易松动的螺钉，检查零部件的状况，这属于设备的（　　　）保养。

A. 一级　　　　B. 二级　　　　C. 例行　　　　D. 三级

③ 高压下操作，爆炸极限会（　　　）。

A. 加宽　　　　B. 变窄　　　　C. 不变　　　　D. 不一定

④ 按照国家排放标准规定，排放废水的 pH 值应为（　　　）。

A. 小于 3　　　　B. 3～4　　　　C. 4～6　　　　D. 6～9

⑤ 关于设置反应器超温联锁的意义，下列说法不正确的是（　　　）。

A. 保护反应器　　　　　　　　　　B. 保护催化剂

C. 避免不安全事故发生　　　　　　D. 防止产品不合格

⑥ 安全阀的主要设置部位应该是（　　　）。

A. 安装在受压容器上

B. 安装在受压管道及机泵出口处

C. 安装在因压力超高而导致系统停车、设备损坏，以及带来危险的设备上

D. 安装在所有的设备上

⑦ 某碳二加氢反应器一段床进料为 65000m³/h，某乙炔含量为 0.9%（体积分数），一段床出口乙炔为 0.3%，则乙炔转化率为（　　　）。

A. 33%　　　　B. 50%　　　　C. 67%　　　　D. 100%

⑧ 某一反应器，反应方程式为 $A+B \longrightarrow 2C+D$，反应为不完全反应，A 物料过量，

目的产物是 C，副产物为 D，进料中 A 物料流量为 1800mol/h，反应器出口 A 物料流量为 800mol/h，C 物料流量为 1600mol/h，D 物料流量为 200mol/h，则目的产物 C 的产率为（　　）。

  A. 44％   B. 56％   C. 80％   D. 89％

⑨ 液相反应器将反应热移走的方式有（　　）。

  A. 气相外循环冷却   B. 液相原料汽化

  C. 夹套冷却水   D. 冷进料撤热

⑩ 氮气置换设备中的空气量要求是氧气量（　　）。

  A. ＜2‰   B. ＜0.2％   C. ＜0.2‰   D. ＜1‰

⑪ 列管式固定床反应器优缺点是（　　）。

  A. 对于较强的放热反应，还可用同样粒度的惰性物料来稀释催化剂

  B. 传热较好，管内温度较易控制

  C. 返混小、选择性较高

  D. 只要增加管数，便可有把握地进行放大

⑫ 气固相固定床反应器的基本类型有（　　）。

  A. 绝热式固定床反应器   B. 换热式固定床反应器

  C. 径向流动反应器   D. 限制床反应器

⑬ 下列对反应平衡常数的表述中，不准确的是（　　）。

  A. 平衡常数就是衡量平衡状态的一种数量标志

  B. 化学反应平衡常数习惯上称为浓度平衡常数

  C. 标准平衡常数又叫作热力学平衡常数

  D. 热力学中把平衡常数区分为压力平衡常数和浓度平衡常数。

⑭ 吹扫的目的是将系统存在的脏物、泥沙、焊渣、锈皮及其他机械杂质在（　　）吹扫干净。

  A. 管线安装前   B. 化工投料前   C. 化工投料后   D. 管线气密后

⑮ 安全阀的开启压力一般为最高工作压力的（　　）。

  A. 0.9 倍   B. 1.05～1.1 倍   C. 1.5 倍   D. 2.0 倍

⑯ 闪点≤（　　）℃的液体叫易燃液体；闪点＞（　　）℃的液体叫可燃液体。

  A. 45   B. 55   C. 65   D. 85

⑰ 单位体积填料层的填料表面积称为比表面积，填料的比表面积（　　），所能提供的汽液两相间传质面积越大。

  A. 越大   B. 越小   C. 大小都行

实训三　管式加热炉单元 3D 虚拟现实仿真

一、工艺流程简述

1. 工艺说明

本单元选择的是石油化工生产中最常用的管式加热炉。管式加热炉是一种直接受热式加

热设备，主要用于加热液体或气体化工原料，所用燃料通常有燃料油和燃料气。管式加热炉的传热方式以辐射传热为主，管式加热炉通常由以下几部分构成：

① 辐射室：通过火焰或高温烟气进行辐射传热的部分。这部分直接受火焰冲刷，温度很高（600~1600℃），是热交换的主要场所（占热负荷的70%~80%）。

② 对流室：靠辐射室出来的烟气进行以对流传热为主的换热部分。

③ 燃烧器：是使燃料雾化并混合空气，使之燃烧的产热设备、燃烧器可分为燃料油燃烧器、燃料气燃烧器和油-气联合燃烧器。

④ 通风系统：将燃料用空气引入燃烧器，并将烟气引出炉子，可分为自然通风方式和强制通风方式。

2. 工艺物料系统

某烃类化工原料在流量调节器FIC101的控制下先进入加热炉F101的对流段，经对流加热升温后，再进入F101的辐射段，被加热至420℃后，送至下一工序，其炉出口温度由调节器TIC106通过调节燃料气流量或燃料油压力来控制。

采暖水在调节器FIC102控制下，经与F101的烟气换热，回收余热后，返回采暖水系统。

3. 燃料系统

燃料气管网的燃料气在调节器PIC101的控制下进入燃料气罐V105，燃料气在V105中脱油脱水后，分两路送入加热炉，一路在PCV01控制下送入常明线；一路在TV106调节阀控制下送入油-气联合燃烧器。

来自燃料油罐V108的燃料油经P101A/B升压后，在PIC109控制压送至燃烧器火嘴前，用于维持火嘴前的油压，多余燃料油返回V108。来自管网的雾化蒸汽在PDIC112的控制压与燃料油保持一定压差情况下送入燃料器。来自管网的吹热蒸汽直接进入炉膛底部。

4. 本单元复杂控制方案说明

炉出口温度控制：TIC106工艺控制物流炉出口温度，TIC106通过一个切换开关HS101控制温度。实现两种控制的方案：其一是直接控制燃料气流量，其二是与燃料压力调节器PIC109构成串级控制。第一种方案：燃料油的流量固定，不做调节，通过TIC106自动调节燃料气流量控制工艺物流炉出口温度；第二种方案：燃料气流量固定，TIC106和燃料压力调节器PIC109构成串级控制回路，控制工艺物流炉出口温度。

5. 设备

V105是燃料气分液罐；V108是燃料油储罐；F101是管式加热炉；P101A是燃料油A泵；P101B是燃料油B泵。

二、软件启动及操作

软件启动及操作参见CO$_2$压缩机工艺3D虚拟现实仿真的相关内容。

三、本单元操作规程

1. 冷态开车操作规程

装置的开车状态为氮置换的常温常压氮封状态。

2. 开车前的准备

① 公用工程启用（现场图"UTILITY"按钮置"ON"）。

② 摘除联锁（现场图"BYPASS"按钮置"ON"）。

③ 联锁复位（现场图"RESET"按钮置"ON"）。

3. 点火准备工作

① 全开加热炉的烟道挡板 MI102。

② 打开吹扫蒸汽阀 D03，吹扫炉膛内的可燃气体（实际约需 10min）。

③ 待可燃气体的含量低于 0.5% 后，关闭吹扫蒸汽阀 D03。

④ 将 MI101 调节至 30%。

⑤ 调节 MI102 在一定的开度（30% 左右）。

4. 燃料气准备

① 手动打开 PIC101 的调节阀，向 V105 充燃料气。

② 控制 V105 的压力不超过 2atm（1atm＝101325Pa），在 2atm 处将 PIC101 设自动。

5. 点火操作

① 当 V105 压力大于 0.5atm 后，启动点火棒（"IGNITION"按钮置"ON"），开常明线上的根部阀门 D05。

② 确认点火成功（火焰显示）。

③ 若点火不成功，需重新进行吹扫和再点火。

6. 升温操作

① 确认点火成功后，先开燃料气线上的调节阀的前后阀（B03、B04），再稍开调节阀（＜10%）（TV106），再全开根部阀 D10，引燃料气入加热炉火嘴。

② 用调节阀 TV106 控制燃料气量，来控制升温速度。

③ 当炉膛温度升至 100℃ 时恒温 30s（实际生产恒温 1h）烘炉，当炉膛温度升至 180℃ 时恒温 30s（实际生产恒温 1h）暖炉。

7. 引工艺物料

当炉膛温度升至 180℃ 后，引工艺物料：

① 先开进料调节阀的前后阀 B01、B02，再稍开调节阀 FV101（＜10%），引进工艺物料进加热炉。

② 先开采暖水线上调节阀的前后阀 B13、B12，再稍开调节阀 FV102（＜10%），引采暖水进加热炉。

8. 启动燃料油系统

待炉膛温度升至 200℃ 左右时，开启燃料油系统：

① 开雾化蒸汽调节阀的前后阀 B15、B14，再微开调节阀 PDIC112（＜10%）。

② 全开雾化蒸汽的根部阀 D09。

③ 开燃料油压力调节阀 PV109 的前后阀 B09、B08。

④ 开燃料油返回 V108 管线阀 D06。

⑤ 启动燃料油泵 P101A。

⑥ 微开燃料油调节阀 PV109（＜10%），建立燃料油循环。

⑦ 全开燃料油根部阀 D12，引燃料油入火嘴。

⑧ 打开 V108 进料阀 D08，保持储罐液位为 50%。

⑨ 按升温需要逐步开大燃料油调节阀，通过控制燃料油升压（最后到 6atm 左右）来控制进入火嘴的燃料油量，同时控制 PDIC112 在 4atm 左右。

9. 调整至正常

① 逐步升温使炉出口温度至正常（420℃）。

② 在升温过程中，逐步开大工艺物料线的调节阀，使流量调整至正常。

③ 在升温过程中，逐步调整采暖水流量至正常。

④ 在升温过程中，逐步调整风门使烟气氧含量正常。

⑤ 逐步调节挡板开度使炉膛负压正常。

⑥ 逐步调整其他参数至正常。

⑦ 将联锁系统投用（"INTERLOCK"按钮置"ON"）。

四、正常操作规程

1. 正常工况下主要工艺参数的生产指标

① 炉出口温度 TIC106：420℃。

② 炉膛温度 TI104：640℃。

③ 烟道气温度 TI105：210℃。

④ 烟道氧含量 AR101：4%。

⑤ 炉膛负压 PI107：-2.0mmH$_2$O（1mmH$_2$O=9.80665Pa）。

⑥ 工艺物料量 FIC101：3072.5kg/h。

⑦ 采暖水流量 FIC102：9584kg/h。

⑧ V105 压力 PIC101：2atm。

⑨ 燃料油压力 PIC109：6atm。

⑩ 雾化蒸汽压差 PDIC112：4atm。

2. TIC106 控制方案切换

工艺物料的炉出口温度 TIC106 可以通过燃料气和燃料油两种方式进行控制。两种方式的切换由 HS101 切换开关来完成。当 HS100 切入燃料气控制时，TIC106 直接控制燃料气调节阀，燃料油由 PIC109 单回路自行控制；当 HS101 切入燃料油控制时，TIC106 与 PIC109 形成串级控制，通过燃料油压力控制燃料油燃烧量。

五、停车操作规程

1. 停车准备

摘除联锁系统（现场图上按下"联锁不投用"）。

2. 降量

① 通过 FIC101 逐步降低工艺物料进料量至正常的 70%。

② 在 FIC101 降量过程中，逐步通过降低燃料油压力或燃料气流量，来维持炉出口温度 TIC106 稳定在 420℃左右。

③ 在 FIC101 降量过程中，逐步降低采暖水 FIC102 的流量。

④ 在降量过程中，适当调节风门和挡板，维持烟气氧含量和炉膛负压。

3. 降温及停燃料油系统

① 当 FIC101 降至正常量的 70% 后，逐步开大燃料油的 V108 返回阀来降低燃料油压力、降温。

② 待 V108 返回阀全开后，可逐步关闭燃料油调节阀，再停燃料油泵（P101A/B）。

③ 在降低燃料油压力的同时，降低雾化蒸汽流量，最终关闭雾化蒸汽调节阀。

④ 在以上降温过程中，可适当降低工艺物料进料量，但不可使炉出口温度高于 420℃。

4. 停燃料气及工艺物料

① 待燃料油系统停完后，关闭 V105 燃料气入口调节阀（PIC101 调节阀），停止向 V105 供燃料气。

② 待 V105 压力下降至 0.3atm 时，关燃料气调节阀 TV106。

③ 待 V105 压力降至 0.1atm 时，关长明灯根部阀 D05，灭火。

④ 待炉膛温度低于 150℃ 时，关 FIC101 调节，阀停工艺进料，关 FIC102 调节阀，停采暖水。

5. 炉膛吹扫

① 灭火后，开吹扫蒸汽，吹扫炉膛 5s（实际 10min）。

② 停吹扫蒸汽后，保持风门、挡板一定开度，使炉膛正常通风。

六、复杂控制系统和联锁系统

1. 炉出口温度控制

TIC106 工艺物流控制炉出口温度，TIC106 通过一个切换开关 HS101 来控制温度。实现两种控制方案：其一是直接控制燃料气流量，其二是与燃料压力调节器 PIC109 构成串级控制。

2. 炉出口温度联锁

（1）联锁源

① 工艺物料进料量过低（FIC101＜正常值的 50%）。

② 雾化蒸汽压力过低（低于 7atm）。

（2）联锁动作

① 关闭燃料气入炉电磁阀 S01。

② 关闭燃料油入炉电磁阀 S02。

③ 打开燃料油返回电磁阀 S03。

七、仪表及报警一览表

仪表及报警一览表见表 3-6。

表 3-6　仪表及报警一览表

位号	说明	类型	正常值	量程上限	量程下限	工程单位	高报	低报	高高报	低低报
AR101	烟气氧含量	AI	4.0	21.0	0.0	%	7.0	1.5	10.0	1.0
FIC101	工艺物料进料量	PID	3072.5	6000.0	0.0	kg/h	4000.0	1500.0	5000.0	1000.0

位号	说明	类型	正常值	量程上限	量程下限	工程单位	高报	低报	高高报	低低报
FIC102	采暖水进料量	PID	9584.0	20000.0	0.0	kg/h	15000.0	5000.0	18000.0	1000.0
LI101	V105 液位	AI	40～60.0	100.0	0.0	%				
LI115	V108 液位	AI	40～60.0	100.0	0.0	%				
PIC101	V105 压力	PID	2.0	4.0	0.0	atm(g)	3.0	1.0	3.5	0.5
PI107	烟膛负压	AI	−2.0	10.0	−10.0	mmH$_2$O	0.0	−4.0	4.0	−8.0
PIC109	燃料油压力	PID	6.0	10.0	0.0	atm(g)	7.0	5.0	9.0	3.0
PDIC112	雾化蒸汽压差	PID	4.0	10.0	0.0	atm(g)	7.0	2.0	8.0	1.0
TI104	炉膛温度	AI	640.0	1000.0	0.0	℃	700.0	600.0	750.0	400.0
TI105	烟气温度	AI	210.0	400.0	0.0	℃	250.0	100.0	300.0	50.0
TIC106	工艺物料炉	PID	420.0	800.0	0.0	℃	430.0	410.0	46 0.0	370.0
TI108	燃料油温度	AI		100.0	0.0	℃				
TI134	炉出口温度	AI		800.0	0.0	℃	430.0	400.0	450.0	370.0
TI135	炉出口温度	AI		800.0	0.0	℃	430.0	400.0	450.0	370.0
HS101	切换开关	SW			0					
MI101	风门开度	AI		100.0	0.0	%				
MI102	挡板开度	AI		100.0	0.0	%				
TT106	TIC106 的输入	AI	420.0	800.0	0.0	℃	430.0	400	450.0	370.0
PT109	PIC109 的输入	AI	6.0	10.0	0.0	atm	7.0	5.0	9.0	3.0
FT101	FIC101 的输入	AI	3072.5	6000.0	0.0	kg/h	4000.0	1500.0	5000.0	500.0
FT102	FIC102 的输入	AI	9584.0	20000.0	0.0	kg/h	11000.0	5000.0	15000.0	1000.0
PT101	PIC101 的输入	AI	2.0	4.0	0.0	atm	3.0	1.5	3.5	1.0
PT112	PDIC112 的输入	AI	4.0	10.0	0.0	atm	300.0	150.0	350.0	100.0
FRIQ104	燃料气的流量	AI	209.8	400.0	0.0	m^3/h	0.0	−4.0	4.0	−8.0
COMPG	炉膛内可燃气体的含量	AI	0.00	100.0	0.0	%	0.5	0.0	2.0	0.0

八、事故设置一览

1. 燃料油火嘴堵

（1）事故现象

① 燃料油泵出口压控阀压力忽大忽小。

② 燃料气流量急骤增大。

（2）处理方法

紧急停车。

2. 燃料气压力低

（1）事故现象

① 炉膛温度下降。

② 炉出口温度下降。

③ 燃料气分液罐压力降低。

（2）处理方法

① 改为烧燃料油控制。

② 通知指导教师联系调度处理。

3. 炉管破裂

（1）事故现象

① 炉膛温度急骤升高。

② 炉出口温度升高。

③ 燃料气控制阀关阀。

（2）处理方法

炉管破裂的紧急停车。

4. 燃料气调节阀卡

（1）事故现象

① 调节器信号变化时燃料气流量不发生变化。

② 炉出口温度下降。

（2）处理方法

① 改现场旁路手动控制。

② 通知指导老师联系仪表人员进行修理。

5. 燃料气带液

（1）事故现象

① 炉膛和炉出口温度下降。

② 燃料气流量增加。

③ 燃料气分液罐液位升高。

（2）处理方法

① 关燃料气控制阀。

② 改由烧燃料油控制。

③ 通知教师联系调度处理。

6. 燃料油带水

（1）事故现象

燃料气流量增加。

（2）处理方法

① 关燃料油根部阀和雾化蒸汽。

② 改由烧燃料气控制。

③ 通知指导教师联系调度处理。

7. 雾化蒸汽压力低

（1）事故现象

① 产生联锁。

② PIC109 控制失灵。

③ 炉膛温度下降。

（2）处理方法

① 关燃料油根部阀和雾化蒸汽。

② 直接用温度控制调节器控制炉温。

③ 通知指导教师联系调度处理。

8. 燃料油泵 A 停

（1）事故现象

① 炉膛温度急剧下降。

② 燃料气控制阀开度增加。

（2）处理方法

① 现场启动备用泵。

② 调节燃料气控制阀的开度。

九、仿真界面

管式加热炉单元 3D 虚拟现实仿真界面见图 3-19。

图 3-19　管式加热炉单元 3D 虚拟现实仿真界面

管式加热炉 DCS 界面图见图 3-20。

管式加热炉报警显示界面图见图 3-21。

管式加热炉知识点界面图见图 3-22。

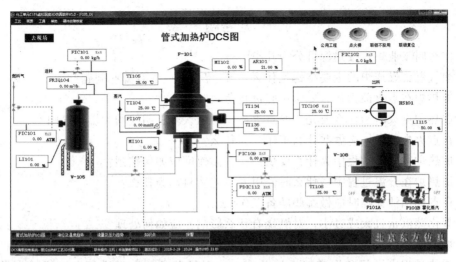

图 3-20　管式加热炉 DCS 界面图

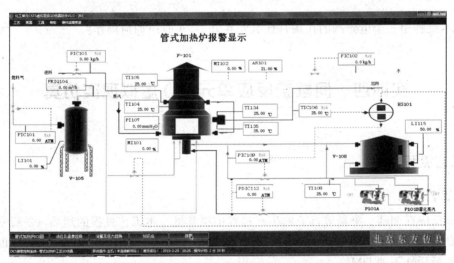

图 3-21　管式加热炉报警显示界面图

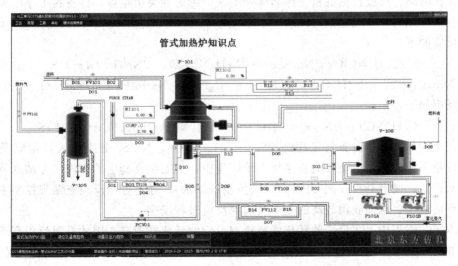

图 3-22　管式加热炉知识点界面图

① 什么叫工业炉？按热源可分为几类？

② 油气混合燃烧炉的主要结构是什么？开/停车时应注意哪些问题？

③ 加热炉在点火前为什么要对炉膛进行蒸汽吹扫？

④ 加热炉点火时为什么要先点燃点火棒，再依次开长明线阀和燃料气阀？

⑤ 在点火失败后，应做些什么工作？为什么？

⑥ 加热炉在升温过程中为什么要烘炉？升温速度应如何控制？

⑦ 加热炉在升温过程中，什么时候引入工艺物料，为什么？

⑧ 在点燃燃油火嘴时应做哪些准备工作？

⑨ 雾化蒸汽量过大或过小，对燃烧有什么影响？应如何处理？

⑩ 烟道气出口氧气含量为什么要保持在一定范围？过高或过低意味着什么？

⑪ 加热过程中风门和烟道挡板的开度大小对炉膛负压和烟道气出口氧气含量有什么影响？

⑫ 本流程中三个电磁阀的作用是什么？在开/停车时应如何操作？

实训四　间歇釜反应单元 3D 虚拟现实仿真

一、工艺流程简述

1. 工艺说明

间歇反应在制药、染料等行业的生产过程中很常见。本工艺过程的产品（2-巯基苯并噻唑）就是橡胶制品硫化促进剂 DM（2，2-二硫代苯并噻唑）的中间产品，它本身也是硫化促进剂，但活性不如 DM。

全流程的缩合反应包括备料工序和缩合工序。考虑到突出重点，将备料工序略去。缩合工序共有三种原料：多硫化钠（Na_2S_n）、邻硝基氯苯（$C_6H_4ClNO_2$）及二硫化碳（CS_2）。

主反应如下：

$$2C_6H_4NClO_2 + Na_2S_n \longrightarrow C_{12}H_8N_2S_2O_4 + 2NaCl + (n-2)S$$

$$C_{12}H_8N_2S_2O_4 + 2CS_2 + 2H_2O + 3Na_2S_n \longrightarrow 2C_7H_4NS_2Na + 2H_2S + 3Na_2S_2O_3 + (3n+4)S$$

副反应如下：

$$C_6H_4NClO_2 + Na_2S_n + H_2O \longrightarrow C_6H_6NCl + Na_2S_2O_3 + (n-2)S$$

工艺流程如下：来自备料工序的 CS_2、$C_6H_4ClNO_2$、Na_2S_n 分别注入计量罐及沉淀罐中，经计量沉淀后利用位差及离心泵压入反应釜中，釜温由夹套中的蒸汽、冷却水及蛇管中的冷却水控制，设有分程控制 TIC101（只控制冷却水），通过控制反应釜温来控制主反应速率及副反应速率，从而获得较高的收率及确保反应过程安全。

在本工艺流程中，主反应的活化能要比副反应的活化能要高，因此升温后更利于反应收率。在 90℃ 的时候，主反应和副反应的速率比较接近，因此，要尽量延长反应温度在 90℃ 以上时的时间，以获得更多的主反应产物。

2. 设备

R01 是间歇反应釜；VX01 是 CS_2 计量罐；VX02 是邻硝基氯苯计量罐；VX03 是 Na_2S_n 沉淀罐；PUMP1 是离心泵。

二、软件启动及操作

软件启动及操作参见 CO_2 压缩机工艺 3D 虚拟现实仿真的相关内容。

三、间歇反应器单元操作规程

1. 开车操作规程

装置开工状态为各计量罐、反应釜、沉淀罐处于常温、常压状态，各种物料均已备好，大部分阀门、机泵处于关停状态（除蒸汽联锁阀外）。

（1）备料过程

① 向沉淀罐 VX03 进料（Na_2S_n）

a. 开阀门 V9，向罐 VX03 充液。

b. VX03 液位接近 3.60m 时，关小 V9，至 3.60m 时关闭 V9。

c. 静置 4min（实际 4h）备用。

② 向计量罐 VX01 进料（CS_2）

a. 开放空阀门 V2。

b. 开溢流阀门 V3。

c. 开进料阀 V1，开度约为 50％，向罐 VX01 充液。液位接近 1.4m 时，可关小 V1。

d. 溢流标志变绿后，迅速关闭 V1。

e. 待溢流标志再度变红后，可关闭溢流阀 V3。

③ 向计量罐 VX02 进料（邻硝基氯苯）

a. 开放空阀门 V6。

b. 开溢流阀门 V7。

c. 开进料阀 V5，开度约为 50％，向罐 VX01 充液。液位接近 1.2m 时，可关小 V5。

d. 溢流标志变绿后，迅速关闭 V5。

e. 待溢流标志再度变红后，可关闭溢流阀 V7。

（2）进料

① 微开放空阀 V12，准备进料。

② 从 VX03 中向反应器 RX01 中进料（Na_2S_n）

a. 打开泵前阀 V10，向进料泵 PUM1 中充液。

b. 打开进料泵 PUM1。

c. 打开泵后阀 V11，向 RX01 中进料。

d. 至液位小于 0.1m 时停止进料，关泵后阀 V11。

e. 关泵 PUM1。

f. 关泵前阀 V10。

③ 从 VX01 中向反应器 RX01 中进料（CS_2）

a. 检查放空阀 V2 开放。

b. 打开进料阀 V4 向 RX01 中进料。

c. 待进料完毕后关闭 V4。

④ 从 VX02 中向反应器 RX01 中进料（邻硝基氯苯）

a. 检查放空阀 V6 开放。

b. 打开进料阀 V8 向 RX01 中进料。

c. 待进料完毕后关闭 V8。

⑤ 进料完毕后关闭放空阀 V12。

2. 开车阶段

① 检查放空阀 V12，进料阀 V4、V8、V11 是否关闭。打开联锁控制。

② 开启反应釜搅拌电机 M1。

③ 适当打开夹套蒸汽加热阀 V19，观察反应釜内温度和压力上升情况；保持适当的升温速度。

④ 控制反应温度直至反应结束。

3. 反应过程控制

① 当温度升至 55~65℃左右关闭 V19，停止通蒸汽加热。

② 当温度升至 70~80℃左右时微开 TIC101（冷却水阀 V22、V23），控制升温速度。

③ 当温度升至 110℃以上时，是反应剧烈的阶段。应小心加以控制，防止超温。当温度难以控制时，打开高压水阀 V20，并可关闭搅拌器 M1 以使反应降速。当压力过高时，可微开放空阀 V12 以降低气压，但放空会使 CS_2 损失，污染大气。

④ 反应温度大于 128℃时，相当于压力超过 8atm，已处于事故状态，如联锁开关处于"ON"的状态，联锁启动（开高压冷却水阀，关搅拌器，关加热蒸汽阀）。

⑤ 压力超过 15atm（相当于温度大于 160℃），反应釜安全阀作用。

四、热态开车操作规程

1. 反应中要求的工艺参数

① 反应釜中压力不大于 8atm。

② 冷却水出口温度不小于 60℃，如小于 60℃易使硫在反应釜壁和蛇管表面结晶，使传热不畅。

2. 主要工艺生产指标的调整方法

（1）温度调节

操作过程中以温度为主要调节对象，以压力为辅助调节对象。升温慢会引起副反应速率大于主反应速率的时间段过长，因而使反应的产率降低。升温快则容易使反应失控。

（2）压力调节

压力调节主要是通过调节温度实现的，但在超温的时候可以微开放空阀，使压力降低，以达到安全生产的目的。

（3）收率

由于在 90℃以下时，副反应速率大于主反应速率，因此在安全的前提下快速升温是收率高的保证。

五、停车操作规程

在冷却水量很小的情况下，反应釜的温度下降仍较快，则说明反应接近尾声，可以进行停车出料操作了。

① 打开放空阀 V12 5～10s，放掉釜内残存的可燃气体，关闭 V12。

② 向釜内通增压蒸汽

a. 打开蒸汽总阀 V15。

b. 打开蒸汽加压阀 V13 给釜内升压，使釜内气压高于 4atm。

③ 打开蒸汽预热阀 V14 片刻。

④ 打开出料阀门 V16 出料。

⑤ 出料完毕后保持开 V16 约 10s 进行吹扫。

⑥ 关闭出料阀 V16（尽快关闭，超过 1min 不关闭将不能得分）。

⑦ 关闭蒸汽阀 V15。

六、仪表及报警一览表

仪表及报警一览表见表 3-7。

表 3-7　仪表及报警一览表

位号	说明	类型	正常值	量程高限	量程低限	工程单位	高报	低报	高高报	低低报
TIC101	反应釜温度控制	PID	115	500	0	℃	128	25	150	10
TI102	反应釜夹套冷却水温度	AI		100	0	℃	80	60	90	20
TI103	反应釜蛇管冷却水温度	AI		100	0	℃	80	60	90	20
TI104	CS_2 计量罐温度	AI		100	0	℃	80	20	90	10
TI105	邻硝基氯苯罐温度	AI		100	0	℃	80	20	90	10
TI106	多硫化钠沉淀罐温度	AI		100	0	℃	80	20	90	10
LI101	CS_2 计量罐液位	AI		1.75	0	m	1.4	0	1.75	0
LI102	邻硝基氯苯罐液位	AI		1.5	0	m	1.2	0	1.5	0
LI103	多硫化钠沉淀罐液位	AI		4	0	m	3.6	0.1	4.0	0
LI104	反应釜液位	AI		3.15	0	m	2.7	0	2.9	0
PI101	反应釜压力	AI		20	0	atm	8	0	12	0

七、事故设置一览

1. 超温（压）事故

① 原因：反应釜超温（超压）。

② 现象：温度大于 128℃（气压大于 8atm）。

③ 处理

a. 开大冷却水，打开高压冷却水阀 V20。

b. 关闭搅拌器 PUM1，使反应速率下降。

c. 如果气压超过 12atm，打开放空阀 V12。

2. 搅拌器 M1 停转

① 原因：搅拌器坏。

② 现象：反应速率逐渐下降为低值，产物浓度变化缓慢。

③ 处理：停止操作，出料维修。

3. 冷却水阀 V22、V23 卡住（堵塞）

① 原因：蛇管冷却水阀 V22 卡住。

② 现象：开大冷却水阀对控制反应釜温度无作用，且出口温度稳步上升。

③ 处理：开冷却水旁路阀 V17 调节。

4. 出料管堵塞

① 原因：出料管硫黄结晶，堵住出料管。

② 现象：出料时，内气压较高，但釜内液位下降很慢。

③ 处理：开出料预热蒸汽阀 V14 吹扫 5min 以上（仿真中采用）。拆下出料管用火烧化硫黄，或更换管段及阀门。

5. 测温电阻连线故障

① 原因：测温电阻连线断。

② 现象：温度显示置零。

③ 处理

a. 改用压力显示对反应进行调节（调节冷却水用量）。

b. 升温至压力为 0.3～0.75atm 就停止加热。

c. 升温至压力为 1.0～1.6atm 开始通冷却水。

d. 压力为 3.5～4atm 以上为反应剧烈阶段。

e. 反应压力大于 7atm，相当于温度大于 128℃，处于故障状态。

f. 反应压力大于 10atm，反应器联锁启动。

g. 反应压力大于 15atm，反应器安全阀启动。

注：以上压力为表压。

八、仿真界面

间歇釜反应单元 3D 虚拟现实仿真见图 3-23。

图 3-23　间歇釜反应单元 3D 虚拟现实仿真

间歇反应釜 DCS 界面图见图 3-24。

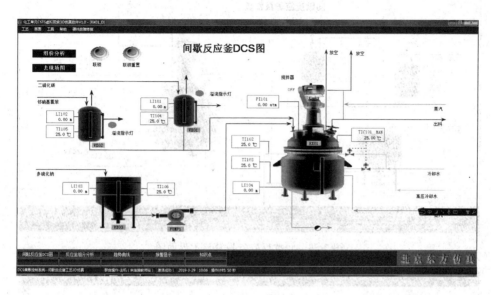

图 3-24　间歇反应釜 DCS 界面图

间歇反应釜现场图界面见图 3-25。

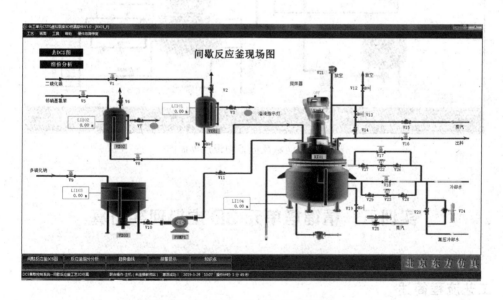

图 3-25　间歇反应釜现场图界面

间歇反应釜报警显示界面图见图 3-26。
间歇反应釜知识点界面图见图 3-27。

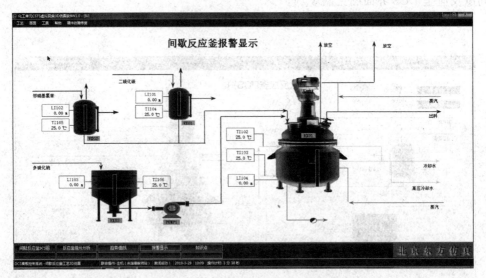

图 3-26　间歇反应釜报警显示界面图

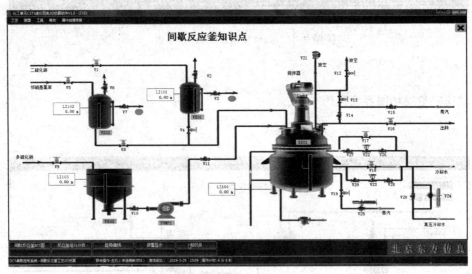

图 3-27　间歇反应釜知识点界面图

实训五　精馏塔单元 3D 虚拟现实仿真

一、工艺流程简述

1. 工艺说明

本流程是利用精馏方法，在脱丁烷塔中将丁烷从脱丙烷塔釜混合物中分离出来。精馏是将液体混合物部分汽化，利用其中各组分相对挥发度的不同，通过液相和气相间的质量传递来实现对混合物的分离。本装置中将脱丙烷塔釜混合物部分汽化，由于丁烷的沸点较低，即其挥发度较高，故丁烷易从液相中汽化出来，再将汽化的蒸气冷凝，可得到丁烷组成高于原料的混合物，经过多次汽化冷凝，即可达到分离混合物中丁烷的目的。

原料为 67.8℃脱丙烷塔的釜液（主要有 C_4、C_5、C_6、C_7 等），由脱丁烷塔（DA405）的第 16 块板进料（全塔共 32 块板），进料量由流量控制器 FIC101 控制。灵敏板温度由调节器 TC101 通过调节再沸器加热蒸汽的流量来控制，从而控制丁烷的分离质量。

脱丁烷塔塔釜液（主要为 C_5 以上馏分）一部分作为产品采出，一部分经再沸器（EA418A、B）部分汽化为蒸气从塔底上升。塔釜的液位和塔釜产品采出量由 LC101 和 FC102 组成的串级控制器控制。再沸器采用低压蒸汽加热。塔釜蒸气缓冲罐（FA414）液位由液位控制器 LC102 调节底部采出量控制。

塔顶的上升蒸气（C_4 馏分和少量 C_5 馏分）经塔顶冷凝器（EA419）全部冷凝成液体，该冷凝液靠位差流入回流罐（FA408）。塔顶压力 PC102 采用分程控制：在正常的压力波动下，通过调节塔顶冷凝器的冷却水量来调节压力，当压力超高时，压力报警系统发出报警信号，PC102 调节塔顶至回流罐的排气量来控制塔顶压力，调节气相出料。操作压力为 4.25atm（表压）时，高压控制器 PC101 将调节回流罐的气相排放量，来控制塔内压力稳定。冷凝器以冷却水为载热体。回流罐液位由液位控制器 LC103 调节塔顶产品采出量来维持恒定。回流罐中的液体一部分作为塔顶产品送下一工序，另一部分液体由回流泵（GA412A、B）送回塔顶作为回流液，回流量由流量控制器 FC104 控制。

2. 本单元复杂控制方案说明

吸收解吸单元复杂控制回路主要是串级回路的使用，在吸收塔、解吸塔和产品罐中都使用了液位与流量串级回路。

串级回路是在简单调节系统基础上发展起来的。在结构上，串级回路调节系统有两个闭合回路。主、副调节器串联，主调节器的输出为副调节器的给定值，系统通过副调节器的输出操纵调节阀动作，实现对主参数的定值调节。所以在串级回路调节系统中，主回路是定值调节系统，副回路是随动系统。

分程控制就是由一个调节器的输出信号控制两个或更多的调节阀，每个调节阀在调节器的输出信号的某段范围中工作。

具体实例：DA405 的塔釜液位控制 LC101 和塔釜出料 FC102 构成一串级回路。

FC102.SP 随 LC101.OP 的改变而变化。

PIC102 为一分程控制器，分别控制 PV102A 和 PV102B，当 PC102.OP 逐渐开大时，PV102A 从 0 逐渐开大到 100；而 PV102B 从 100 逐渐关小至 0。

3. 设备

DA405 是脱丁烷塔；EA419 是塔顶冷凝器；FA408 是塔顶回流罐；GA412A、B 是回流泵；EA418A、B 是塔釜再沸器；FA414 是塔釜蒸汽缓冲罐。

二、软件启动及操作

软件启动及操作参见 CO_2 压缩机工艺 3D 虚拟现实仿真的相关内容。

三、冷态开车操作规程

装置冷态开车状态为精馏塔单元处于常温、常压氮吹扫完毕后的氮封状态，所有阀门、机泵处于关停状态。

（1）进料过程

① 开 FA408 顶放空阀 PC101，排放不凝气，稍开 FIC101 调节阀（不超过 20％），向精馏塔进料。

② 进料后，塔内温度略升，压力升高。当压力 PC101 升至 0.5atm 时，关闭 PC101 调节阀设自动，并控制塔压不超过 4.25atm（如果塔内压力大幅波动，改回手动调节稳定压力）。

（2）启动再沸器

① 当压力 PC101 升至 0.5atm 时，打开冷凝水 PC102 调节阀至 50％；塔压基本稳定在 4.25atm 后，可加大塔进料（FIC101 开至 50％左右）。

② 待塔釜液位 LC101 升至 20％以上时，开加热蒸汽入口阀 V13，再稍开 TC101 调节阀，给再沸器缓慢加热，并调节 TC101 阀开度使塔釜液位 LC101 维持在 40％～60％。待 FA414 液位 LC102 升至 50％时，设自动，设定值为 50％。

（3）建立回流

随着塔进料增加和再沸器、冷凝器投用，塔压会有所升高，回流罐逐渐积液。

① 塔压升高时，通过开大 PC102 的输出，改变塔顶冷凝器冷却水量和旁路量来控制塔压稳定。

② 当回流罐液位 LC103 升至 20％以上时，先开回流泵 GA412A/B 的入口阀 V19，再启动泵，再开出口阀 V17，启动回流泵。

③ 通过 FC104 的阀开度控制回流量，维持回流罐液位不超高，同时逐渐关闭进料，全回流操作。

（4）调整至正常

① 当各项操作指标趋近正常值时，打开进料阀 FIC101。

② 逐步调整进料量 FIC101 至正常值。

③ 通过 TC101 调节再沸器加热量使灵敏板温度 TC101 达到正常值。

④ 逐步调整回流量 FC104 至正常值。

⑤ 开 FC103 和 FC102 出料，注意塔釜、回流罐液位。

⑥ 将各控制回路设自动，各参数稳定并与工艺设计值吻合后，投产品采出串级。

四、正常操作规程

1. 正常工况下的工艺参数

① 进料流量 FIC101 设为自动，设定值为 14056kg/h。

② 塔釜采出量 FC102 设为串级，设定值为 7349kg/h，LC101 设自动，设定值为 50％。

③ 塔顶采出量 FC103 设为串级，设定值为 6707kg/h。

④ 塔顶回流量 FC104 设为自动，设定值为 9664kg/h。

⑤ 塔顶压力 PC102 设为自动，设定值为 4.25atm，PC101 设自动，设定值为 5.0atm。

⑥ 灵敏板温度 TC101 设为自动，设定值为 89.3℃。

⑦ FA414 液位 LC102 设为自动，设定值为 50％。

⑧ 回流罐液位 LC103 设为自动，设定值为 50％。

2. 工艺生产指标的调整方法

（1）质量调节

本系统的质量调节采用以提馏段灵敏板温度作为主参数，用再沸器和加热蒸汽控制流量的调节系统，以实现对塔的分离质量控制。

（2）压力控制

在正常的压力情况下，由塔顶冷凝器的冷却水量来调节压力，当压力高于操作压力4.25atm（表压）时，压力报警系统发出报警信号，同时调节器PC101将调节回流罐的气相出料，为了保持气相出料的相对平衡，该系统采用压力分程调节。

（3）液位调节

塔釜液位由调节塔釜的产品采出量来维持恒定，设有高低液位报警。回流罐液位由调节塔顶产品采出量来维持恒定，设有高低液位报警。

（4）流量调节

进料量和回流量都采用单回路的流量控制；再沸器加热介质流量，由灵敏板温度调节。

五、停车操作规程

1. 降负荷

① 逐步关小FIC101调节阀，降低进料至正常进料量的70%。

② 在降负荷过程中，保持灵敏板温度TC101的稳定性和塔压PC102的稳定，使精馏塔分离出合格产品。

③ 在降负荷过程中，尽量通过FC103排出回流罐中的液体产品，至回流罐液位LC104在20%左右。

④ 在降负荷过程中，尽量通过FC102排出塔釜产品，使LC101降至30%左右。

2. 停进料和再沸器

在负荷降至正常的70%，且产品已大部采出后，停进料和再沸器。

① 关FIC101调节阀，停精馏塔进料。

② 关TC101调节阀和V13或V16阀，停再沸器的加热蒸汽。

③ 关FC102调节阀和FC103调节阀，停止产品采出。

④ 打开塔釜泄液阀V10，排不合格产品，并控制塔釜降低液位。

⑤ 手动打开LC102调节阀，对FA114泄液。

3. 停回流

① 停进料和再沸器后，回流罐中的液体全部通过回流泵打入塔内，以降低塔内温度。

② 当回流罐液位降至0时，关FC104调节阀，关泵出口阀V17（或V18），停泵GA412A（或GA412B），关入口阀V19（或V20），停回流。

③ 开泄液阀V10排净塔内液体。

4. 降压、降温

① 打开PC101调节阀，将塔压降至接近常压后，关PC101调节阀。

② 全塔温度降至50℃左右时，关塔顶冷凝器的冷却水（PC102的输出降至0）。

六、仪表及报警一览表

仪表及报警一览表见表3-8。

表 3-8　仪表及报警一览表

位号	说明	类型	正常值	量程高限	量程低限	工程单位
FIC101	塔进料量控制	PID	14056.0	28000.0	0.0	kg/h
FC102	塔釜采出量控制	PID	7349.0	14698.0	0.0	kg/h
FC103	塔顶采出量控制	PID	6707.0	13414.0	0.0	kg/h
FC104	塔顶回流量控制	PID	9664.0	19000.0	0.0	kg/h
PC101	塔顶压力控制	PID	4.25	8.5	0.0	atm
PC102	塔顶压力控制	PID	4.25	8.5	0.0	atm
TC101	灵敏板温度控制	PID	89.3	190.0	0.0	℃
LC101	塔釜液位控制	PID	50.0	100.0	0.0	%
LC102	塔釜蒸气缓冲罐液位控制	PID	50.0	100.0	0.0	%
LC103	塔顶回流罐液位控制	PID	50.0	100.0	0.0	%
TI102	塔釜温度	AI	109.3	200.0	0.0	℃
TI103	进料温度	AI	67.8	100.0	0.0	℃
TI104	回流温度	AI	39.1	100.0	0.0	℃
TI105	塔顶气温度	AI	46.5	100.0	0.0	℃

七、事故设置一览

1. 加热蒸汽压力过高

① 原因：加热蒸汽压力过高。

② 现象：加热蒸汽的流量增大，塔釜温度持续上升。

③ 处理：适当减小 TC101 的阀门开度。

2. 加热蒸汽压力过低

① 原因：加热蒸汽压力过低。

② 现象：加热蒸汽的流量减小，塔釜温度持续下降。

③ 处理：适当增大 TC101 的开度。

3. 冷凝水中断

① 原因：停冷凝水。

② 现象：塔顶温度上升，塔顶压力升高。

③ 处理

a. 开回流罐放空阀 PC101 保压。

b. 手动关闭 FC101，停止进料。

c. 手动关闭 TC101，停加热蒸汽。

d. 手动关闭 FC103 和 FC102，停止产品采出。

e. 开塔釜排液阀 V10，排不合格产品。

f. 手动打开 LIC102，对 FA114 泄液。

g. 当回流罐液位为 0 时，关闭 FIC104。

h. 关闭回流泵出口阀 V17/V18。

i. 关闭回流泵 GA424A/GA424B。

j. 关闭回流泵入口阀 V19/V20。

k. 待塔釜液位为 0 时，关闭泄液阀 V10。

l. 待塔顶压力降为常压后，关闭冷凝器。

4. 停电

① 原因：停电。

② 现象：回流泵 GA412A 停止，回流中断。

③ 处理

a. 手动开回流罐放空阀 PC101 泄压。

b. 手动关进料阀 FIC101。

c. 手动关出料阀 FC102 和 FC103。

d. 手动关加热蒸汽阀 TC101。

e. 开塔釜排液阀 V10 和回流罐泄液阀 V23，排不合格产品。

f. 手动打开 LIC102，对 FA114 泄液。

g. 当回流罐液位为 0 时，关闭 V23。

h. 关闭回流泵出口阀 V17/V18。

i. 关闭回流泵 GA424A/GA424B。

j. 关闭回流泵入口阀 V19/V20。

k. 待塔釜液位为 0 时，关闭泄液阀 V10。

l. 待塔顶压力降为常压后，关闭冷凝器。

5. 回流泵故障

① 原因：回流泵 GA412A 泵坏。

② 现象：GA412A 断电，回流中断，塔顶压力、温度上升。

③ 处理

a. 开备用泵入口阀 V20。

b. 启动备用泵 GA412B。

c. 开备用泵出口阀 V18。

d. 关闭运行泵出口阀 V17。

e. 停运行泵 GA412A。

f. 关闭运行泵入口阀 V19。

6. 回流控制阀 FC104 卡

① 原因：回流控制阀 FC104 卡。

② 现象：回流量减小，塔顶温度上升，压力增大。

③ 处理：打开旁路阀 V14，保持回流。

八、仿真界面

精馏塔单元 3D 虚拟现实仿真界面见图 3-28。

图 3-28　精馏塔单元 3D 虚拟现实仿真界面

精馏塔 DCS 界面图见图 3-29。

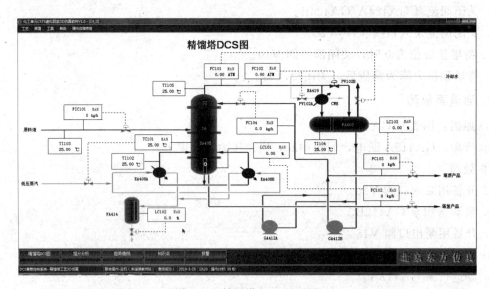

图 3-29　精馏塔 DCS 界面图

精馏塔报警显示界面图见图 3-30。

精馏塔知识点界面图见图 3-31。

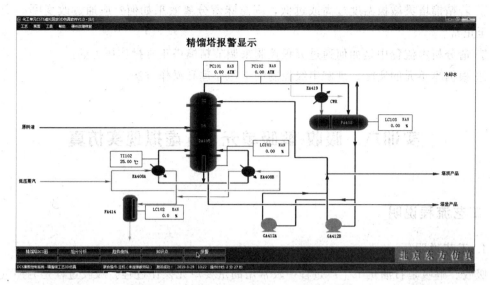

图 3-30 精馏塔报警显示界面图

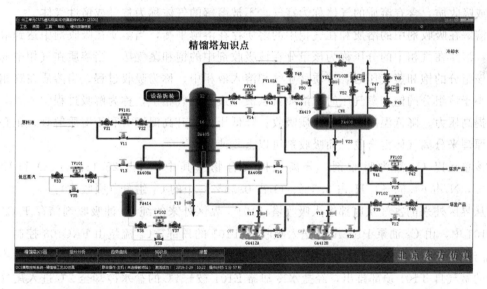

图 3-31 精馏塔知识点界面图

思考题

① 什么叫蒸馏？在化工生产中蒸馏分离的是什么样的混合物？蒸馏和精馏的关系是什么？

② 精馏的主要设备有哪些？

③ 在本单元中，如果塔顶温度、压力都超过标准，可以有几种方法将系统调节稳定？

④ 当系统在一较高负荷突然出现大的波动、不稳定时，为什么要将系统降到一低负荷的稳态，再重新开到高负荷？

⑤ 根据本单元的实际，结合"化工原理"讲述的原理，说明回流比的作用。

⑥ 若精馏塔灵敏板温度过高或过低，则意味着分离效果如何？应通过改变哪些变量来调节至正常？

⑦ 请分析本流程中是如何通过分程控制来调节精馏塔正常操作压力的。

⑧ 根据本单元的实际，理解串级控制的工作原理和操作方法。

实训六　吸收-解吸单元 3D 虚拟现实仿真

一、工艺流程说明

1. 工艺说明

吸收、解吸是石油化工生产过程中较常用的重要单元操作过程。吸收过程是利用气体混合物中各个组分在液体（吸收剂）中的溶解度不同，来分离气体混合物。被溶解的组分称为溶质或吸收质，含有溶质的气体称为富气，不被溶解的气体称为贫气或惰性气体。

溶解在吸收剂中的溶质和在气相中的溶质存在溶解平衡，当溶质在吸收剂中达到溶解平衡时，溶质在气相中的分压称为该组分在该吸收剂中的饱和蒸气压。当溶质在气相中的分压大于该组分的饱和蒸气压时，溶质就从气相溶入液相中，称为吸收过程。当溶质在气相中的分压小于该组分的饱和蒸气压时，溶质就从液相逸出到气相中，称为解吸过程。

提高压力、降低温度有利于溶质吸收；降低压力、升高温度有利于溶质解吸，正是利用这一原理来分离气体混合物，而吸收剂可以重复使用。

该单元以 C_6 油为吸收剂，分离气体混合物（其中 C_4 占 25.13%，CO 和 CO_2 占 6.26%，N_2 占 64.58%，H_2 占 3.5%，O_2 占 0.53%）中的 C_4 组分（吸收质）。

从界区外来的富气从底部进入吸收塔 T101。界区外来的纯 C_6 油吸收剂储存于 C_6 油储罐 D101 中，由 C_6 油泵 P101A/B 送入吸收塔 T101 的顶部，C_6 流量由 FRC103 控制。吸收剂 C_6 油在吸收塔 T101 中自上而下与富气逆向接触，富气中 C_4 组分被溶解在 C_6 油中。不溶解的贫气自 T101 顶部排出，经盐水冷却器 E101 被 $-4℃$ 的盐水冷却至 $2℃$ 进入尾气分离罐 D102。吸收了 C_4 组分的富油（C_4 占 8.2%，C_6 占 91.8%）从吸收塔底部排出，经贫富油换热器 E103 预热至 $80℃$ 进入解吸塔 T102。吸收塔塔釜液位由 LIC101 和 FIC104 通过调节塔釜富油采出量串级控制。

来自吸收塔顶部的贫气在尾气分离罐 D102 中回收冷凝的 C_4、C_6 后，不凝气在 D102 压力控制器 PIC103（1.2MPa）控制下排入放空总管进入大气。回收的冷凝液（C_4、C_6）与吸收塔釜排出的富油一起进入解吸塔 T102。

预热后的富油进入解吸塔 T102 进行解吸分离。塔顶气相出料（C_4 占 95%）经全冷器 E104 换热降温至 $40℃$ 全部冷凝进入塔顶回流罐 D103，其中一部分冷凝液由 P102A/B 泵打回流至解吸塔顶部，回流量为 8.0t/h，由 FIC106 控制，其他部分作为 C_4 产品在液位控制（LIC105）下由 P102A/B 泵抽出。塔釜 C_6 油在液位控制（LIC104）下，经贫富油换热器 E103 和盐水冷却器 E102 降温至 $5℃$ 返回至 C_6 油储罐 D101 再利用，返回温度由温度控制器

TIC103 通过调节 E102 循环冷却水流量控制。

T102 塔釜温度由 TIC104 和 FIC108 通过调节塔釜再沸器 E105 的蒸汽流量串级控制，控制温度为 102℃。塔顶压力由 PIC105 通过调节塔顶冷凝器 E104 的冷却水流量控制，另有一塔顶压力保护控制器 PIC104，在塔顶冷凝气压力高时通过调节 D103 放空量降压。

因为塔顶 C_4 产品中含有部分 C_6 油及其他 C_6 油损失，所以随着生产的进行，要定期观察 C_6 油储罐 D101 的液位，补充新鲜 C_6 油。

2. 本单元复杂控制方案说明

吸收-解吸单元复杂控制回路主要是串级回路的使用，在吸收塔、解吸塔和产品罐中都使用了液位与流量串级回路。

串级回路是在简单调节系统基础上发展起来的。在结构上，串级回路调节系统有两个闭合回路。主、副调节器串联，主调节器的输出为副调节器的给定值，系统通过副调节器的输出操纵调节阀动作，实现对主参数的定值调节。所以在串级回路调节系统中，主回路是定值调节系统，副回路是随动系统。

举例：在吸收塔 T101 中，为了保证液位的稳定，有一塔釜液位与塔釜出料组成的串级回路。液位调节器的输出同时是流量调节器的给定值，即流量调节器 FIC104 的 SP 值由液位调节器 LIC101 的输出 OP 值控制，LIC101. OP 的变化使 FIC104. SP 产生相应的变化。

3. 设备

T101 是吸收塔；D101 是 C_6 油储罐；D102 是气液分离罐；E101 是吸收塔顶冷凝器；E102 是循环油冷却器；P101A/B 是 C_6 油供给泵；T102 是解吸塔；D103 是解吸塔顶回流罐；E103 是贫富油换热器；E104 是解吸塔顶冷凝器；E105 是解吸塔釜再沸器；P102A/B 是解吸塔顶回流、塔顶产品采出泵。

二、软件启动及操作

软件启动及操作参见 CO_2 压缩机工艺 3D 虚拟现实仿真的相关内容。

三、操作规程

1. 开车操作规程

装置的开工状态为吸收塔、解吸塔系统均处于常温常压下，各调节阀处于手动关闭状态，各手阀处于关闭状态，氮气置换已完毕，公用工程已具备条件，可以直接进行氮气充压。

（1）氮气充压

① 确认所有手阀处于关状态。

② 氮气充压

a. 打开氮气充压阀，给吸收塔系统充压。

b. 当吸收塔系统压力升至 1.0MPa(g) 左右时，关闭 N_2 充压阀。

c. 打开氮气充压阀，给解吸塔系统充压。

d. 当吸收塔系统压力升至 0.5MPa(g) 左右时，关闭 N_2 充压阀。

（2）进吸收油

① 确认

a. 系统充压已结束。

b. 所有手阀处于关状态。

② 吸收塔系统进吸收油

a. 打开引油阀 V9 至开度 50％左右，给 C_6 油储罐 D101 充 C_6 油至液位 70％。

b. 打开 C_6 油泵 P101A（或 P101B）的入口阀，启动 P101A（或 P101B）。

c. 打开 P101A（或 P101B）出口阀，手动打开 FV103 阀至 30％左右给吸收塔 T101 充液至 50％。充液过程中注意观察 D101 液位，必要时给 D101 补充新油。

③ 解吸塔系统进吸收油

a. 手动打开调节阀 FV104 开度至 50％左右，给解吸塔 T102 进吸收油至液位 50％。

b. 给 T102 进油时注意给 T101 和 D101 补充新油，以保证 D101 和 T101 的液位均不低于 50％。

（3）C_6 油冷循环

① 确认

a. 储罐、吸收塔、解吸塔液位 50％左右。

b. 吸收塔系统与解吸塔系统保持合适压差。

② 建立冷循环

a. 手动逐渐打开调节阀 LV104，向 D101 倒油。

b. 当向 D101 倒油时，同时逐渐调整 FV104，以保持 T102 液位在 50％左右，将 LIC104 设定在 50％设自动。

c. 由 T101 至 T102 油循环时，手动调节 FV103 以保持 T101 液位在 50％左右，将 LIC101 设定在 50％设自动。

d. 手动调节 FV103，使 FRC103 保持在 13.50t/h，投自动，冷循环 10min。

（4）T102 回流罐 D103 灌 C_4

打开 V21 向 D103 灌 C_4 至液位为 20％。

（5）C_6 油热循环

① 确认

a. 冷循环过程已经结束。

b. D103 液位已建立。

② T102 再沸器投用

a. 设定 TIC103 于 5℃，设自动。

b. 手动打开 PV105 至 70％。

c. 手动控制 PIC105 于 0.5MPa，待回流稳定后再设自动。

d. 手动打开 FV108 至 50％，开始给 T102 加热。

③ 建立 T102 回流

a. 随着 T102 塔釜温度 TIC107 逐渐升高，C_6 油开始汽化，并在 E104 中冷凝至回流罐 D103。

b. 当塔顶温度高于 50℃时，打开 P102A/B 泵的入出口阀 VI25/27、VI26/28，打开 FV106 的前后阀，手动打开 FV106 至合适开度，维持塔顶温度高于 51℃。

c. 当 TIC107 温度指示达到 102℃ 时，将 TIC107 设定在 102℃ 设自动，TIC107 和 FIC108 设串级。

d. 热循环 10min。

（6）进富气

① 确认 C_6 油热循环已经建立。

② 进富气

a. 逐渐打开富气进料阀 V1，开始富气进料。

b. 随着 T101 富气进料，塔压升高，手动调节 PIC103 使压力恒定在 1.2MPa（表）。当富气进料达到正常值后，设定 PIC103 于 1.2MPa（表），设自动。

c. 当吸收了 C_4 的富油进入解吸塔后，塔压将逐渐升高，手动调节 PIC105，维持 PIC105 在 0.5MPa（表），稳定后设自动。

d. 当 T102 温度、压力控制稳定后，手动调节 FIC106 使回流量达到正常值 8.0t/h，设自动。

e. 观察 D103 液位，液位高于 50％时，打开 LIV105 的前后阀，手动调节 LIC105 维持液位在 50％，设自动。

f. 将所有操作指标逐渐调整到正常状态。

2. 正常操作规程

（1）正常工况操作参数

① 吸收塔顶压力控制 PIC103：1.20MPa（表）。

② 吸收油温度控制 TIC103：5.0℃。

③ 解吸塔顶压力控制 PIC105：0.50MPa（表）。

④ 解吸塔顶温度：51.0℃。

⑤ 解吸塔釜温度控制 TIC107：102.0℃。

（2）补充新油

因为塔顶 C_4 产品中含有部分 C_6 油及其他 C_6 油损失，所以随着生产的进行，要定期观察 C_6 油储罐 D101 的液位，当液位低于 30％时，打开阀 V9 补充新鲜的 C_6 油。

（3）D102 排液

生产过程中贫气中的少量 C_4 和 C_6 组分积累于尾气分离罐 D102 中，定期观察 D102 的液位，当液位高于 70％时，打开阀 V7 将冷凝液排放至解吸塔 T102 中。

（4）T102 塔压控制

正常情况下 T102 的压力由 PIC105 通过调节 E104 的冷却水流量控制。生产过程中会有少量不凝气积累于回流罐 D103 中使解吸塔系统压力升高，这时 T102 顶部压力超高，保护控制器 PIC104 会自动控制排放不凝气，维持压力不会超高。必要时可打手动打开 PV104 至开度 1％～3％来调节压力。

3. 停车操作规程

（1）停富气进料

① 关富气进料阀 V1，停富气进料。

② 富气进料中断后，T101 塔压会降低，手动调节 PIC103，维持 T101 压力＞1.0MPa（表）。

③ 手动调节 PIC105 维持 T102 塔压力在 0.20MPa（表）左右。

④ 维持 T101→T102→D101 的 C_6 油循环。

（2）停吸收塔系统

① 停 C_6 油进料

a. 停 C_6 油泵 P101A/B。

b. 关闭 P101A/B 入出口阀。

c. FRC103 置手动，关 FV103 前后阀。

d. 手动关 FV103 阀，停 T101 油进料。

此时应注意保持 T101 的压力，压力低时可用 N_2 充压，否则 T101 塔釜 C_6 油无法排出。

② 吸收塔系统泄油

a. LIC101 和 FIC104 置手动，FV104 开度保持 50%，向 T102 泄油。

b. 当 LIC101 液位降至 0% 时，关闭 FV108。

c. 打开 V7 阀，将 D102 中的凝液排至 T102 中。

d. 当 D102 液位指示降至 0% 时，关 V7 阀。

e. 关 V4 阀，中断盐水，停 E101。

f. 手动打开 PV103，吸收塔系统泄压至常压，关闭 PV103。

（3）停解吸塔系统

① 停 C_4 产品出料　富气进料中断后，将 LIC105 置手动，关阀 LV105 及其前后阀。

② T102 塔降温

a. TIC107 和 FIC108 置手动，关闭 E105 蒸汽阀 FV108，停再沸器 E105。

b. 停止 T102 加热的同时，手动关闭 PIC105 和 PIC104，保持解吸系统的压力。

③ 停 T102 回流

a. 再沸器停用，温度下降至泡点以下后，油不再汽化，当 D103 液位 LIC105 指示小于 10% 时，停回流泵 P102A/B，关 P102A/B 的入出口阀。

b. 手动关闭 FV106 及其前后阀，停 T102 回流。

c. 打开 D103 泄液阀 V19。

d. 当 D103 液位指示下降至 0% 时，关 V19 阀。

④ T102 泄油

a. 手动置 LV104 于 50%，将 T102 中的油倒入 D101。

b. 当 T102 液位 LIC104 指示下降至 10% 时，关 LV104。

c. 手动关闭 TV103，停 E102。

d. 打开 T102 泄油阀 V18，T102 液位 LIC104 下降至 0% 时，关 V18。

⑤ T102 泄压

a. 手动打开 PV104 至开度 50%；开始 T102 系统泄压。

b. 当 T102 系统压力降至常压时，关闭 PV104。

（4）吸收油储罐 D101 排油

① 当停 T101 吸收油进料后，D101 液位必然上升，此时打开 D101 排油阀 V10 排污油。

② 直至 T102 中油倒空，D101 液位下降至 0%，关 V10。

四、仪表及报警一览表

仪表及报警一览表见表 3-9。

表 3-9　仪表及报警一览表

位号	说明	类型	正常值	量程上限	量程下限	工程单位	高报值	低报值	高高报值	低低报值
AI101	回流罐 C_4 组分	AI	＞95.0	100.0	0	%				
FI101	T101 进料	AI	5.0	10.0	0	t/h				
FI102	T101 塔顶气量	AI	3.8	6.0	0	t/h				
FRC103	吸收油流量控制	PID	13.50	20.0	0	t/h	16.0	4.0		
FIC104	富油流量控制	PID	14.70	20.0	0	t/h	16.0	4.0		
FI105	T102 进料	AI	14.70	20.0	0	t/h				
FIC106	回流量控制	PID	8.0	14.0	0	t/h	11.2	2.8		
FI107	T101 塔底贫油采出	AI	13.41	20.0	0	t/h				
FIC108	加热蒸汽量控制	PID	2.963	6.0	0	t/h				
LIC101	吸收塔液位控制	PID	50	100	0	%	85	15		
LI102	D101 液位	AI	60.0	100	0	%	85	15		
LI103	D102 液位	AI	50.0	100	0	%	65	5		
LIC104	解吸塔釜液位控制	PID	50	100	0	%	85	15		
LIC105	回流罐液位控制	PID	50	100	0	%	85	15		
PI101	吸收塔顶压力显示	AI	1.22	2.0	0	MPa	1.7	0.3		
PI102	吸收塔底压力显示	AI	1.25	2.0	0	MPa				
PIC103	吸收塔顶压力控制	PID	1.2	2.0	0	MPa	1.7	0.3		
PIC104	解吸塔顶压力控制	PID	0.55	1.0	0	MPa				
PIC105	解吸塔顶压力控制	PID	0.50	1.0	0	MPa				
PI106	解吸塔底压力显示	AI	0.53	1.0	0	MPa				
TI101	吸收塔塔顶温度	AI	6	40	0	℃				
TI102	吸收塔塔底温度	AI	40	100	0	℃				
TIC103	循环油温度控制	PID	5.0	50	0	℃	10.0	2.5		
TI104	C_4 回收罐温度显示	AI	2.0	40	0	℃				
TI105	预热后温度显示	AI	80.0	150.0	0	℃				
TI106	吸收塔顶温度显示	AI	6.0	50	0	℃				
TIC107	解吸塔釜温度控制	PID	102.0	150.0	0	℃				
TI108	回流罐温度显示	AI	40.0	100	0	℃				

五、事故设置一览

1. 冷却水中断

（1）主要现象

① 冷却水流量为 0。

② 入口各阀常开状态。

（2）处理方法

① 停止进料，关 V1 阀。

② 手动关 PV103 保压。

③ 手动关 FV104，停 T102 进料。

④ 手动关 LV105，停出产品。

⑤ 手动关 FV103，停 T101 回流。

⑥ 手动关 FV106，停 T102 回流。

⑦ 关 LIC104 前后阀，保持液位。

2. 加热蒸汽中断

（1）主要现象

① 加热蒸汽管路各阀开度正常。

② 加热蒸汽入口流量为 0。

③ 塔釜温度急剧下降。

（2）处理方法

① 停止进料，关 V1 阀。

② 停 T102 回流。

③ 停 D103 产品出料。

④ 停 T102 进料。

⑤ 关 PV103 保压。

⑥ 关 LIC104 前后阀，保持液位。

3. 仪表中断

（1）主要现象

各调节阀全开或全关。

（2）处理方法

① 打开 FRC103 旁路阀 V3。

② 打开 FIC104 旁路阀 V5。

③ 打开 PIC103 旁路阀 V6。

④ 打开 TIC103 旁路阀 V8。

⑤ 打开 LIC104 旁路阀 V12。

⑥ 打开 FIC106 旁路阀 V13。

⑦ 打开 PIC105 旁路阀 V14。

⑧ 打开 PIC104 旁路阀 V15。

⑨ 打开 LIC105 旁路阀 V16。

⑩ 打开 FIC108 旁路阀 V17。

4. 停电

（1）主要现象

① 泵 P-101A/B 停。

② 泵 P-102A/B 停。

（2）处理方法

① 打开泄液阀 V10，保持 LI102 液位在 50%。

② 打开泄液阀 V19，保持 LI105 液位在 50%。

③ 关小加热油流量，防止塔温上升过高。

④ 停止进料，关 V1 阀。

5. P101A 泵坏

（1）主要现象

① FRC103 流量降为 0。

② 塔顶 C_4 上升，温度上升，塔顶压力上升。

③ 釜液位下降。

（2）处理方法

① 停 P101A，先关泵后阀，再关泵前阀。

② 开启 P101B，先开泵前阀，再开泵后阀。

③ 由 FRC103 调至正常值，并设自动。

6. LIC104 调节阀卡

（1）主要现象

① FI107 降至 0。

② 塔釜液位上升，并可能报警。

（2）处理方法

① 关 LIC104 前后阀 VI13，VI14。

② 开 LIC104 旁路阀 V12 至 60％左右。

③ 调整旁路阀 V12 开度，使液位保持 50％。

7. 换热器 E105 结垢严重

（1）主要现象

① 调节阀 FIC108 开度增大。

② 加热蒸汽入口流量增大。

③ 塔釜温度下降，塔顶温度也下降，塔釜 C_4 组成上升。

图 3-32　吸收-解吸单元 3D 虚拟现实仿真界面

（2）处理方法

① 关闭富气进料阀 V1。

② 手动关闭产品出料阀 LIC102。

③ 手动关闭再沸器后，清洗换热器 E105。

六、仿真界面

吸收-解吸单元 3D 虚拟现实仿真界面见图 3-32。

吸收系统现场界面图见图 3-33。

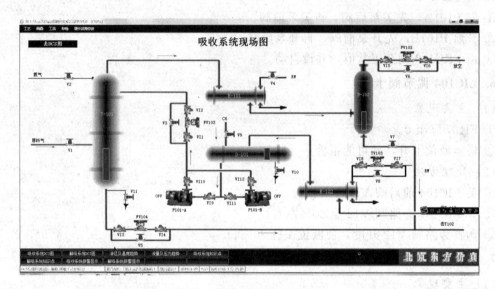

图 3-33　吸收系统现场界面图

吸收系统 DCS 界面图见图 3-34。

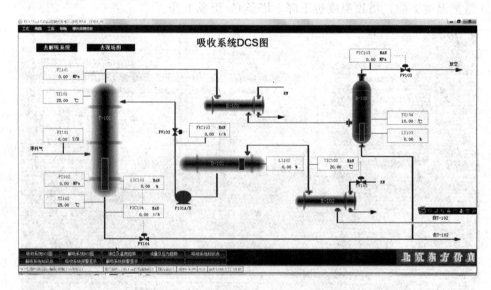

图 3-34　吸收系统 DCS 界面图

吸收系统知识点界面图见图 3-35。

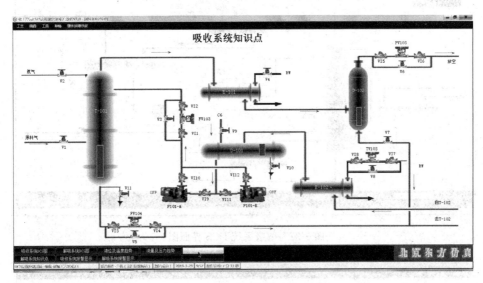

图 3-35　吸收系统知识点界面图

解吸系统现场界面图见图 3-36。

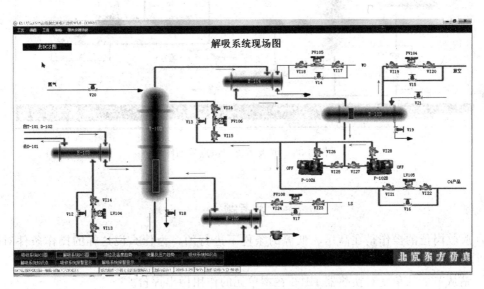

图 3-36　解吸系统现场界面图

解吸系统 DCS 界面图见图 3-37。

解吸系统知识点界面图见图 3-38。

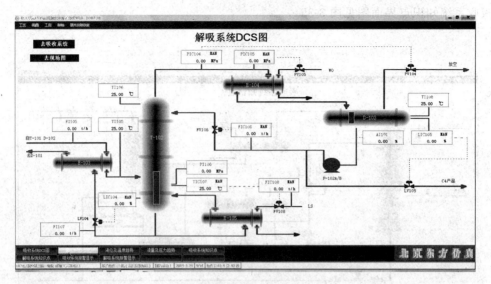

图 3-37 解吸系统 DCS 界面图

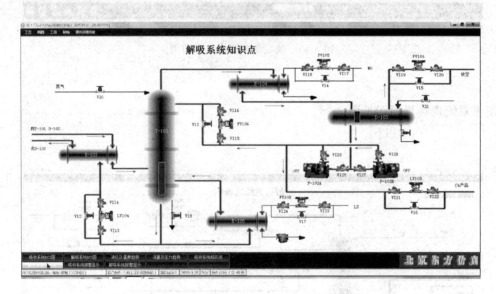

图 3-38 解吸系统知识点界面图

思考题

① 吸收岗位的操作是在高压、低温的条件下进行的，为什么说这样的操作条件对吸收过程的进行有利？

② 请从节能的角度对换热器 E103 在本单元的作用做出评价？

③ 结合本单元的具体情况，说明串级控制的工作原理。

④ 操作时若发现富油无法进入解吸塔，会有哪些原因？应如何调整？

⑤ 假如本单元的操作已经平稳，这时吸收塔的进料富气温度突然升高，会发生什么现象？如果造成系统不稳定，吸收塔的塔顶压力上升（塔顶 C_4 增加），有几种手段将系统调节正常？

⑥ 请分析本流程的串级控制；如果请你来设计，还有哪些变量间可以通过串级调节控制？这样做的优点是什么？

⑦ C_6 油储罐进料阀为一手操阀，有没有必要在此设一个调节阀，使进料操作自动化，为什么？

━━━ 练习题 ━━━

① 吸收操作的目的是分离（　　）。
　A. 液体均相混合物　　　　　　　　　B. 气液混合物
　C. 气体混合物　　　　　　　　　　　D. 部分互溶的液体混合物

② 难溶气体的吸收是受（　　）。
　A. 气膜控制　　　　B. 液膜控制　　　　C. 双膜控制　　　　D. 相界面

③ 在吸收塔的计算中，通常不为生产任务所决定的是（　　）。
　A. 所处理的气体量　　　　　　　　　B. 气体的初始和最终组成
　C. 吸收剂的初始浓度　　　　　　　　D. 吸收剂的用量和吸收液的浓度

④ 在吸收塔设计中，当吸收剂用量趋于最小用量时（　　）。
　A. 吸收率趋向最高　　　　　　　　　B. 吸收推动力趋向最大
　C. 操作最为经济　　　　　　　　　　D. 填料层高度趋向无穷大

⑤ 设计中，最大吸收率 η_{max} 与（　　）无关。
　A. 液气比　　　　　　　　　　　　　B. 吸收塔类型
　C. 相平衡常数 m　　　　　　　　　　D. 液体入塔浓度 X_2

⑥ 亨利定律适用的条件是（　　）。
　A. 气相总压一定，稀溶液
　B. 常压下，稀溶液
　C. 气相总压不超过 506.5kPa，溶解后的溶液是稀溶液
　D. 气相总压不小于 506.5kPa，溶解后的溶液是稀溶液

⑦ 吸收塔内不同截面处吸收速率（　　）。
　A. 各不相同　　　　B. 基本相同　　　　C. 完全相同　　　　D. 均为 0

⑧ 在一符合亨利定律的气液平衡系统中，溶质在气相中的摩尔浓度与其在液相中的摩尔浓度的差值为（　　）。
　A. 正值　　　　　　B. 负值　　　　　　C. 零　　　　　　　D. 不确定

⑨ 只要组分在气相中心的分压（　　）液相中该组分的平衡分压，吸收就会继续进行，直至达到一个新的平衡为止。
　A. 大于　　　　　　B. 小于　　　　　　C. 等于　　　　　　D. 不等于

⑩ 对于低浓度溶质的气液传质系统 A、B 在同样条件下，A 系统中的溶质的溶解度较 B 系统的溶质的溶解度高，则它们的溶解度系数 H 之间的关系为（　　）。
　A. $H_A > H_B$　　　B. $H_A < H_B$　　　C. $H_A = H_B$　　　D. 不确定

⑪ 对于低浓度溶质的气液传质系统 A、B，在同样条件下，A 系统中的溶质的溶解度较 B 系统的溶质的溶解度高，则它们的相平衡常数 m 之间的关系为（　　）。
　A. $m_A > m_B$　　　B. $m_A < m_B$　　　C. $m_A = m_B$　　　D. 不确定

⑫ 下列不为双膜理论基本要点的是（　　）。

A. 气、液两相有一稳定的相界面，两侧分别存在稳定的气膜和液膜

B. 吸收质是以分子扩散的方式通过两膜层的，阻力集中在两膜层内

C. 气、液两相主体内流体处于湍动状态

D. 在气、液两相主体中，吸收质的组成处于平衡状态

⑬ 下列叙述错误的是（　　　）。

A. 对给定物系，影响吸收操作的只有温度和压力

B. 亨利系数 E 仅与物系及温度有关，与压力无关

C. 吸收操作的推动力既可表示为 $(Y-Y^*)$，也可表示为 (X^*-X)

D. 降低温度对吸收操作有利，吸收操作最好在低于常温下进行

⑭ 吸收操作中，当 $X^*>X$ 时（　　　）。

A. 发生解吸过程　　　　　　　　　　　B. 解吸推动力为零

C. 发生吸收过程　　　　　　　　　　　D. 吸收推动力为零

⑮ 根据双膜理论，当溶质在液体中溶解度很小时，以液相表示的总传质系数将（　　　）。

A. 大于液相传质分系数　　　　　　　　B. 近似等于液相传质分系数

C. 小于气相传质分系数　　　　　　　　D. 近似等于气相传质分系数

⑯ 根据双膜理论，当溶质在液体中溶解度很大时，以气相表示的总传质系数将（　　　）。

A. 大于液相传质分系数　　　　　　　　B. 近似等于液相传质分系数

C. 小于气相传质分系数　　　　　　　　D. 近似等于气相传质分系数

⑰ 气相吸收总速率方程式中，下列叙述正确的是（　　　）。

A. 吸收总系数只与气膜有关，与液膜无关

B. 气相吸收总系数的倒数为气膜阻力

C. 推动力与界面浓度无关

D. 推动力与液相浓度无关

⑱ 操作中的吸收塔，当其他操作条件不变，仅降低吸收剂入塔浓度，则吸收率将（　　　）。

A. 增大　　　　　　B. 降低　　　　　　C. 不变　　　　　　D. 不确定

⑲ 低浓度逆流吸收操作中，若其他操作条件不变，仅增加入塔气量，则气相总传质单元数 N_{OG} 将（　　　）。

A. 增大　　　　　　B. 减小　　　　　　C. 不变　　　　　　D. 不确定

⑳ 在吸收操作中，吸收塔某一截面上的总推动力（以液相组成差表示）为（　　　）。

A. X^*-X　　　　B. $X-X^*$　　　　C. X_i-X　　　　D. $X-X_i$

㉑ 在吸收操作中，吸收塔某一截面上的总推动力（以气相组成差表示）为（　　　）。

A. Y^*-Y　　　　B. $Y-Y^*$　　　　C. Y_i-Y　　　　D. $Y-Y_i$

㉒ 在逆流吸收塔中，用清水吸收混合气中溶质组分，其液气比 L/V 为 2.7，平衡关系可表示为 $Y=1.5X(Y，X$ 为摩尔比)，溶质的回收率为 90，则液气比与最小液气比之比值为（　　　）。

A. 1.5　　　　　　B. 1.8　　　　　　C. 2　　　　　　D. 3

㉓ 在吸收塔设计中，当吸收剂用量趋于最小用量时（　　　）。

A. 回收率趋向最高　　　　　　　　　　B. 吸收推动力趋向最大

C. 操作最为经济　　　　　　　　　　　D. 填料层高度趋向无穷大

㉔ 吸收操作中，当物系的状态点处于平衡线的下方时（　　　）。

A. 发生吸收过程

B. 吸收速率为零

C. 发生解吸过程

D. 其他条件相同时状态点距平衡线越远，吸收越易进行

㉕ 吸收操作中，最小液气比（　　　）。

A. 在生产中可以达到　　　　　　　　　B. 是操作线的斜率

C. 均可用公式进行计算　　　　　　　　D. 可作为选择适宜液气比的依据

㉖ 吸收操作中的最小液气比的求取（　　　）。

A. 只可用图解法　　　　　　　　　　　B. 只可用公式计算

C. 全可用图解法　　　　　　　　　　　D. 全可用公式计算

㉗ 吸收操作中，增大吸收剂用量使（　　　）。

A. 设备费用增大，操作费用减少　　　　B. 设备费用减少，操作费用增大

C. 设备费用和操作费用均增大　　　　　D. 设备费用和操作费用均减少

㉘ 逆流吸收操作线（　　　）。

A. 表明塔内任一截面上气、液两相的平衡组成关系

B. 在 X-Y 图中是一条曲线

C. 在 X-Y 图中的位置一定位于平衡线的上方

D. 在 X-Y 图中的位置一定位于平衡线的下方

㉙ 吸收操作中，完成指定的生产任务，采取的措施能使填料层高度降低的是（　　　）。

A. 用并流代替逆流操作　　　　　　　　B. 减少吸收剂中溶质的量

C. 减少吸收剂用量　　　　　　　　　　D. 吸收剂循环使用

㉚ 关于适宜液气化选择的叙述错误的是（　　　）。

A. 不受操作条件变化的影响　　　　　　B. 不能小于最小液气比

C. 要保证填料层的充分湿润　　　　　　D. 应使设备费用和操作费用之和最小

㉛ 吸收塔尾气超标，可能引起的原因是（　　　）。

A. 塔压增大　　　　　　　　　　　　　B. 吸收剂降温

C. 吸收剂用量增大　　　　　　　　　　D. 吸收剂纯度下降

㉜ 吸收操作气速一般（　　　）。

A. 大于泛点气速　　　　　　　　　　　B. 大于泛点气速而小于载点气速

C. 小于载点气速　　　　　　　　　　　D. 大于载点气速而小于泛点气速

㉝ 在常压下，用水逆流吸收空气中的二氧化碳，若用水量增加，则出口液体中的二氧化碳浓度将（　　　）。

A. 变大　　　　　　B. 变小　　　　　　C. 不变　　　　　　D. 不确定

㉞ 吸收过程产生液泛现象的主要原因是（　　　）。

A. 液体流速过大　　　　　　　　　　　B. 液体加入量不当

C. 气体速度过大　　　　　　　　　　　D. 温度控制不当

㉟ 吸收塔中进行吸收操作时，应（　　　）。

A. 先通入气体后进入喷淋液体　　　　　B. 先进入喷淋液体后通入气体

C. 先进气体或液体都可以　　　　　　　D. 增大喷淋量总是有利于吸收操作的

㊱ 对处理易溶气体的吸收，为较显著地提高吸收速率，应增大（　　）的流速。

A. 气相　　　　　　　　　　　　　　　B. 液相

C. 气液两相　　　　　　　　　　　　　D. 视具体情况而定

㊲ 对于逆流操作的吸收塔，其他条件不变，当吸收剂用量趋于最小用量时则（　　）。

A. 吸收推动力最大　　　　　　　　　　B. 吸收率最高

C 吸收液浓度趋于最低　　　　　　　　D. 吸收液浓度趋于最高

㊳ 吸收在逆流操作中，其他条件不变，只减小吸收剂用量（能正常操作），将引起（　　）。

A. 操作线斜率增大　　　　　　　　　　B. 塔底溶液出口浓度降低

C. 吸收推动力减小　　　　　　　　　　D. 尾气浓度减小

㊴ 吸收操作过程中，在塔的负荷范围内，当混合气处理量增大时，为保持回收率不变，可采取的措施有（　　）。

A. 降低操作温度　　　　　　　　　　　B. 减少吸收剂用量

C. 降低填料层高度　　　　　　　　　　D. 降低操作压力

㊵ 其他条件不变，吸收剂用量增加，填料塔压强降（　　）。

A. 减小　　　　　　　　　　　　　　　B. 不变

C. 增加　　　　　　　　　　　　　　　D. 视具体情况而定

㊶ 吸收时，气体进气管管端向下切成 45° 倾斜角，其目的是防止（　　）。

A. 气体被液体夹带出塔　　　　　　　　B. 塔内向下流动液体进入管内

C. 气液传质不充分　　　　　　　　　　D. 液泛

㊷ 吸收塔底吸收液出料管采用 U 形管是（　　）。

A. 为了防止气相短路　　　　　　　　　B. 为了保证液相组成符合要求

C. 为了热膨胀　　　　　　　　　　　　D. 为了连接管道的需要

㊸ 除沫装置在吸收填料塔中的位置通常为（　　）。

A. 液体分布器上方　　　　　　　　　　B. 液体分布器下方

C. 填料压板上方　　　　　　　　　　　D. 任一装置均可

㊹ 某低浓度气体溶质被吸收时的平衡关系服从亨利定律，且 $K_Y = 3 \times 10^{-5} \text{kmol}/(\text{m}^2 \cdot \text{s})$，$K_X = 8 \times 10^{-5} \text{kmol}/(\text{m}^2 \cdot \text{s})$，$m = 0.36$，则该过程是（　　）。

A. 气膜阻力控制　　　　　　　　　　　B. 液膜阻力控制

C. 气、液两膜阻力均不可忽略　　　　　D. 无法判断

㊺ 下列叙述正确的是（　　）。

A. 液相吸收总系数的倒数是液膜阻力

B. 增大难溶气体的流速，可有效地提高吸收速率

C. 在吸收操作中，往往通过提高吸收质在气相中的分压来提高吸收速率

D. 增大气液接触面积不能提高吸收速率

㊻ 某吸收过程，已知气膜吸收系数 $K_Y = 4 \times 10^{-4} \text{kmol}/(\text{m}^2 \cdot \text{s})$，液膜吸收系数 $K_X = 8 \times 10^{-4} \text{kmol}/(\text{m}^2 \cdot \text{s})$，由此可判断该过程是（　　）。

A. 气膜控制　　　　B. 液膜控制　　　　C. 双膜控制　　　　D. 判断依据不足

㊼ 下列说法错误的是（　　）。

A. 溶解度系数 H 很大，为易溶气体　　B. 相平衡常数 m 很大，为难溶气体

C. 亨利系数 E 很大，为易溶气体　　　D. 亨利系数 E 很大，为难溶气体

㊽ 能改善液体壁流现象的装置是（　　　）。

A. 填料支承装置　　　　　　　　　B. 液体分布器

C. 液体再分布器　　　　　　　　　D. 除沫器

㊾ 低浓度逆流吸收操作中，若其他入塔条件不变，仅增加入塔气体浓度 Y_1，则出塔气体浓度 Y_2 将（　　　）。

A. 增加　　　　　B. 减小　　　　　C. 不变　　　　　D. 不确

第四章
化工生产实习仿真实训

实训一　罐区仿真实习

一、工艺流程说明

　　罐区是化工原料、中间产品及成品的集散地，是大型化工企业的重要组成部分，也是化工安全生产的关键环节之一。大型石油化工企业罐区储存的化学品之多，是任何生产装置都无法比拟的。罐区的安全操作关系到整个工厂的正常生产，所以，罐区的设计、生产操作及管理都特别重要。

　　罐区的工作原理如下：产品从上一生产单元被送到产品罐，经过换热器冷却后用离心泵打入产品罐中，进行进一步冷却，再用离心泵打入包装设备。

　　（1）罐区的工艺流程

　　本工艺为单独培训罐区操作而设计，其工艺流程如图4-1所示：

　　来自上一生产设备的约35℃的带压液体，经过阀门MV101进入产品罐T01，由温度传感器TI101显示T01罐底温度，压力传感器PI101显示T01罐内压力，液位传感器LI101显示T01的液位。由离心泵P101将产品罐T01的产品打出，控制阀FIC101控制回流量。回流的物流通过换热器E01，被冷却水逐渐冷却到33℃左右。温度传感器TI102显示被冷却后产品的温度，温度传感器TI103显示冷却水冷却后的温度。由泵打出的少部分产品由阀门MV102打回生产系统。当产品罐T01液位达到80％后，阀门MV101和阀门MV102自动关断。

　　产品罐T01打出的产品经过T01的出口阀MV103和T03的进口阀进入产品罐T03，由温度传感器TI103显示T03罐底温度，压力传感器PI103显示T03罐内压力，液位传感器LI103显示T03的液位。由离心泵P103将产品罐T03的产品打出，控制阀FIC103控制回流量。回流的物流通过换热器E03，被冷却水逐渐冷却到30℃左右。温度传感器TI302显示被冷却后产品的温度，温度传感器TI303显示冷却水冷却后的温度。少部分回流物料不经换热器E03直接打回产品罐T03；从包装设备来的产品经过阀门MV302打回产品罐T03，控制阀FIC302控制这两股物流混合后的流量。产品经过T03的出口阀MV303到包装设备进行包装。

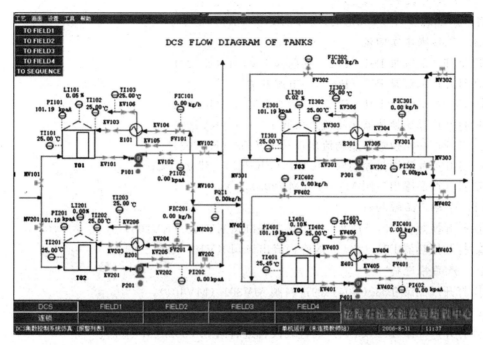

图 4-1　工艺流程仿真界面图

当产品罐 T01 的设备发生故障，马上启用备用产品罐 T02 及其备用设备，其工艺流程同 T01。当产品罐 T03 的设备发生故障，马上启用备用产品罐 T04 及其备用设备，其工艺流程同 T03。

（2）本工艺流程主要包括以下设备

T01 是产品罐；

P01 是产品罐 T01 的出口压力泵；

E01 是产品罐 T01 的换热器；

T02 是备用产品罐；

P02 是备用产品罐 T02 的出口泵；

E02 是备用产品罐 T02 的换热器；

T03 是产品罐；

P03 是产品罐 T03 的出口压力泵；

E03 是产品罐 T03 的换热器；

T04 是备用产品罐；

P04 是备用产品罐 T04 的出口压力泵；

E04 是备用产品罐 T04 的换热器。

二、罐区单元操作规程

1. 冷态开车操作规程

（1）准备工作

① 检查产品罐 T01（T02）的容积。容积必须达到超过＊＊吨，不包括储罐余料。

② 检查产品罐 T03（T04）的容积。容积必须达到超过＊＊吨，不包括储罐余料。

（2）产品罐进料

打开产品罐 T01（T02）的进料阀 MV101（MV201）。

（3）产品罐建立回流

① 打开产品罐泵 P01（P02）的前阀 KV101（KV201）。

② 打开产品罐泵 P01（P02）的电源开关。

③ 打开产品罐泵 P01（P02）的后阀 KV102（KV202）。

④ 打开产品罐换热器热物流进口阀 KV104（KV204）。

⑤ 打开产品罐换热器热物流出口阀 KV103（KV203）。

⑥ 打开产品罐回流控制阀 FIC101（FIC201），建立回流。

⑦ 打开产品罐出口阀 MV102（MV202）。

（4）冷却产品罐物料

① 打开换热器 E01（E02）的冷物流进口阀 KV105（KV205）。

② 打开换热器 E01（E02）的冷物流出口阀 KV106（KV206）。

（5）产品罐进料

① 打开产品罐 T03（T04）的进料阀 MV301（MV401）。

② 打开产品罐 T01（T02）的倒罐阀 MV103（MV203）。

③ 打开产品罐 T03（T04）的包装设备进料阀 MV302（MV402）。

④ 打开产品罐回流阀 FIC302（FIC402）。

（6）产品罐建立回流

① 打开产品罐泵 P03（P04）的前阀 KV301（KV401）。

② 打开产品罐泵 P03（P04）的电源开关。

③ 打开产品罐泵 P03（P04）的后阀 KV302（KV402）。

④ 打开产品罐换热器热物流进口阀 KV304（KV404）。

⑤ 打开产品罐换热器热物流出口阀 KV303（KV403）。

⑥ 打开产品罐回流控制阀 FIC301（FIC401），建立回流。

⑦ 打开产品罐出口阀 MV302（MV402）。

（7）冷却产品罐物料

① 打开换热器 E03（E04）的冷物流进口阀 KV305（KV405）。

② 打开换热器 E03（E04）的冷物流出口阀 KV306（KV406）。

（8）产品罐出料

打开产品罐出料阀 MV303（MV403），将产品打入包装车间进行包装。

2. 仪表及报警一览表

仪表及报警一览表见表 4-1。

表 4-1　仪表及报警一览表

位号	说明	类型	正常值	量程上限	量程下限	工程单位	高报	低报
TI101	产品罐 T01 罐内温度	AI	33.0	60.0	0.0	℃	34	32
TI201	产品罐 T02 罐内温度	AI	33.0	60.0	0.0	℃	34	32
TI301	产品罐 T03 罐内温度	AI	30.0	60.0	0.0	℃	31	29
TI401	产品罐 T04 罐内温度	AI	30.0	60.0	0.0	℃	31	29

3. 罐区单元流程仿真界面 DCS 图

（1）罐区单元流程仿真界面 DCS 图（图 4-2）

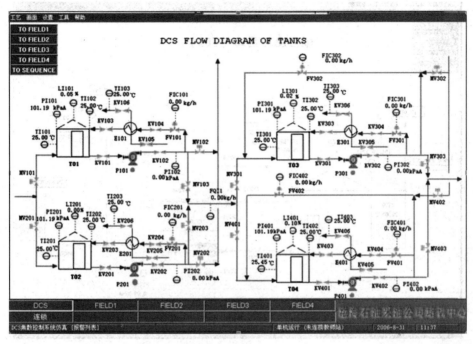

图 4-2　罐区单元流程仿真界面 DCS 图

（2）现场图（T01）

现场图（T01）见图 4-3。

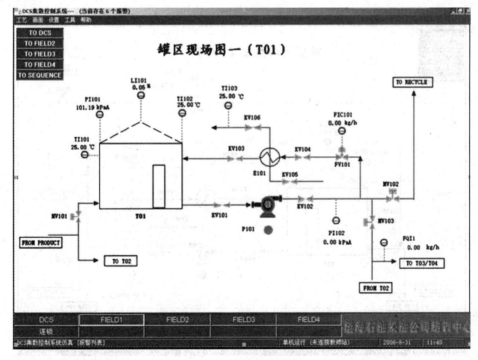

图 4-3　现场图（T01）

（3）现场图（T02）

现场图（T02）见图4-4。

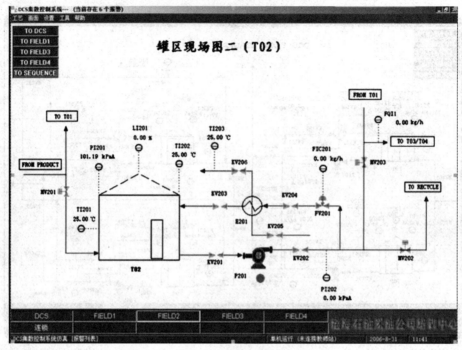

图4-4　现场图（T02）

（4）现场图（T03）

现场图（T03）见图4-5。

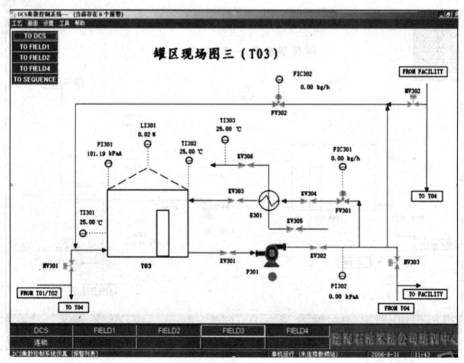

图4-5　现场图（T03）

　　　　化工原理及工艺仿真实训

（5）现场图（T04）

现场图（T04）见图4-6。

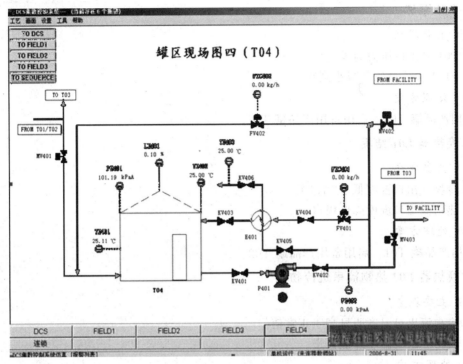

图 4-6　现场图（T04）

（6）联锁图

联锁图见图4-7。

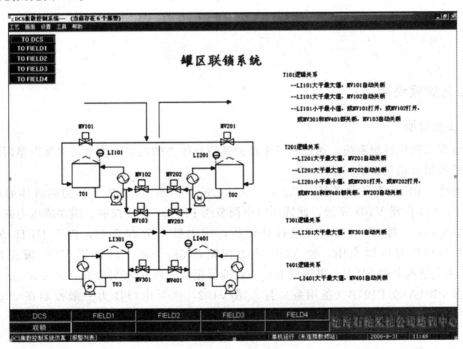

图 4-7　联锁图

三、事故设置一览

1. P01 泵坏

（1）主要现象

① P01 泵出口压力为零。

② FIC101 流量急骤减小到零。

（2）处理方案

停用产品罐 T01，启用备用产品罐 T02。

2. 换热器 E01 结垢

（1）主要现象

① 冷物流出口温度低于 17.5℃。

② 热物流出口温度降低极慢。

（2）处理方案

停用产品罐 T01，启用备用产品罐 T02。

3. 换热器 E03 热物流串进冷物流

（1）主要现象

① 冷物流出口温度明显高于正常值。

② 热物流出口温度降低极慢。

（2）处理方案

停用产品罐 T03，启用备用产品罐 T04。

实训二　液位控制系统仿真实习

一、工艺流程说明

1. 工艺说明

本流程为液位控制系统，通过对三个罐的液位及压力的调节，使学员掌握简单回路及复杂回路的控制及相互关系。

缓冲罐 V101 仅有一股来料，8kg/cm² （1kg/cm²＝98.0665kPa）压力的液体通过调节产供阀 FIC101 向罐 V101 充液，此罐压力由调节阀 PIC101 分程控制，缓冲罐压力高于分程点（5.0kg/cm²）时，PV101B 自动打开泄压，压力低于分程点时，PV101B 自动关闭，PV101A 自动打开给罐充压，使 V101 压力控制在 5kg/cm²。缓冲罐 V101 液位调节器 LIC101 和流量调节阀 FIC102 串级调节，一般液位正常控制在 50％左右，自 V101 底抽出液体通过泵 P101A 或 P101B（备用泵）打入罐 V102，该泵出口压力一般控制在 9kg/cm²，FIC102 流量正常控制在 20000kg/h。

罐 V102 有两股来料，一股为 V101 通过 FIC102 与 LIC101 串级调节后的流量；另一股为 8kg/cm²压力的液体通过调节阀 LIC102 进入罐 V102，一般 V102 液位控制在 50％左右，

V102 底液抽出通过调节阀 FIC103 进入 V103，正常工况时 FIC103 的流量控制在 30000 kg/h。

罐 V103 也有两股来料，一股来自 V102 的底抽出量，另一股为 8kg/cm² 压力的液体通过 FIC103 与 FI103 比值调节进入 V103，比值系数为 2：1，V103 底液体通过 LIC103 调节阀输出，正常时罐 V103 液位控制在 50％左右。

2. 本单元控制回路说明

本单元主要包括：单回路控制系统、分程控制系统、比值控制系统、串级控制系统。

（1）单回路控制系统

单回路控制系统又称单回路反馈控制。由于在所有反馈控制中，单回路反馈控制是最基本、结构最简单的一种，因此，它又被称为简单控制。

单回路反馈控制由四个基本环节组成，即被控对象（简称对象）或被控过程（简称过程）、测量变送装置、控制器和控制阀。

所谓控制系统的整定，就是对于一个已经设计并安装就绪的控制系统，通过控制器参数的调整，使得系统的过渡过程达到最为满意的质量指标要求。

本单元的单回路控制系统有：FIC101，LIC102，LIC103。

（2）分程控制系统

通常是一台控制器的输出只控制一个控制阀。然而分程控制系统却不然，在这种控制回路中，一台控制器的输出可以同时控制两个甚至两个以上的控制阀，控制器的输出信号被分割成若干个信号的范围段，而由每一段信号去控制一个控制阀。

本单元的分程控制系统有 PIC101 分程控制冲压阀 PV101A 和泄压阀 PV101B，见图 4-8。

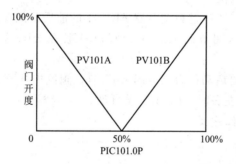

图 4-8　分程控制回路图

（3）比值控制系统

在化工、炼油及其他工业生产过程中，工艺上常需要两种或两种以上的物料保持一定的比例关系，比例一旦失调，将影响生产或造成事故。

实现两个或两个以上参数符合一定比例关系的控制系统称为比值控制系统。通常以保持两种或几种物料的流量为一定比例关系的系统，称流量比值控制系统。

比值控制系统可分为：开环比值控制系统、单闭环比值控制系统、双闭环比值控制系统、变比值控制系统、串级和比值控制组合的系统等。

FFIC104 为一比值调节器。根据 FIC1103 的流量，按一定的比例，相应调整 FI103 的流量。

对于比值调节系统，首先是要明确哪种物料是主物料，而另一种物料按主物料来配比。

在本单元中，FIC1425（以 C_2 为主的烃原料）为主物料，而 FIC1427（H_2）的量是随主物料（C_2 为主的烃原料）的量的变化而改变。

（4）串级控制系统

如果系统中不止采用一个控制器，而且控制器间相互串联，一个控制器的输出作为另一个控制器的给定值，这样的系统称为串级控制系统。

串级控制系统的特点：

① 能迅速地克服进入副回路的扰动。

② 改善主控制器的被控对象特征。

③ 有利于克服副回路内执行机构等的非线性。

在本单元中罐 V101 的液位是由液位调节器 LIC101 和流量调节器 FIC102 串级控制。

3. 设备

V101 是缓冲罐；V102 是恒压中间罐；V103 是恒压产品罐；P101A 是缓冲罐 V101 底抽出泵；P101B 是缓冲罐 V101 底抽出备用泵。

二、装置的操作规程

1. 冷态开车规程

装置的开工状态为 V102 和 V103 两罐已充压完毕，保压在 2.0kg/cm^2，缓冲罐 V101 压力为常压状态，所有可操作阀均处于关闭状态。

（1）缓冲罐 V101 充压及液位建立

① 确认事项　V101 压力为常压。

② V101 充压及建立液位

a. 在现场图上，打开 V101 进料调节器 FIC101 的前后手阀 V1 和 V2，开度在 100％。

b. 在 DCS 图上，打开调节阀 FIC101，阀位一般在 30％左右开度，给缓冲罐 V101 充液。

c. 待 V101 见液位后再启动压力调节阀 PIC101，阀位先开至 20％充压。

d. 待压力达 5kg/cm^2 左右时，PIC101 设自动。

（2）中间罐 V102 液位建立

① 确认事项

a. V101 液位达 40％以上。

b. V101 压力达 5.0kg/cm^2 左右。

② V102 建立液位

a. 在现场图上，打开泵 P101A 的前手阀 V5 为 100％。

b. 启动泵 P101A。

c. 当泵出口压力达 10kg/cm^2 时，打开泵 P101A 的后手阀 V7 为 100％。

d. 打开流量调节器 FIC102 前后手阀 V9 及 V10 为 100％。

e. 打开出口调节阀 FIC102，手动调节 FV102 开度，使泵出口压力控制在 9.0kg/cm^2 左右。

f. 打开液位调节阀 LV102 至 50％开度。

g. V101 进料流量调整器 FIC101 设自动，设定值为 20000.0kg/h。

h. 操作平稳后调节阀 FIC102 投入自动控制并与 LIC101 串级调节 V101 液位。

i. V102 液位达 50％左右，LIC102 设自动，设定值为 50％。

（3）产品罐 V103 建立液位

① 确认事项　V102 液位达 50％左右。

② V103 建立液位

a. 在现场图上，打开流量调节器 FIC103 的前后手阀 V13 及 V14。

b. 在 DCS 图上，打开 FIC103 及 FFIC104，阀位开度均为 50％。

c. 当 V103 液位达 50％时，打开液位调节阀 LIC103 开度为 50％。

d. LIC103 调节平稳后设自动，设定值为 50％。

2. 正常操作规程

正常工况下的工艺参数如下：

① FIC101 设自动，设定值为 20000.0kg/h。

② PIC101 设自动（分程控制），设定值为 5.0kg/cm^2。

③ LIC101 设自动，设定值为 50％。

④ FIC102 设串级（与 LIC101 串级）。

⑤ FIC103 设自动，设定值为 30000.0kg/h。

⑥ FFIC104 设串级（与 FIC103 比值控制），比值系统为 2.0。

⑦ LIC102 设自动，设定值为 50％。

⑧ LIC103 设自动，设定值为 50％。

⑨ 泵 P101A（或 P101B）出口压力 PI101 正常值为 9.0kg/cm^2。

⑩ V102 外进料流量 FI101 正常值为 10000.0kg/h。

⑪ V103 产品输出量 FI102 的流量正常值为 45000.0kg/h。

3. 停车操作规程

（1）正常停车

① 关进料线

a. 将调节阀 FIC101 改为手动操作，关闭 FIC101，再关闭现场手阀 V1 及 V2。

b. 将调节阀 LIC102 改为手动操作，关闭 LIC102，使 V102 外进料流量 FI101 为 0.0kg/h。

c. 将调节阀 FFIC104 改为手动操作，关闭 FFIC104。

② 将调节器改为手动控制

a. 将调节器 LIC101 改为手动调节，FIC102 解除串级改为手动控制。

b. 手动调节 FIC102，维持泵 P101A 出口压力，使 V101 液位缓慢降低。

c. 将调节器 FIC103 改为手动调节，维持 V102 液位缓慢降低。

d. 将调节器 LIC103 改为手动调节，维持 V103 液位缓慢降低。

③ V101 泄压及排放

a. 罐 V101 液位下降至 10％时，先关出口阀 FV102，停泵 P101A，再关入口阀 V5。

b. 打开排凝阀 V4，关 FIC102 手阀 V9 及 V10。

c. 罐 V101 液位降到 0.0 时，PIC101 置手动调节，打开 PV101 为 100％放空。

④ 当罐 V102 液位为 0.0 时，关调节阀 FIC103 及现场前后手阀 V13 及 V14。

⑤ 当罐 V103 液位为 0.0 时，关调节阀 LIC103。

（2）紧急停车

紧急停车操作规程同正常停车操作规程。

三、仪表及报警一览表

仪表及报警一览表见表 4-2、表 4-3。

表 4-2　仪表及报警一览表（1）

位号	说明	类型	正常值	量程高限	量程低限	工程单位	高报	低报	高高报	低低报
FIC101	V101 进料流量	PID	20000.0	40000.0	0.0	kg/h				
FIC102	V101 出料流量	PID	20000.0	40000.0	0.0	kg/h				
FIC103	V102 出料流量	PID	30000.0	60000.0	0.0	kg/h				
FIC104	V103 进料流量	PID	15000.0	30000.0	0.0	kg/h				
LIC101	V101 液位	PID	50.0	100.0	0.0	%				
LIC102	V102 液位	PID	50.0	100.0	0.0	%				
LIC103	V103 液位	PID	50.0	100.0	0.0	%				
PIC101	V101 压力	PID	5.0	10.0	0.0	kgf/cm^2				
FI101	V102 进料液量	AI	10000.0	20000.0	0.0	kg/h				
FI102	V103 出料流量	AI	45000.0	90000.0	0.0	kg/h				
FI103	V103 进料流量	AI	15000.0	30000.0	0.0	kg/h				
PI101	P101A/B 出口压	AI	9.0	10.0	0.0	kgf/cm^2				
FI01	V102 进料流量	AI	20000.0	40000.0	0.0	kg/h	22000.0	5000.0	25000.0	3000.0
FI02	V103 出料流量	AI	45000.0	90000.0	0.0	kg/h	47000.0	43000.0	50000.0	40000.0
FY03	V102 出料流量	AI	30000.0	60000.0	0.0	kg/h	32000.0	28000.0	35000.0	25000.0
FI03	V103 进料流量	AI	15000.0	30000.0	0.0	kg/h	17000.0	13000.0	20000.0	10000.0

表 4-3　仪表及报警一览表（2）

位号	说明	类型	正常值	量程高限	量程低限	工程单位	高报	低报	高高报	低低报
LI01	V101 液位	AI	50.0	100.0	0.0	%	80	20	90	10
LI02	V102 液位	AI	50.0	100.0	0.0	%	80	20	90	10
LI03	V103 液位	AI	50.0	100.0	0.0	%	80	20	90	10
PY01	V101 压力	AI	5.0	10.0	0.0	kgf/cm^2	5.5	4.5	6.0	4.0
PI01	P101A/B 出口压力	AI	9.0	18.0	0.0	kgf/cm^2	9.5	8.5	10.0	8.0
FY01	V101 进料流量	AI	20000.0	40000.0	0.0	kg/h	22000.0	18000.0	25000.0	15000.0
LY01	V101 液位	AI	50.0	100.0	0.0	%	80	20	90	10
LY02	V102 液位	AI	50.0	100.0	0.0	%	80	20	90	10
LY03	V103 液位	AI	50.0	100.0	0.0	%	80	20	90	10
FY02	V102 进料流量	AI	20000.0	40000.0	0.0	kg/h	22000.0	18000.0	25000.0	15000.0
FFY04	比值控制器	AI	2.0	4.0	0.0		2.5	1.5	4.0	0.0
PT01	V101 的压力控制	AO	50.0	100.0	0.0	%				
LT01	V101 的液位调节器的输出	AO	50.0	100.0	0.0	%				
LT02	V102 的液位调节器的输出	AO	50.0	100.0	0.0	%				
LT03	V103 的液位调节器的输出	AO	50.0	100.0	0.0	%				

化工原理及工艺仿真实训

四、事故设置一览

1. 泵 P101A 坏

① 原因：运行泵 P101A 停。

② 现象：画面泵 P101A 显示为开，但泵出口压力急剧下降。

③ 处理：先关小出口调节阀开度，启动备用泵 P101B，调节出口压力，压力达 9.0atm（表）时，关泵 P101A，完成切换。

④ 处理方法

a. 关小 P101A 泵出口阀 V7。

b. 打开 P101B 泵入口阀 V6。

c. 启动备用泵 P101B。

d. 打开 P101B 泵出口阀 V8。

e. 待 PI101 压力达 9.0atm 时，关 V7 阀。

f. 关闭 P101A 泵。

g. 关闭 P101A 泵入口阀 V5。

2. 调节阀 FIC102 阀卡

① 原因：FIC102 调节阀卡。

② 现象：罐 V101 液位急剧上升，FIC102 流量减小。

③ 处理：打开阀 V11，待流量正常后，关调节阀前后手阀。

④ 处理方法

a. 调节 FIC102 旁路阀 V11 开度。

b. 待 FIC102 流量正常后，关闭 FIC102 前后手阀 V9 和 V10。

c. 关闭调节阀 FIC102。

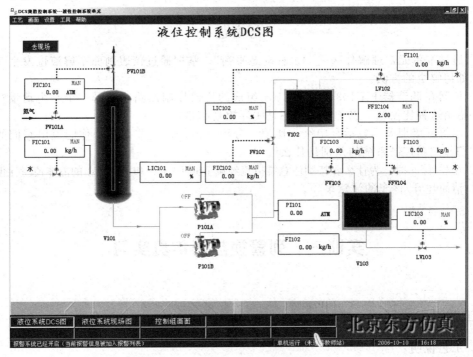

图 4-9 液位控制系统 DCS 图

五、仿真界面

液位控制系统 DCS 图（见图 4-9）。

液位控制系统现场图见图 4-10。

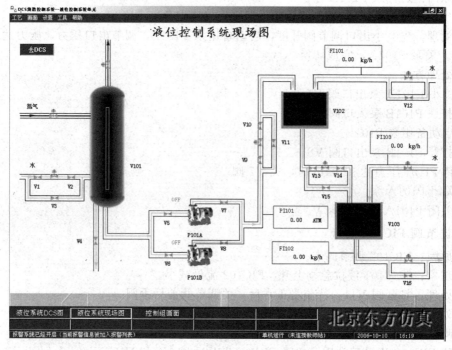

图 4-10 液位控制系统现场图

思考题

① 通过本单元，理解什么是"过程动态平衡"，掌握通过仪表画面了解液位发生变化的原因和如何解决的方法。

② 请问在调节器 FIC103 和 FFIC104 组成的比值控制回路中，哪一个是主动量？为什么？并指出这种比值调节属于开环，还是闭环控制回路？

③ 本仿真培训单元包括有串级、比值、分程三种复杂调节系统，你能说出它们的特点吗？它们与简单控制系统的差别是什么？

④ 在开/停车时，为什么要特别注意维持流经调节阀 FV103 和 FFV104 的液体流量比值为 2？

⑤ 请简述开/停车的注意事项。

实训三 列管换热器仿真实习

一、工艺流程说明

1. 工艺说明

换热器是进行热交换操作的通用工艺设备，广泛应用于化工、石油、冶金等领域，特别是在石油炼制和化学加工装置中，占有重要地位。换热器的操作技术培训在整个操作培训中尤为重要。

本单元设计采用管壳式换热器。来自界外的 92℃ 冷物流（沸点为 198.25℃）由泵 P101A/B 送至换热器 E101 的壳程，被流经管程的热物流加热至 145℃，并有 20% 被汽化。冷物流流量由流量控制器 FIC101 控制，正常流量为 12000kg/h。来自另一设备的 225℃ 热物流经泵 P102A/B 送至换热器 E101 与注经壳程的冷物流进行热交换，热物流出口温度由 TIC101 控制（177℃）。

为保证热物流的流量稳定，TIC101 采用分程控制，TV101A 和 TV101B 分别调节流经 E101 和副线的流量，TIC101 输出 0%～100% 分别对应 TV101A 开度 0%～100%，TV101B 开度 100～0%。换热器工艺流程见图 4-11。

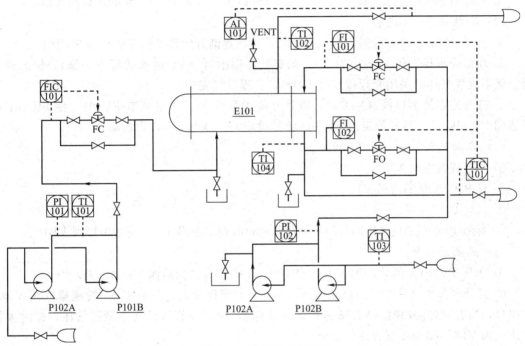

图 4-11　换热器工艺流程

2. 本单元复杂控制方案说明

TIC101 的分程控制线见图 4-12。

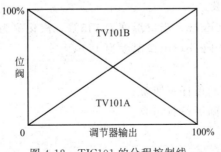

图 4-12　TIC101 的分程控制线

3. 设备

P101A/B 为冷物流进料泵；P102A/B 为热物流进料泵；E101 为列管式换热器。

二、换热器单元操作规程

1. 开车操作规程

装置的开工状态为换热器处于常温常压下，各调节阀处于手动关闭状态，各手操阀处于关闭状态，可以直接进冷物流。

（1）启动冷物流进料泵 P101A

① 开换热器壳程排气阀 VD03。

② 开 P101A 泵的前阀 VB01。

③ 启动 P101A 泵。

④ 当进料压力指示表 PI101 指示达 9.0atm 以上，打开 P101A 泵的出口阀 VB03。

（2）冷物流 E101 进料

① 打开 FIC101 的前后阀 VB04、VB05，手动逐渐开大调节阀 FV101（FIC101）。

② 观察壳程排气阀 VD03 的出口，当有液体溢出时（VD03 旁边标志变绿），标志着壳程已无不凝性气体，关闭壳程排气阀 VD03，壳程排气完毕。

③ 打开冷物流出口阀（VD04），将其开度置为 50%，手动调节 FV101，使 FIC101 流量达到 12000kg/h，且较稳定时 FIC101 流量设定为 12000kg/h，设自动。

（3）启动热物流入口泵 P102A

① 开管程放空阀 VD06。

② 开 P102A 泵的前阀 VB11。

③ 启动 P102A 泵。

④ 当热物流进料压力表 PI102 指示大于 10atm 时，全开 P102 泵的出口阀 VB10。

（4）热物流进料

① 全开 TV101A 的前后阀 VB06、VB07，TV101B 的前后阀 VB08、VB09。

② 打开调节阀 TV101A（默认即开）给 E101 管程注液，观察 E101 管程排气阀 VD06 的出口，当有液体溢出时（VD06 旁边标志变绿），标志着管程已无不凝性气体，此时关管程排气阀 VD06，E101 管程排气完毕。

③ 打开 E101 热物流出口阀（VD07），将其开度置为 50%，手动调节管程温度控制阀 TIC101，使其出口温度在（177±2）℃，且较稳定，TIC101 设定在 177℃，设自动。

2. 正常操作规程

（1）正常工况操作参数

① 冷物流流量为 12000kg/h，出口温度为 145℃，汽化率为 20%。

② 热物流流量为 10000kg/h，出口温度为 177℃。

（2）备用泵的切换

① P101A 与 P101B 之间可任意切换。

② P102A 与 P102B 之间可任意切换。

3. 停车操作规程

（1）停热物流进料泵 P102A

① 关闭 P102 泵的出口阀 VB01。

② 停 P102A 泵。

③ 待 PI102 指示小于 0.1atm 时，关闭 P102 泵入口阀 VB11。

（2）停热物流进料

① TIC101 置手动。

② 关闭 TV101A 的前、后阀 VB06、VB07。

③ 关闭 TV101B 的前、后阀 VB08、VB09。

④ 关闭 E101 热物流出口阀 VD07。

（3）停冷物流进料泵 P101A

① 关闭 P101 泵的出口阀 VB03。

② 停 P101A 泵。

③ 待 PI101 指示小于 0.1atm 时，关闭 P101 泵入口阀 VB01。

（4）停冷物流进料

① FIC101 置手动。

② 关闭 FIC101 的前、后阀 VB04、VB05。

③ 关闭 E101 冷物流出口阀 VD04。

（5）E101 管程泄液

打开管程泄液阀 VD05，观察管程泄液阀 VD05 的出口，当不再有液体泄出时，关闭泄液阀 VD05。

（6）E101 壳程泄液

打开壳程泄液阀 VD02，观察壳程泄液阀 VD02 的出口，当不再有液体泄出时，关闭泄液阀 VD02。

三、仪表及报警一览表

仪器及报警一览表见表 4-4。

表 4-4 仪器及报警一览表

位号	说明	类型	正常值	量程上限	量程下限	工程单位	高报值	低报值	高高报值	低低报值
FIC101	冷流入口流量控制	PID	12000	20000	0	kg/h	17000	3000	19000	1000
TIC101	热流入口温度控制	PID	177	300	0	℃	255	45	285	15
PI101	冷流入口压力显示	AI	9.0	27000	0	atm	10	3	15	1
TI101	冷流入口温度显示	AI	92	200	0	℃	170	30	190	10
PI102	热流入口压力显示	AI	10.0	50	0	atm	12	3	15	1
TI102	冷流出口温度显示	AI	145.0	300	0	℃	17	3	19	1
TI103	热流入口温度显示	AI	225	400	0	℃				
TI104	热流出口温度显示	AI	129	300	0	℃				
FI101	流经换热器流量	AI	10000	20000	0	kg/h				
FI102	未流经换热器流量	AI	10000	20000	0	kg/h				

四、事故设置一览

1. FIC101 阀卡

（1）主要现象

① FIC101 流量减小。

② P101 泵出口压力升高。

③ 冷物流出口温度升高。

（2）事故处理

关闭 FIC101 前后阀，打开 FIC101 的旁路阀（VD01），调节流量使其达到正常值。

2. P101A 泵坏

（1）主要现象

① P101 泵出口压力急骤下降。

② FIC101 流量急骤减小。

③ 冷物流出口温度升高，汽化率增大。

（2）事故处理

关闭 P101A 泵，开启 P101B 泵。

3. P102A 泵坏

（1）主要现象

① P102 泵出口压力急骤下降。

② 冷物流出口温度下降，汽化率降低。

（2）事故处理

关闭 P102A 泵，开启 P102B 泵。

4. TV101A 阀卡

（1）主要现象

① 热物流经换热器换热后的温度降低。

② 冷物流出口温度降低。

（2）事故处理

关闭 TV101A 前后阀，打开 TV101A 的旁路阀（VD01），调节流量使其达到正常值。关闭 TV101B 前后阀，调节旁路阀（VD09）。

5. 部分管堵

（1）主要现象

① 热物流流量减小。

② 冷物流出口温度降低，汽化率降低。

③ 热物流 P102 泵出口压力略升高。

（2）事故处理

停车拆换热器清洗。

6. 换热器结垢严重

① 主要现象：热物流出口温度高。

② 事故处理：停车拆换热器清洗。

实训四　真空系统仿真实习

一、工艺流程说明

1. 水环真空泵简介及工作原理

水环真空泵（简称水环泵）是一种粗真空泵，它能获得的极限真空为 $2000\sim4000\mathrm{Pa}$，串联大气喷射器可达 $270\sim670\mathrm{Pa}$。水环泵也可用作压缩机，称为水环式压缩机，是属于低压的压缩机，其压力范围为 $1\times10^5\sim2\times10^5\mathrm{Pa}$ 表压力。

水环泵最初用作自吸水泵，而后逐渐用于石油、化工、机械、矿山、轻工、医药及食品等许多工业部门。在工业生产的许多工艺过程中，如真空过滤、真空引水、真空送料、真空蒸发、真空浓缩、真空回潮和真空脱气等，水环泵得到广泛的应用。由于真空应用技术的飞跃发展，水环泵在粗真空获得方面一直被人们所重视。由于水环泵中气体压缩是等温的，故可抽除易燃、易爆的气体，此外还可抽除含尘、含水的气体，因此，水环泵应用日益增多。

在泵体中装有适量的水作为工作液，当叶轮顺时针方向旋转时，水被叶轮抛向四周，由于离心力的作用，水形成了一个取决于泵腔形状的近似于等厚度的封闭圆环。水环的下部分内表面恰好与叶轮轮毂相切，水环的上部内表面刚好与叶片顶端接触（实际上叶片在水环内有一定的插入深度）。此时叶轮轮毂与水环之间形成一个月牙形空间，而这一空间又被叶轮分成和叶片数目相等的若干个小腔。如果以叶轮的下部 $0°$ 为起点，那么叶轮在旋转前 $180°$ 时小腔的容积由小变大，且与端面上的吸气口相通，此时气体被吸入，当吸气终了时小腔则与吸气口隔绝；当叶轮继续旋转时，小腔由大变小，使气体被压缩；当小腔与排气口相通时，气体便被排出泵外。

水环泵是靠泵腔容积的变化来实现吸气、压缩和排气的，因此它属于变容式真空泵。

2. 蒸汽喷射泵简介及工作原理

水蒸气喷射泵是靠从拉瓦尔喷嘴中喷出的高速水蒸气流来携带气的，故有如下特点：

① 该泵无机械运动部分，不受摩擦、润滑、振动等条件限制，因此可制成抽气能力很大的泵。该泵工作可靠，使用寿命长，只要泵的结构材料选择适当，对于排除具有腐蚀性气体、含有机械杂质的气体等场合极为有利。

② 结构简单、重量轻，占地面积小。

③ 工作蒸汽压力为 $4\times10^5\sim9\times10^5\mathrm{Pa}$，在一般的冶金、化工、医药等企业中都具备这样的水蒸气源。

因水蒸气喷射泵具有上述特点，所以广泛用于冶金、化工、医药、石油以及食品等工业部门。

喷射泵是由工作喷嘴和扩压器及混合室相连而组成的。工作喷嘴和扩压器这两个部件组成了一条断面变化的特殊气流管道。气流通过喷嘴可将压力能转变为动能。工作蒸汽压强 p_0 和泵的出口压强 p_4 之间的压力差，使工作蒸汽在管道中流动。

在这个特殊的管道中，蒸汽经过喷嘴的出口到扩压器入口之间的这个区域（混合室），由于蒸汽流处于高速而出现一个负压区。此处的负压要比工作蒸汽压强 p_0 和反压强 p_4 低得多。此时，被抽气体吸进混合室，工作蒸汽和被抽气体相互混合并进行能量交换，把工作蒸汽由压力能转变来的动能传给被抽气体，混合气流在扩压器扩张段某断面产生正激波，波后的混合气流速度降为亚音速，混合气流的压力上升。亚音速的气流在扩压器的渐扩段流动时是降速增压的。混合气流在扩压器出口处，压力增加，速度下降。故喷射泵也是一台气体压缩机。

3. 工艺流程简介

工艺流程见图 4-13。

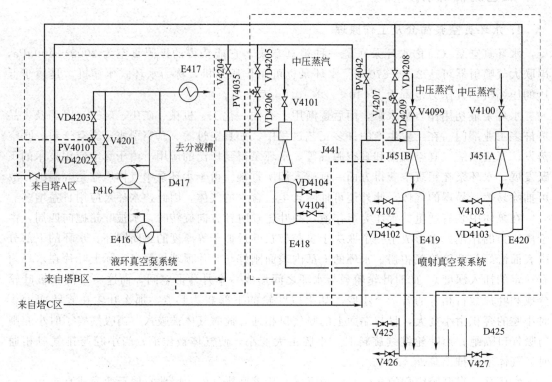

图 4-13　工艺流程

该工艺主要完成三个塔体系统真空抽取。水环真空泵 P416 系统负责 A 塔系统真空抽取，正常工作压力为 26.6kPa，并作为 J451、J441 喷射泵的二级泵。J451 是一个串联的二级喷射系统，负责 C 塔系统真空抽取，正常工作压力为 1.33kPa。J441 为单级喷射泵系统，抽取 B 塔系统真空，正常工作压力为 2.33kPa。被抽气体主要成分为可冷凝气相物质和水。由 D417 气水分离后的液相提供给 P416 灌泵，提供所需水环液相补给；气相进入换热器 E417，冷凝出的液体回流至 D417，E417 出口气相进入焚烧单元。生产过程中，主要通过调节各泵进口回流量或泵前被抽工艺气体流量来调节压力。

J441 和 J451A/B 两套喷射真空泵分别负责抽取塔 B 区和 C 区，中压蒸汽喷射形成负压，抽取工艺气体。蒸汽和工艺气体混合后，进入 E418、E419、E420 等冷凝器。在冷凝器内大量蒸汽和带水工艺气体被冷凝后，流入 D425 封液罐。未被冷凝的气体一部分作为液环真空泵 P416 的入口回流，一部分作为自身入口回流，以便压力控制调节。

D425 主要作用是为喷射真空泵系统提供封液，防止喷射泵喷射压力过大而无法抽取真空。开车前应该为 D425 灌液，当液位超过大气腿最下端时，方可启动喷射泵系统。

4. 正常工况工艺参数

正常工况工艺参数见表 4-5。

表 4-5　正常工况工艺参数

工艺参数	数值(单位)
PI4010	26.6kPa(由于控制调节速率,允许有一定波动)
PI4035	3.33kPa(由于控制调节速率,允许有一定波动)
PI4042	1.33kPa(由于控制调节速率,允许有一定波动)
TI4161	8.17℃
LI4161	68.78%(≥50%)
LI4162	80.84%
LI4163	≤50%

5. 设备一览表

（1）容器列表

容器列表见表 4-6。

表 4-6　容器列表

序号	位号	名称	备注
1	D416	压力缓冲罐	1.5m³
2	D441	压力缓冲罐	1.5m³
3	D451	压力缓冲罐	1.5m³
4	D417	气液分离罐	

（2）换热器列表

换热器列表见表 4-7。

表 4-7　换热器列表

序号	位号	名称	备注
1	E416	换热器	
2	E417	换热器	
3	E418	换热器	
4	E419	换热器	
5	E420	换热器	

（3）泵列表

泵列表见表 4-8。

表 4-8　泵列表

序号	位号	名称	备注
1	P416	液环真空泵	塔A区真空泵
2	J441	蒸汽喷射泵	塔B区真空泵
3	J451A	蒸汽喷射泵	塔C区真空泵
4	J451B	蒸汽喷射泵	塔C区真空泵

（4）阀门列表

阀门列表见表 4-9。

表 4-9　阀门列表

序号	位号	开度范围/%	正常工况开度/%
1	V416	0～100	100
2	V441	0～100	100
3	V451	0～100	100
4	V4201	0～100	0
5	V417	0～100	50
6	V418	0～100	50
7	V4109	0～100	50
8	V4107	0～100	0
9	V4105	0～100	50
10	V4204	0～100	0
11	V4207	0～100	0
12	V4101	0～100	50
13	V4099	0～100	50
14	V4100	0～100	50
15	V4104	0～100	50
16	V4102	0～100	50
17	V4103	0～100	50
18	V425	0～100	0
19	V426	0～100	0
20	V427	0～100	100
21	PV4010	0～100	40
22	PV4035	0～100	50
23	PV4042	0～100	50
24	VD4161A	0,1	1
25	VD4162A	0,1	1
26	VD4161B	0,1	0
27	VD4162B	0,1	0
28	VD4163A	0,1	1
29	VD4163B	0,1	0
30	VD4164A	0,1	0
31	VD4164B	0,1	0
32	VD417	0,1	1
33	VD418	0,1	1
34	VD4202	0,1	1
35	VD4203	0,1	1

序号	位号	开度范围/%	正常工况开度/%
36	VD4205	0,1	1
37	VD4206	0,1	1
38	VD4208	0,1	1
39	VD4209	0,1	1
40	VD4102	0,1	1
41	VD4103	0,1	1
42	VD4104	0,1	1

6. 控制说明

（1）压力回路调节

PIC4010检测压力缓冲罐D416内压力，调节P416进口前回路控制阀PV4010开度，调节P416进口流量。PIC4035和PIC4042调节压力机理同PIC4010。

（2）D417内液位控制

采用浮阀控制系统，当液位低于50％时，浮球控制的阀门VD4105自动打开。在阀门V4105打开的条件下，自动为D417加水，满足P416灌液所需水位。当液位高于68.78％时，液体溢流至工艺废水区，确保D417内始终有一定液位。

二、操作规程

1. 冷态开车

（1）液环泵和喷射泵灌水

① 开阀V4105为D417灌水。

② 待D417有一定液位后，开阀V4109。

③ 开启灌水水温冷却器E416，开阀VD417。

④ 开阀V417，开度50％。

⑤ 开阀VD4163A，为液环泵P416A灌水。

⑥ 在D425中，开阀V425为D425灌水，液位达到10％以上。

（2）开液环泵

① 开进料阀V416。

② 开泵前阀VD4161A。

③ 开泵P416A。

④ 开泵后阀VD4162A。

⑤ 开E417冷凝系统，开阀VD418。

⑥ 开阀V418，开度为50％。

⑦ 开回流四组阀，打开VD4202。

⑧ 打开VD4203。

⑨ PIC4010设自动，设置SP值为26.6kPa。

（3）开喷射泵

① 开进料阀 V441，开度为 100％。

② 开进口阀 V451，开度为 100％。

③ 在 J441/J451 现场中，开喷射泵冷凝系统，开 VD4104。

④ 开阀 V4104，开度为 50％。

⑤ 开阀 VD4102。

⑥ 开阀 V4102，开度为 50％。

⑦ 开阀 VD4103。

⑧ 开阀 V4103，开度为 50％。

⑨ 开回流四组阀：开阀 VD4208。

⑩ 开阀 VD4209。

⑪ 投 PIC4042 为自动，输入 SP 值为 1.33。

⑫ 开阀 VD4205。

⑬ 开阀 VD4206。

⑭ 投 PIC4035 为自动，输入 SP 值为 3.33。

⑮ 开启中压蒸汽，开始抽真空，开阀 V4101，开度为 50％。

⑯ 开阀 V4099，开度为 50％。

⑰ 开阀 V4100，开度为 50％。

（4）检查 D425 左右室液位

开阀 V427，防止右室液位过高。

2. 检修停车

（1）停喷射泵

① 在 D425 中开阀 V425，为封液罐灌水。

② 关闭进料口阀门，关闭阀 V441。

③ 关闭阀 V451。

④ 关闭中压蒸汽，关阀 V4101。

⑤ 关闭阀门 V4099。

⑥ 关闭阀门 V4100。

⑦ 投 PIC4035 为手动，输入 OP 值为 0。

⑧ 投 PIC4042 为手动，输入 OP 值为 0。

⑨ 关阀 VD4205。

⑩ 关阀 VD4206。

⑪ 关阀 VD4208。

⑫ 关阀 VD4209。

（2）停液环泵

① 关闭进料阀门 V416。

② 关闭 D417 进水阀 V4105。

③ 停泵 P416A。

④ 关闭灌水阀 VD4163A。

⑤ 关闭冷却系统冷媒，关阀 VD417。

⑥ 关阀 V417。

⑦ 关阀 VD418。

⑧ 关阀 V418。

⑨ 关闭回流控制阀组：投 PIC4010 为手动，输入 OP 值为 0。

⑩ 关闭阀门 VD4202。

⑪ 关闭阀门 VD4203。

（3）排液

① 开阀 V4107，排放 D417 内液体。

② 开阀 VD4164A，排放液环泵 P416A 内液体。

三、事故处理培训

（1）喷射泵大气腿未正常工作

① 现象：PI4035 及 PI4042 压力逐渐上升。

② 原因：由于误操作将 D425 左室排液阀门 V426 打开，导致左室液位太低，大气进入喷射泵，导致喷射泵出口压力变大，真空泵抽气能力下降。

③ 处理方法：关闭阀门 V426，升高 D425 左室液位，重新恢复大气腿高度。

（2）液环泵灌水阀未开

① 现象：PI4010 压力逐渐上升。

② 原因：由于误操作将 P416A 灌水阀 VD4163A 关闭，导致液环泵进液不够，不能形成液环，无法抽气。

③ 处理方法：开启阀门 VD4163，对 P416 进行灌液。

（3）液环抽气能力下降（温度对液环真空影响）

① 现象：PI4010 压力上升，达到新的压力稳定点。

② 原因：由于液环介质温度高于正常工况温度，导致液环抽气能力下降。

③ 处理方法：检查换热器 E416 出口温度是否高于正常工作温度 8.17℃。如果是，加大循环水阀门开度，调节出口温度至正常。

（4）J441 蒸汽阀漏气

① 现象：PI4035 压力逐渐上升。

② 原因：由于进口蒸汽阀 V4101 有漏气，导致 J441 抽气能力下降。

③ 处理方法：停车更换阀门。

（5）PV4010 阀卡住

① 现象：PI4010 压力逐渐下降，调节 PV4010 无效。

② 原因：由于 PV4010 卡住，开度偏小，回流调节量太低。

③ 处理方法：减小阀门 V416 开度，降低被抽气量，控制塔 A 区压力。

四、仿真界面

列管换热器 DCS 界面见图 4-14。

列管换热器现场图见图 4-15。

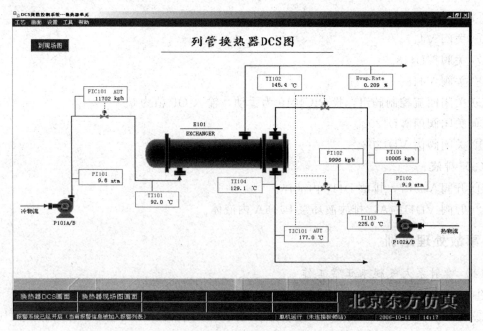

图 4-14　列管换热器 DCS 界面

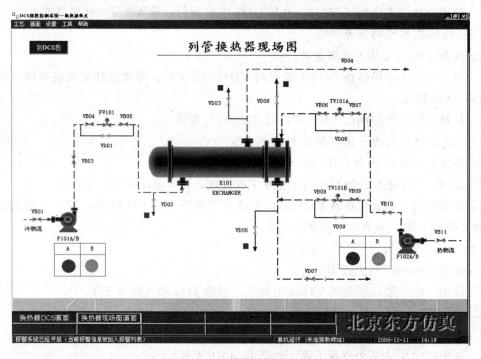

图 4-15　列管换热器现场图

<hr />

思考题

① 开车时先送冷物料，后送热物料，而停车时又要先关热物料，后关冷物料，为什么？

② 开车时不排出不凝气会有什么后果？如何操作才能排净不凝气？

③ 为什么停车后管程和壳程都要高点排气、低点泄液？

　　　　　化工原理及工艺仿真实训

④ 你认为本系统调节器 TIC101 的设置合理吗？如何改进？

⑤ 影响间壁式换热器传热量的因素有哪些？

⑥ 传热有哪几种基本方式，各自的特点是什么？

⑦ 工业生产中常见的换热器有哪些类型？

实训五　离心泵仿真实习

一、工艺流程说明

1. 离心泵工作原理

离心泵结构见图 4-16。

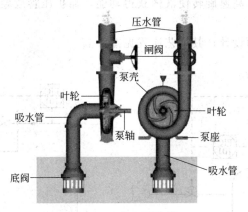

图 4-16　离心泵结构

在工业生产和国民经济的许多领域，常需对液体进行输送或加压，能完成此类任务的机械称为泵。而其中靠离心作用进行的叫离心泵。由于离心泵具有结构简单、性能稳定、检修方便、操作容易和适应性强等特点，在化工生产中应用十分广泛，据统计超过液体输送设备的 80％。所以，离心泵的操作是化工生产中的最基本的操作。

离心泵由吸入管、排出管和离心泵主体组成。离心泵主体分为转动部分和固定部分。转动部分由电机带动旋转，将能量传递给被输送的部分，主要包括叶轮和泵轴。固定部分包括泵壳、导轮、密封装置等。叶轮是离心泵中使液体接收外加能量的部件。泵轴的作用是把电机的能量传递给叶轮。泵壳是通道截面积逐渐扩大的蜗形壳体，它将液体限定在一定的空间里，并将液体大部分动能转化为静压能。导轮是一组与叶轮旋转方向相适应，且固定于泵壳上的叶片。密封装置的作用是防止液体泄漏或空气倒吸入泵内。

启动灌满了被输送液体的离心泵后，在电机的作用下，泵轴带动叶轮一起旋转，叶轮的叶片推动其间的液体转动，在离心力的作用下，液体被甩向叶轮边缘并获得动能；液体在导轮的引领下沿流通截面积逐渐扩大的泵壳流向排出管，流速逐渐降低，而静压能增大。排出管的增压液体经管路即可送往目的地。与此同时，叶轮中心因为液体被甩出而形成一定的真空，因储槽液面上方压力大于叶轮中心处，在压差的作用下，液体不断从吸入管进入泵内，以填补被排出的液体位置。因此，只要叶轮不断旋转，液体便不断地被吸入和排出。因此，离心泵之所以能输送液体，主要是依靠高速旋转的叶轮。

离心泵的操作中有两种现象应当避免：气缚和汽蚀。

在启动泵前泵内没有灌满被输送的液体，或在运转过程中泵内渗入了空气，因为气体的密度小于液体，产生的离心力小，无法把空气甩出去，导致叶轮中心所形成的真空度不足以将液体吸入泵内，尽管此时叶轮在不停旋转，却由于离心泵失去了自吸能力而无法输送液体，这种现象称为气缚。

当储槽叶面的压力一定时，如叶轮中心的压力降低到等于被输送液体当前温度下的饱和蒸气压时，叶轮进口处的液体会出现大量的气泡，这些气泡随液体进入高压区后又迅速被压碎而凝结，致使气泡所在空间形成真空，周围的液体质点以极大的速度冲向气泡中心，造成瞬间冲击压力，从而使得叶轮部分很快损坏，同时伴有泵体震动，发出噪声，泵的流量、扬程和效率明显下降，这种现象叫汽蚀。

2. 工艺流程简介

离心泵是化工生产过程中输送液体的常用设备之一，其工作原理是靠离心泵内外压差不断地吸入液体，靠叶轮的高速旋转使液体获得动能，靠扩压管或导轮将动能转化为压力，从而达到输送液体的目的。

本工艺为单独培训而设计，其工艺流程见图 4-17。

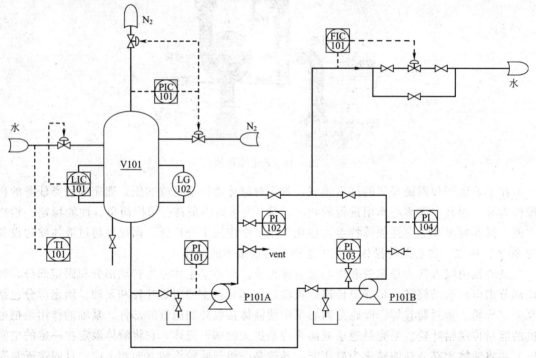

图 4-17 离心泵工艺流程

来自某一设备约 40℃ 的带压液体经调节阀 LV101 进入带压罐 V101，罐液位由液位控制器 LIC101 通过调节 V101 的进料量来控制；罐内压力由 PIC101 分程控制，PV101A、PV101B 分别调节进入 V101 和出 V101 的氮气量，从而保持罐压恒定在 5.0atm（表）。罐内液体由泵 P101A/B 抽出，泵出口液体在流量调节器 FIC101 的控制下输送到其他设备。

3. 控制方案

V101 的压力由调节器 PIC101 分程控制，调节阀 PV101 的分程动作示意图见图 4-18。

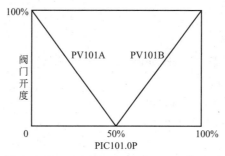

图 4-18　调节阀 PV101 的分程动作示意图

4. 设备

V101 为离心泵前罐；P101A 为离心泵 A；P101B 为离心泵 B（备用泵）。

二、离心泵单元操作规程

1. 开车操作规程

（1）准备工作

① 盘车。

② 核对吸入条件。

③ 调整填料或机械密封装置。

（2）罐 V101 充液、充压

① 向罐 V101 充液

a. 打开 LIC101 调节阀，开度约为 30%，向罐 V101 充液。

b. 当 LIC101 达到 50% 时，LIC101 设定 50%，设自动。

② 罐 V101 充压

a. 待罐 V101 液位＞5% 后，缓慢打开分程压力调节阀 PV101A 向罐 V101 充压。

b. 当压力升高到 5.0atm 时，PIC101 设定 5.0atm，设自动。

（3）启动泵前准备工作

① 灌泵　待罐 V101 充压充到正常值 5.0atm 后，打开 P101A 泵入口阀 VD01，向离心泵充液。观察 VD01 出口标志变为绿色后，说明灌泵完毕。

② 排气

a. 打开 P101A 泵后排气阀 VD03，排放泵内不凝性气体。

b. 观察 P101A 泵后排空阀 VD03 的出口，当有液体溢出时，显示标志变为绿色，标志着 P101A 泵已无不凝气体，关闭 P101A 泵后排空阀 VD03，启动离心泵的准备工作已就绪。

（4）启动离心泵

① 启动离心泵　启动 P101A（或 B）泵。

② 流体输送

a. 待 PI102 指示比入口压力大 1.5～2.0 倍后，打开 P101A 泵出口阀（VD04）。

b. 将 FIC101 调节阀的前阀、后阀打开。

c. 逐渐开大调节阀 FIC101 的开度，使 PI101、PI102 趋于正常值。

③ 调整操作参数　微调 FV101 调节阀，在测量值与给定值相对误差 5% 范围内且较稳定时，FIC101 设定到正常值，设自动。

2. 正常操作规程

（1）正常工况操作参数

① P101A 泵出口压力 PI102：12.0atm。

② 罐 V101 液位 LIC101：50.0％。

③ 罐 V101 内压力 PIC101：5.0atm。

④ 泵出口流量 FIC101：20000kg/h。

（2）负荷调整

可任意改变泵、按键的开关状态，手操阀的开度及液位调节阀、流量调节阀、分程压力调节阀的开度，观察其现象。

① P101A 泵功率正常值：15kW。

② FIC101 量程正常值：20t/h。

3. 停车操作规程

（1）停罐 V101 进料

LIC101 置手动，并手动关闭调节阀 LV101，停罐 V101 进料。

（2）停泵

① 待罐 V101 液位小于 10％时，关闭 P101A（或 B）泵的出口阀（VD04）。

② 停 P101A 泵。

③ 关闭 P101A 泵前阀 VD01。

④ FIC101 置手动并关闭调节阀 FV101 及其前、后阀（VB03、VB04）。

（3）P101A 泵泄液

打开 P101A 泵泄液阀 VD02，观察 P101A 泵泄液阀 VD02 的出口，当不再有液体泄出时，显示标志变为红色，关闭 P101A 泵泄液阀 VD02。

（4）罐 V101 泄压、泄液

① 待罐 V101 液位小于 10％时，打开罐 V101 泄液阀 VD10。

② 待罐 V101 液位小于 5％时，打开 PIC101 泄压阀。

③ 观察罐 V101 泄液阀 VD10 的出口，当不再有液体泄出时，显示标志变为红色，待罐 V101 液体排净后，关闭泄液阀 VD10。

三、仪表及报警一览表

仪表及报警一览表见表 4-10。

表 4-10　仪表及报警一览表

位号	说明	类型	正常值	量程上限	量程下限	工程单位	高报	低报	高高报	低低报
FIC101	离心泵出口流量	PID	20000.0	40000.0	0.0	kg/h				
LIC101	V101 液位控制系统	PID	50.0	100.0	0.0	％	80.0	20.0		
PIC101	V101 压力控制系统	PID	5.0	10.0	0.0	atm(g)		2.0		
PI101	P101A 泵入口压力	AI	4.0	20.0	0.0	atm(g)				
PI102	P101A 泵出口压力	AI	12.0	30.0	0.0	atm(g)	13.0			
PI103	P101B 泵入口压力	AI		20.0	0.0	atm(g)				
PI104	P101B 泵出口压力	AI		30.0	0.0	atm(g)	13.0			
TI101	进料温度	AI	50.0	100.0	0.0	℃				

四、事故设置一览

(1) P101A 泵坏操作规程

① 事故现象

a. P101A 泵出口压力急剧下降。

b. FIC101 流量急剧减小。

② 处理方法：切换到备用泵 P101B。

a. 全开 P101B 泵入口阀 VD05，向泵 P101B 灌液，全开排空阀 VD07，排 P101B 的不凝气，当显示标志为绿色后，关闭 VD07。

b. 灌泵和排气结束后，启动 P101B。

c. 待泵 P101B 出口压力升至入口压力的 1.5～2 倍后，打开 P101B 出口阀 VD08，同时缓慢关闭 P101A 出口阀 VD04，以尽量减少流量波动。

d. 待 P101B 进出口压力指示正常，按停泵顺序停止 P101A 运转，关闭泵 P101A 入口阀 VD01，并通知维修工。

(2) 调节阀 FV101 卡操作规程

① 事故现象：FIC101 的液体流量不可调节。

② 处理方法

a. 打开 FV101 的旁通阀 VD09，调节流量使其达到正常值。

b. 手动关闭调节阀 FV101 及其后阀 VB04、前阀 VB03。

c. 通知维修部门。

(3) P101A 入口管线堵操作规程

① 事故现象

a. P101A 泵入口、出口压力急剧下降。

b. FIC101 流量急剧减小，直至减到零。

② 处理方法：按泵的切换步骤切换到备用泵 P101B，并通知维修部门进行维修。

(4) P101A 泵气蚀操作规程

① 事故现象

a. P101A 泵入口、出口压力上下波动。

b. P101A 泵出口流量波动（大部分时间达不到正常值）。

② 处理方法：按泵的切换步骤切换到备用泵 P101B。

(5) P101A 泵气缚操作规程

① 事故现象

a. P101A 泵入口、出口压力急剧下降。

b. FIC101 流量急剧减小。

② 处理方法：按泵的切换步骤切换到备用泵 P101B。

五、仿真界面

离心泵 DCS 界面见图 4-19。

离心泵现场界面见图 4-20。

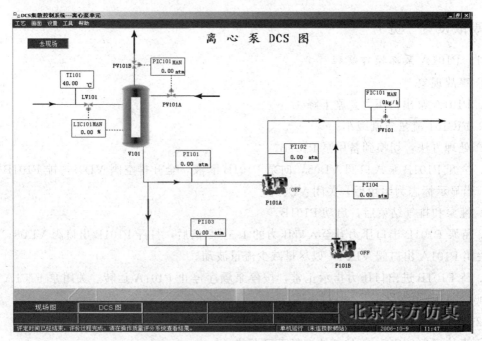

图 4-19　离心泵 DCS 界面

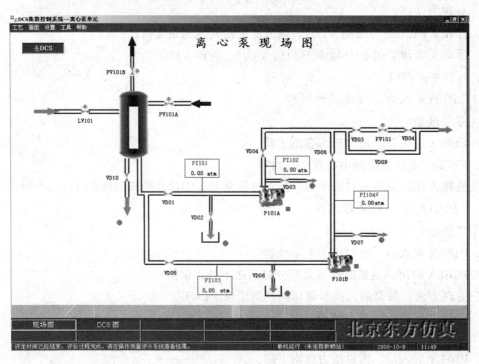

图 4-20　离心泵现场界面

思考题

① 请简述离心泵的工作原理和结构。

② 请举例说出除离心泵以外你所知道的其他类型的泵。

③ 什么叫汽蚀现象？汽蚀现象有什么破坏作用？

④ 发生汽蚀现象的原因有哪些？如何防止汽蚀现象的发生？

⑤ 为什么启动前一定要将离心泵灌满被输送液体？

⑥ 离心泵在启动和停止运行时泵的出口阀应处于什么状态？为什么？

⑦ 泵 P101A 和泵 P101B 在进行切换时，应如何调节其出口阀 VD04 和 VD08，为什么要这样做？

⑧ 一台离心泵在正常运行一段时间后，流量开始下降，可能是哪些原因导致？

⑨ 离心泵出口压力过高或过低应如何调节？

⑩ 离心泵入口压力过高或过低应如何调节？

⑪ 若两台性能相同的离心泵串联操作，其输送流量和扬程较单台离心泵相比有什么变化？若两台性能相同的离心泵并联操作，其输送流量和扬程较单台离心泵相比有什么变化？

实训六　萃取塔仿真实习

一、工作原理简述

利用化合物在两种互不相溶（或微溶）的溶剂中溶解度或分配系数的不同，使化合物从一种溶剂内转移到另外一种溶剂中。经过反复多次萃取，将绝大部分的化合物提取出来。分配定律是萃取方法理论的主要依据，物质对不同的溶剂有着不同的溶解度。在两种互不相溶的溶剂中，加入某种可溶性的物质时，它能分别溶解于两种溶剂中，实验证明，在一定温度下，该化合物与此两种溶剂不发生分解、电解、缔合和溶剂化等作用时，此化合物在两液层中之比是一个定值。不论所加物质的量是多少，都是如此。用公式表示：

$$\frac{c_A}{c_B} = K \tag{4-1}$$

式中，c_A，c_B 分别为一种化合物在两种互不相溶的溶剂中的摩尔浓度；K 为一常数，称为分配系数。

有机化合物在有机溶剂中的溶解度一般比在水中的溶解度大。用有机溶剂提取溶解于水的化合物是萃取的典型实例。在萃取时，若在水溶液中加入一定量的电解质（如氯化钠），利用"盐析效应"以降低有机物和萃取溶剂在水溶液中的溶解度，常可提高萃取效果。

要把所需要的化合物从溶液中完全萃取出来，通常萃取一次是不够的，必须重复萃取数次。利用分配定律的关系，可以算出经过萃取后化合物的剩余量。

设：V 为原溶液的体积；W_0 为萃取前化合物的总量；W_1 为萃取一次后化合物的剩余量；W_2 为萃取两次后化合物的剩余量；W_3 为萃取 n 次后化合物的剩余量；S 为萃取溶液的体积。

经一次萃取，原溶液中该化合物的浓度为 W_1/V；而萃取溶剂中该化合物的浓度为 $(W_0-W_1)/S$；两者之比等于 K，即：

$$\frac{\dfrac{W_1}{V}}{\dfrac{(W_0-W_1)}{S}} = K \tag{4-2}$$

$$W_1 = W_0 \frac{KV}{KV+S} \tag{4-3}$$

同理，经过两次萃取后，则有：

$$\frac{\dfrac{W_2}{V}}{\dfrac{(W_1-W_2)}{S}} = K \tag{4-4}$$

$$W_2 = W_1 \frac{KV}{KV+S} = W_0 \left(\frac{KV}{KV+S}\right)^2 \tag{4-5}$$

因此，经过 n 次萃取后：

$$W_n = W_0 \left(\frac{KV}{KV+S}\right)^n \tag{4-6}$$

当用一定量溶剂时，在水中的剩余量越少越好。而上式 $KV/(KV+S)$ 总是小于 1，所以 n 越大，W_n 就越小。也就是说把溶剂分成数次进行多次萃取比用全部量的溶剂进行一次萃取要好。但应该注意，上面的公式适用于几乎和水不相溶的溶剂，例如苯、四氯化碳等。而与水有少量互溶的溶剂乙醚等，上面公式只是近似的，但还是可以定性地指出预期的结果。

二、工艺流程简介

本装置是通过萃取剂（水）来萃取丙烯酸丁酯生产过程中的催化剂（对甲苯磺酸）。具体工艺如下：

将自来水（FCW）通过阀 V4001 或者通过泵 P425 及阀 V4002 送进催化剂萃取塔 C421，当液位调节器 LIC4009 为 50％时，关闭阀 V4001 或者泵 P425 及阀 V4002；开启泵 P413，含有产品和催化剂的 R412B 中的流出物在被 E415 冷却后进入催化剂萃取塔 C421 的塔底；开启泵 P412A，将来自 D411 作为溶剂的水从顶部加入。泵 P413 的流量由 FIC4020 控制在 21126.6kg/h；P412 的流量由 FIC4021 控制在 2112.7kg/h；萃取后的丙烯酸丁酯主物流从塔顶排出，进入塔 C422；塔底排出的水相中含有大部分的催化剂及未反应的丙烯酸，一路返回反应器 R411A 循环使用，一路去重组分分解器 R460 作为分解用的催化剂（图 4-21）。

萃取过程中用到的物质见表 4-11。

表 4-11　萃取过程中用到的物质

序号	组分	名称	分子式
1	H_2O	水	H_2O
2	BUOH	丁醇	$C_4H_{10}O$
3	AA	丙烯酸	$C_3H_4O_2$
4	BA	丙烯酸丁酯	$C_7H_{12}O_2$
5	D-AA	3-丙烯酰氧基丙酸	$C_6H_8O_4$
6	FUR	糠醛	$C_5H_4O_2$
7	PTSA	对甲基苯磺酸	$C_7H_8O_3S$

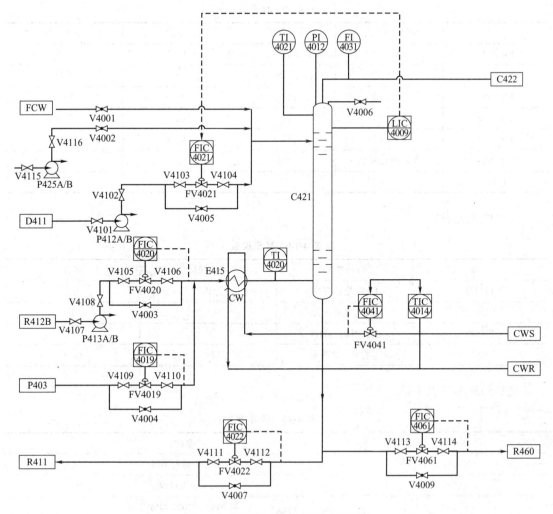

图 4-21　萃取塔单元带控制点流程图

三、主要设备

主要设备见表 4-12。

表 4-12　主要设备一览表

设备位号	设备名称
P425	进水泵
P412A/B	溶剂进料泵
P413	主物流进料泵
E415	冷却器
C421	萃取塔

四、调节阀、显示仪表及现场阀说明

调节阀见表 4-13。

表 4-13　调节阀

位号	所控调节阀	正常值	单位	正常工况
FIC4021	FV4021	2112.7	kg/h	自动
FIC4020	FV4020	21126.6	kg/h	串级
FIC4022	FV4022	1868.4	kg/h	自动
FIC4041	FV4041	20000	kg/h	串级
FIC4061	FV4061	77.1	kg/h	自动
LI4009	萃取剂相液位	50	%	自动
TIC4014	—	30	℃	自动

显示仪表见表 4-14。

表 4-14　显示仪表

位号	显示变量	正常值	单位
TI4021	C421 塔顶温度	35	℃
PI4012	C421 塔顶压力	101.3	kPa
TI4020	主物料出口温度	35	℃
FI4031	主物料出口流量	21293.8	kg/h

现场阀说明见表 4-15

表 4-15　现场阀

位号	名称
V4001	FCW 的入口阀
V4002	水的入口阀
V4003	调节阀 FV4020 的旁通阀
V4004	C421 的泄液阀
V4005	调节阀 FV4021 的旁通阀
V4007	调节阀 FV4022 的旁通阀
V4009	调节阀 FV4061 的旁通阀
V4101	泵 P412A 的前阀
V4102	泵 P412A 的后阀
V4103	调节阀 FV4021 的前阀
V4104	调节阀 FV4021 的后阀
V4105	调节阀 FV4020 的前阀
V4106	调节阀 FV4020 的后阀
V4107	泵 P413 的前阀
V4108	泵 P413 的后阀
V4111	调节阀 FV4022 的前阀
V4112	调节阀 FV4022 的后阀
V4113	调节阀 FV4061 的前阀

位号	名称
V4114	调节阀 FV4061 的后阀
V4115	泵 P425 的前阀
V4116	泵 P425 的后阀
V4117	泵 P412B 的前阀
V4118	泵 P412B 的后阀
V4119	泵 P412B 的开关阀
V4123	泵 P425 的开关阀
V4124	泵 P412A 的开关阀
V4125	泵 P413 的开关阀

五、操作规程

1. 冷态开车

进料前确认所有调节器为手动状态，调节阀和现场阀均处于关闭状态，机泵处于关停状态。

（1）灌水

① 当 D425 液位 LIC4016 达到 50％时，全开泵 P425 的前后阀 V4115 和 V4116，启动泵 P425。

② 打开手阀 V4002，使其开度为 50％，对萃取塔 C421 进行灌水。

③ 当 C421 界面液位 LIC4009 的显示值接近 50％，关闭阀门 V4002。

④ 依次关闭泵 P425 的后阀 V4116、开关阀 V4123、前阀 V4115。

（2）启动换热器

开启调节阀 FV4041，使其开度为 50％，换热器 E415 通冷物料。

（3）引反应液

① 依次开启泵 P413 的前阀 V410、开关阀 V4125、后阀 V4108，启动泵 P413。

② 全开调节器 FIC4020 的前后阀 V4105 和 V4106，开启调节阀 FV4020，使其开度为 50％，将 R412B 出口液体经热换器 E415 送至 C421。

③ 将 TIC4014 设自动，设为 30℃；并将 FIC4041 设串级。

（4）引溶剂

① 打开泵 P412 的前阀 V4101、开关阀 V4124、后阀 V4102，启动泵 P412。

② 全开调节器 FIC4021 的前后阀 V4103 和 V4104，开启调节阀 FV4021，使其开度为 50％，将 D411 出口液体送至 C421。

（5）引 C421 萃取液

① 全开调节器 FIC4022 的前后阀 V4111 和 V4112，开启调节阀 FV4022，使其开度为 50％，将 C421 塔底的部分液体返回 R411A 中。

② 全开调节器 FIC4061 的前后阀 V4113 和 V4114，开启调节阀 FV4061，使其开度为 50％，将 C421 塔底的另外部分液体送至重组分分解器 R460 中。

（6）调至平衡

① 界面液位 LIC4009 达到 50% 时，设自动；

② FIC4021 的流量达到 2112.7kg/h 时，设串级；

③ FIC4020 的流量达到 21126.6kg/h 时，设自动；

④ FIC4022 的流量达到 1868.4kg/h 时，设自动；

⑤ FIC4061 的流量达到 77.1kg/h 时，设自动。

2. 正常运行

熟悉工艺流程，维持各工艺参数稳定；密切注意各工艺参数的变化情况，发现突发事故时，应先分析事故原因，并做正确处理。

3. 正常停车

（1）停主物料进料

① 关闭调节阀 FV4020 的前后阀 V4105 和 V4106，将 FV4020 的开度调为 0；

② 关闭泵 P413 的后阀 V4108、开关阀 V4125、前阀 V4107。

（2）灌自来水

① 打开进自来水阀 V4001，使其开度为 50%；

② 当罐内物料相中的 BA 的含量小于 0.9% 时，关闭 V4001。

（3）停萃取剂

① 将控制阀 FV4021 的开度调为 0，关闭前后阀 V4103 和 V4104；

② 关闭泵 P412A 的后阀 V4102、开关阀 V4124、前阀 V4101。

（4）萃取塔 C421 泄液

① 打开阀 V4107，使其开度为 50%，同时将 FV4022 的开度调为 100%；

② 打开阀 V4109，使其开度为 50%，同时将 FV4061 的开度调为 100%；

③ 当 FIC4022 的值小于 0.5kg/h 时，关闭 V4107，将 FV4022 的开度置为 0，关闭其前后阀 V4111 和 V4112；同时关闭 V4109，将 FV4061 的开度置为 0，关闭其前后阀 V4113 和 V4114。

4. 事故处理

（1）P412A 泵坏

① 主要现象

a. P412A 泵的出口压力急剧下降。

b. FIC4021 的流量急剧减小。

② 处理方法

a. 停泵 P412A。

b. 换用泵 P412B。

（2）调节阀 FV4020 阀卡

① 主要现象：FIC4020 的流量不可调节。

② 处理方法

a. 打开旁通阀 V4003。

b. 关闭 FV4020 的前后阀 V4105、V4106。

实训七　双塔精馏仿真实习

一、工艺流程简述

1. 工艺过程说明

精馏是化工、石油化工、炼油生产过程中应用极为广泛的传质传热过程。精馏的目的是利用混合液中各组分具有不同挥发度，将各组分分离并达到规定的纯度要求。精馏过程的实质是利用混合物中各组分具有不同的挥发度，即同一温度下各组分的蒸气分压不同，使液相中轻组分转移到气相，气相中的重组分转移到液相，实现组分的分离。精馏原理是多次而且同时运用部分汽化和部分冷凝的方法，使混合液得到较完全分离，以分别获得接近纯组分的操作，理论上多次部分汽化在液相中可获得高纯度的难挥发组分，多次部分冷凝在气相中可获得高纯度的易挥发组分，但因产生大量中间组分而使产品量极少，且设备庞大。工业生产中的精馏过程是在精馏塔中将部分汽化过程和部分冷凝过程有机结合而实现操作的。

精馏塔是提供混合物气、液两相接触条件，实现传质过程的设备。该设备可分为两类，一类是板式精馏塔（板式塔），另一类是填料精馏塔（填料塔）。板式塔为一圆形筒体，塔内设多层塔板，塔板上设有气、液两相通道。塔板具有多种不同型式，分别称为不同的板式塔，在生产中得到广泛的应用。混合物的气、液两相在塔内逆向流动，气相从下至上流动，液相依靠重力自上向下流动，在塔板上接触进行传质。两相在塔内各板逐级接触中，使两相的组成发生阶跃式的变化，故称板式塔为逐级接触设备。填料塔内装有大比表面积和高空隙率的填料，不同填料具有不同的比表面积和空隙率，为此，在传质过程中具有不同的性能。填料具有各种不同类型，装填方式分散装和整装两种。视分离混合物的特性及操作条件，选择不同的填料。当回流液或料液进入时，将填料表面润湿，液体在填料表面展为液膜，流下时又汇成液滴，当流到另一填料时，又重展成新的液膜。当气相从塔底进入时，在填料孔隙内沿塔高上升，与展在填料上的液膜连续接触，进行传质，使气、液两相发生连续的变化，故称填料塔为微分接触设备。

双塔精馏指的是两塔串联起来进行精馏的过程。核心设备为轻组分脱除塔和产品精制塔。

轻组分脱除塔将原料中的轻组分从塔顶蒸出，蒸出的轻组分作为产品或回收利用，塔釜产品直接送入产品精制塔进一步精制。产品精制塔塔顶得到最终产品，塔釜的重组分物质经过处理排放或回收利用。双塔精馏仿真软件可以帮助理解精馏塔操作原理及轻重组分的概念。

本流程是以丙烯酸甲酯生产流程中的醇拔头塔和酯提纯塔为依据进行仿真。醇拔头塔对应仿真单元里的轻组分脱除塔 T150，酯提纯塔对应仿真单元里的产品精制塔 T160。醇拔头塔为精馏塔，利用精馏的原理，将主物流中少部分的甲醇从塔顶蒸出，含有甲酯和少部分重组分的物流从塔底排出至 T160，并进一步分离。酯提纯塔 T160 塔顶分离出产品甲酯，塔釜分离出的重组分产品返回至废液罐进行再处理或回收利用。

原料液由轻组分脱除塔中部进料，进料量不可控制。灵敏板温度由调节器 TIC140 通过调节再沸器加热蒸汽的流量，来控制提馏段灵敏板温度，从而控制醇的分离质量。轻组分脱除塔塔釜液（主要为甲酯及重组分）作为产品精制塔的原料直接进入产品精制塔。塔釜的液位和塔釜产品采出量由 LIC119 和 FIC141 组成的串级控制器控制。再沸器采用低压蒸汽加热。塔顶的上升蒸气（主要是甲醇）经塔顶冷凝器（E152）全部冷凝成液体，该冷凝液靠位差流入回流罐（V151）。V151 为油水分离罐，油相一部分作为塔顶回流液，一部分作为塔顶产品送下一工序，水相直接回收到醇回收塔。操作压力为 61.38kPa（表压），控制器 PIC128 通过调节回流罐的气相排放量，来控制塔内压力稳定。冷凝器以冷却水为载热体。回流罐水相液位由液位控制器 LIC128 调节塔顶产品采出量来维持恒定。回流罐油相液位由液位控制器 LIC121 调节塔顶产品采出量来维持恒定。还有一部分液体由回流泵（P151A、B）送回塔顶作为回流液，回流量由流量控制器 FIC142 控制。

由轻组分脱除塔塔釜来的原料进入产品精制塔中部，进料量由 FIC141 控制。灵敏板温度由调节器 TIC148 通过调节再沸器加热蒸汽的流量来控制，从而控制醇的分离质量。产品精制塔塔釜液（主要为重组分）直接采出回收利用。塔釜的液位和塔釜产品采出量由 LIC1259 和 FIC151 组成的串级控制器控制。再沸器采用低压蒸汽加热。塔顶的上升蒸气（主要是甲酯）经塔顶冷凝器（E162）全部冷凝成液体，该冷凝液靠位差流入回流罐（V161）。塔顶产品，一部分作为回流液返回产品精制塔，回流量由流量控制器 FIC142 控制，一部分作为最终产品采出。操作压力为 21.29kPa（表压），控制器 PIC133 通过调节回流罐的气相排放量，来控制塔内压力稳定。冷凝器以冷却水为载热体。回流罐液位由液位控制器 LIC126 调节塔顶产品采出量来维持恒定。

2. 本单元复杂控制回路说明

双塔精馏单元复杂控制回路主要是串级回路的使用，在轻组分脱除塔、产品精制塔和塔顶回流罐中都使用了液位与流量串级回路。塔釜再沸器中使用了温度与流量的串级回路。

串级回路是在简单调节系统基础上发展起来的。在结构上，串级回路调节系统有两个闭合回路。主、副调节器串联，主调节器的输出为副调节器的给定值，系统通过副调节器的输出操纵调节阀动作，实现对主参数的定值调节。所以在串级回路调节系统中，主回路是定值调节系统，副回路是随动系统。

具体实例：T150 的塔釜液位控制 LIC119 和塔釜出料 FIC141 构成一串级回路。FIC141.SP 随 LIC119.OP 的改变而变化。

3. 设备

T150 是轻组分脱除塔；E151 是轻组分脱除塔塔釜再沸器；E152 是轻组分脱除塔塔顶冷凝器；V151 是轻组分脱除塔塔顶冷凝罐；P151A/B 是轻组分脱除塔塔顶回流泵；P150A/B 是轻组分脱除塔塔釜外输泵；T160 是产品精制塔；E161 是产品精制塔塔釜再沸器；E162 是产品精制塔塔顶冷凝器；V161 是产品精制塔塔顶冷凝罐；P161A/B 是产品精制塔塔顶回流泵；P160A/B 是产品精制塔塔釜外输泵。

二、装置的操作规程

1. 冷态开车操作规程

本装置的开车状态为所有设备均经过吹扫试压，压力为常压，温度为环境温度，所有可操作的阀均处于关闭状态。

（1）抽真空

① 打开压力控制阀 PV128 前阀 VD617，给 T150 系统抽真空。

② 打开压力控制阀 PV128 后阀 VD618，给 T150 系统抽真空。

③ 打开压力控制阀 PV128，给 T150 系统抽真空，直到压力接近 60kPa。

④ 打开压力控制阀 PV133 前阀 VD722，给 T160 系统抽真空。

⑤ 打开压力控制阀 PV133 后阀 VD723，给 T160 系统抽真空。

⑥ 打开压力控制阀 PV133，给 T160 系统抽真空，直到压力接近 20kPa。

⑦ V151 罐压力稳定在 61.33kPa 后，将 PIC128 设置为自动。

⑧ V161 罐压力稳定在 20.7kPa 后，将 PIC133 设置为自动。

⑨ 调节控制阀 PV128 的开度，控制 V151 罐压力为 61.33kPa。

⑩ 调节控制阀 PV133 的开度，控制 V161 罐压力为 20.7kPa。

（2）T160、V161 脱水

① 打开阀 VD711，引轻组分产品洗涤回流罐 V161。

② 待 V161 液位达到 10％后，打开 P161A 泵入口阀 VD724。

③ 启动 P161A。

④ 打开 P161A 泵出口阀 VD725。

⑤ 打开控制阀 FV150 及其前后阀 VD718、VD719，引轻组分洗涤 T160。

⑥ 待 T160 底部液位达到 5％后，关闭轻组分进料阀 VD711。

⑦ 待 V161 中洗液全部引入 T160 后，关闭 P161A 泵出口阀 VD725。

⑧ 关闭 P161A。

⑨ 关闭 P161A 泵入口阀 VD724。

⑩ 关闭控制阀 FV150。

⑪ 打开 VD706，将废洗液排出。

⑫ 洗涤液排放完毕后，关闭 VD706。

（3）启动 T150

① 打开 E152 冷却水阀 V601，E152 投用。

② 打开 VD405，进料。

③ 当 T150 底部液位达到 25％后，打开 P150A 泵入口阀。

④ 启动 P150A。

⑤ 打开 P150A 泵出口阀。

⑥ 打开控制阀 FV141 及其前后阀 VD605、VD606。

⑦ 打开阀门 VD615，将 T150 底部物料排放至不合格罐，控制好塔液面。

⑧ 打开控制阀 FV140 及其前后阀 VD622、VD621，给 E151 引蒸汽。

⑨ 待 V151 液位达到 25％后，打开 P151A 泵入口阀。

⑩ 启动 P151A。

⑪ 打开 P151A 泵出口阀。

⑫ 打开控制阀 FV142 及其前后阀 VD602、VD603，给 T150 打回流。

⑬ 打开控制阀 FV144 及其前后阀 VD609、VD610。

⑭ 打开阀 VD614，将部分物料排至不合格罐。

⑮ 待 V151 水包液位达到 25％后，打开 FV145 及其前后阀 VD611、VD612，排放。

⑯ 待 T150 操作稳定后，打开阀 VD613。

⑰ 同时关闭 VD614，将 V151 物料从产品排放改至轻组分萃取塔釜。

⑱ 关闭阀 VD615。

⑲ 同时打开阀 VD616，将 T150 底部物料由去不合格罐改去 T160 进料。

⑳ 控制 TG151 温度为 40℃。

㉑ 控制塔底温度 TI139 为 71℃。

（4）启动 T160

① 打开阀 V701，E162 冷却器投用。

② 待 T160 液位达到 25％后，打开 P160A 泵入口阀。

③ 启动 P160A。

④ 打开 P160A 泵出口阀。

⑤ 打开控制阀 FV151 及其前后阀 VD716、VD717。

⑥ 同时打开 VD707，将 T160 塔底物料送至不合格罐。

⑦ 打开控制阀 FV149 及其前后阀 VD702、VD703，向 E161 引蒸汽。

⑧ 待 V161 液位达到 25％后，打开回流泵 P161A 入口阀。

⑨ 启动回流泵 P161A。

⑩ 打开回流泵 P161A 出口阀。

⑪ 打开塔顶回流控制阀 FV150，开始回流。

⑫ 打开控制阀 FV153 及其前后阀 VD720、VD721。

⑬ 打开阀 VD714，将 V161 物料送至不合格罐。

⑭ T160 操作稳定后，关闭阀 VD707。

⑮ 同时打开阀 VD708，将 T160 底部物料由去不合格罐改去分馏塔。

⑯ 关闭阀 VD714。

⑰ 同时打开阀 VD713，将合格产品由去不合格罐改去日罐。

⑱ 控制 TG161 温度为 36℃。

⑲ 控制塔底温度 TI147 为 56℃。

（5）调节至正常

① 待 T150 塔操作稳定后，将 FIC142 设置为自动。

② 设定 FIC142 为 2027kg/h。

③ 待 T160 塔操作稳定后，将 FIC150 设置为自动。

④ 设定 FIC150 为 3287kg/h。

⑤ 待 T150 塔灵敏板温度接近 70℃，且操作稳定后，将 TIC140 设置为自动。

⑥ 设定 TIC140 为 70℃。

⑦ FIC140 设串级。

⑧ 将 LIC121 设置为自动。

⑨ 设定 LIC121 为 50％。

⑩ FIC144 设串级。

⑪ 将 LIC123 设置为自动。

⑫ 设定 LIC123 为 50％。

⑬ FIC145 设串级。

⑭ 将 LIC119 设置为自动。

⑮ 设定 LIC119 为 50％。

⑯ FIC141 设串级。

⑰ 将 LIC126 设置为自动。

⑱ 设定 LIC126 为 50％。

⑲ FIC153 设串级。

⑳ 待 T160 塔灵敏板温度接近 45℃，且操作稳定后，将 TIC148 设置为自动。

㉑ 设定 TIC148 为 45℃。

㉒ FIC149 设串级。

㉓ 将 LIC125 设置为自动。

㉔ 设定 LIC125 为 50％。

㉕ FIC151 设串级。

（6）质量评定

① 控制 TIC140 温度为 70℃。

② 控制 LIC119 液位在 50％。

③ 控制 FIC141 流量稳定在 2194.77kg/h。

④ 控制 FIC142 流量稳定在 2026.01kg/h。

⑤ 控制 LIC123 液位在 50％。

⑥ 控制 FIC145 流量稳定在 44.29kg/h。

⑦ 控制 LIC121 液位在 50％。

⑧ 控制 FIC144 流量稳定在 1241.50kg/h。

⑨ 控制 TIC148 温度为 45℃。

⑩ 控制 LIC125 液位在 50％。

⑪ 控制 FIC151 流量稳定在 64.04kg/h。

⑫ 控制 FIC150 流量稳定在 3286.67kg/h。

⑬ 控制 LIC126 液位在 50％。

⑭ 控制 FIC153 流量稳定在 2191.08kg/h。

2. 正常操作规程

（1）正常工况下工艺参数

① 塔顶采出量 FIC145 设为串级，设定值为 44kg/h，LIC123 设自动，设定值为 50％。

② 塔釜采出量 FIC141 设为串级，设定值为 2194kg/h，LIC119 设自动，设定值为 50％。

③ 塔顶采出量 FIC144 设为串级，设定值为 1241kg/h。

④ 塔顶回流量 FIC142 设为自动，设定值为 2027kg/h。

⑤ 塔顶回流罐压力 PIC128 设为自动，设定值为 61.66kPa。

⑥ 灵敏板温度 TIC140 设为自动，设定值为 70.32℃。FIC140 设为串级，设定值 896kg/h。

⑦ 塔顶采出量 FIC153 设为串级，设定值为 2192kg/h，LIC126 设自动，设定值为 50％。

⑧ 塔釜采出量 FIC151 设为串级，设定值为 64kg/h，LIC125 设自动，设定值为 50％。

⑨ 塔顶回流量 FIC150 设为自动，设定值为 3287kg/h。

⑩ 塔顶回流罐压力 PIC133 设为自动，设定值为 20.69kPa。

⑪ 灵敏板温度 TIC148 设为自动，设定值为 45℃。FIC149 设为串级，设定值 952kg/h。

（2）工艺生产指标的调整方法

① 质量调节：本系统的质量调节采用以提馏段灵敏板温度作为主参数，以再沸器和加热蒸汽流量的调节系统，以实现对塔的分离质量控制。

② 压力控制：在正常的压力情况下，由塔顶回流罐气体排放量来调节压力，当压力高于操作压力时，调节阀开度增大，以实现压力稳定。

③ 液位调节：塔釜液位由调节塔釜的产品采出量来维持恒定，设有高低液位报警。回流罐液位由调节塔顶产品采出量来维持恒定，设有高低液位报警。

④ 流量调节：进料量和回流量都采用单回路的流量控制；再沸器加热介质流量，由灵敏板温度调节。

3. 正常停车操作规程

（1）T150 降负荷

① 手动逐步关小调节阀 V405，使进料降至正常进料量的 70%。

② 保持灵敏板温度 TIC140 的稳定性。

③ 保持塔压 PIC128 的稳定性。

④ 关闭 VD613，停止塔顶产品采出。

⑤ 打开 VD614，将塔顶产品排至不合格罐。

⑥ 断开 LIC121 和 FIC144 的串级，手动开大 FV144，使液位 LIC121 降至 20%。

⑦ 液位 LIC121 降至 20%。

⑧ 断开 LIC123 和 FIC145 的串级，手动开大 FV145，使液位 LIC123 降至 20%。

⑨ 液位 LIC123 降至 20%。

⑩ 断开 LIC119 和 FIC119 的串级，手动开大 FV141，使液位 LIC119 降至 30%。

⑪ 液位 LIC119 降至 30%。

（2）T160 降负荷

① 关闭 VD616，停止塔釜产品采出。

② 打开 VD615，将塔顶产品排至不合格罐。

③ 关闭 VD708，停止塔釜产品采出。

④ 打开 VD707，将塔顶产品排至不合格罐。

⑤ 关闭 VD713，停止塔顶产品采出。

⑥ 打开 VD714，将塔顶产品排至不合格罐。

⑦ 断开 LIC126 和 FIC153 的串级，手动开大 FV153，使液位 LIC126 降至 20%

⑧ 液位 LIC126 降至 20%。

⑨ 断开 LIC125 和 FIC151 的串级，手动开大 FV151，使液位 LIC125 降至 30%。

⑩ 液位 LIC125 降至 30%。

（3）停进料和再沸器

① 关闭调节阀 V405，停进料。

② 断开 FIC140 和 TIC140 的串级，关闭调节阀 FV140，停加热蒸汽。

③ 关闭 FV140 前截止阀 VD622。

④ 关闭 FV140 后截止阀 VD621。

⑤ 断开 FIC149 和 TIC148 的串级，关闭调节阀 FV149，停加热蒸汽。

⑥ 关闭 FV149 前截止阀 VD702。

⑦ 关闭 FV149 后截止阀 VD703

（4）T150 塔停回流

① 手动开大 FV142，将回流罐内液体全部打入精馏塔，以降低塔内温度。

② 当回流罐液位降至 0%，停回流，关闭调节阀 FV142。

③ 关闭 FV104 前截止阀 VD603。

④ 关闭 FV104 后截止阀 VD602。

⑤ 关闭泵 P151A 出口阀 VD624。

⑥ 停泵 P151A。

⑦ 关闭泵 P151A 入口阀 VD623

（5）T160 塔停回流

① 手动开大 FV150，将回流罐内液体全部打入精馏塔，以降低塔内温度。

② 当回流罐液位降至 0%，停回流，关闭调节阀 FV150。

③ 关闭 FV150 前截止阀 VD719。

④ 关闭 FV150 后截止阀 VD718。

⑤ 关闭泵 P161A 出口阀 VD725。

⑥ 停泵 P161A。

⑦ 关闭泵 P161A 入口阀 VD724

（6）降温

① 将 V151 水包水排净后将 FV145 关闭。

② 关闭 FV145 前阀 VD611。

③ 关闭 FV145 后阀 VD612。

④ 关闭泵 P150A 出口阀 VD628。

⑤ T150 底部物料排空后，停 P150A。

⑥ 关闭泵 P150A 入口阀 VD627。

⑦ 关闭泵 P160A 出口阀 VD729

⑧ 关闭泵 P160A 入口阀 VD728。

（7）系统打破真空

① 关闭控制阀 PV128 及其前后阀。

② 关闭控制阀 PV133 及其前后阀。

③ 打开阀 VD601，向 V151 充入低压氮气。

④ 打开阀 VD704，向 V161 充入低压氮气。

⑤ 直至 T150 系统达到常压状态，关闭阀 VD601，停低压氮气。

⑥ 直至 T160 系统达到常压状态，关闭阀 VD704，停低压氮气。

三、仪表一览表

仪表一览表见表 4-16。

表 4-16　仪表一览表

位号	说明	类型	正常值	工程单位
FIC140	低压蒸汽流量	PID	896.0	kg/h

位号	说明	类型	正常值	工程单位
FIC141	轻组分脱除塔塔釜流量	PID	2195.0	kg/h
FIC142	轻组分脱除塔塔顶回流量	PID	2027.0	kg/h
FIC144	脱除塔塔顶油相产品量	PID	1241.0	kg/h
FIC145	脱除塔塔顶水相产品量	PID	44.0	kg/h
TIC140	脱除塔灵敏版温度	PID	70.0	℃
PIC128	脱除塔顶回流罐压力	PID	62	kPa
FIC149	低压蒸汽流量	PID	952	kg/h
FIC150	精制塔塔顶回流量	PID	3287	kg/h
FIC151	精制塔塔釜产品量	PID	64	kg/h
FIC153	精制塔塔顶产品量	PID	2191	kg/h
TIC148	精制塔灵敏板温度	PID	45.0	℃
PIC133	精制塔顶回流罐压力	PID	20.7	kPa
FI128	进料流量	AI	4944	kg/h
TI141	脱除塔进料段温度	AI	65	℃
TI143	脱除塔塔釜蒸汽温度	AI	74	℃
TI139	脱除塔塔釜温度	AI	71	℃
TI142	脱除塔塔顶段温度	AI	61	℃
PI125	脱除塔塔顶压力	AI	63	kPa
PI126	脱除塔塔釜压力	AI	73	kPa
TI152	精制塔塔釜蒸汽温度	AI	64	℃
TI147	精制塔塔釜温度	AI	56	℃
TI151	精制塔塔顶温度	AI	38	℃
TI150	精制塔进料段温度	AI	40	℃
PI130	精制塔塔顶压力	AI	21	kPa
PI131	精制塔塔釜压力	AI	27	kPa

四、事故设置一览

1. 停电

① 现象：泵停运。

② 原因：停电。

③ 排除方法：紧急停车。

2. 停冷却水

① 现象：塔顶温度上升，塔顶压力升高。

② 原因：停冷却水。

③ 排除方法：停车。

3. 停加热蒸汽

① 现象：塔釜温度持续下降。

② 原因：停加热蒸汽。

③ 排除方法：停车。

4. 回流泵故障

① 现象：塔顶回流量减少，塔温度上升。

② 原因：回流泵停运。

③ 排除方法：启动备用泵。

5. 塔釜出料调节阀卡

① 现象：塔釜液位上升。

② 原因：出料调节阀卡。

③ 排除方法：打开旁路阀。

6. 原料液进料调节阀卡

① 现象：进料流量减少，塔温度升高。

② 原因：进料调节阀卡。

③ 排除方法：打开旁路阀。

7. 加热蒸汽压力过高

① 现象：加热蒸汽流量增加，塔温度上升。

② 原因：加热蒸汽压力过高。

③ 排除方法：将控制阀设为手动，调小开度。

8. 回流控制阀卡

① 现象：回流量减少，塔温度升高。

② 原因：回流控制阀卡。

③ 排除方法：打开旁路阀。

9. 加热蒸汽压力过低

① 现象：加热蒸汽流量减少，塔温度下降。

② 原因：加热蒸汽压力过低。

③ 排除方法：将控制阀设为手动，增大开度。

10. 仪表风停

① 现象：控制回路中的控制阀门或全开或全关。

② 原因：回流控制阀卡。

③ 排除方法：关闭控制阀，打开旁路阀到合适的开度。

11. 进料压力突然增大

① 现象：进料流量增加。

② 原因：进料压力增大。

③ 排除方法：调节阀开度调小。

12. 回流罐液位超高

① 现象：回流罐液位很高。

② 原因：没有及时排出塔顶冷凝液。

③ 排除方法：打开备用泵，调节回流管线和塔顶物流采出管线上控制阀的开度。

五、仿真界面

轻组分脱除塔 DCS 界面见图 4-22。

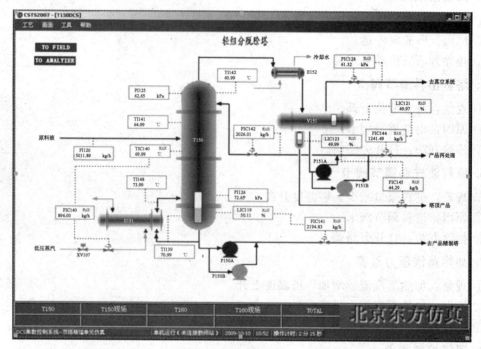

图 4-22　轻组分脱除塔 DCS 界面

轻组分脱除塔现场界面见图 4-23。

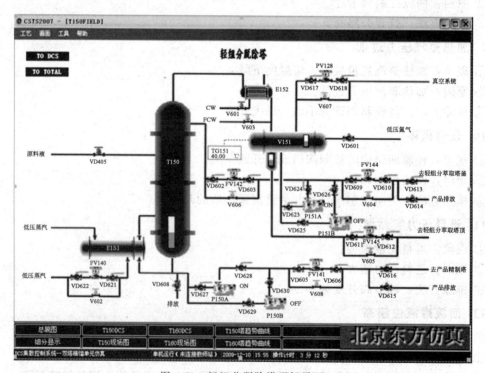

图 4-23　轻组分脱除塔现场界面

产品精制塔 DCS 界面见图 4-24。

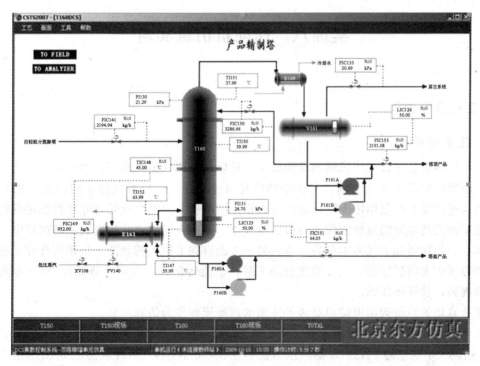

图 4-24 产品精制塔 DCS 界面

产品精制塔现场界面见图 4-25。

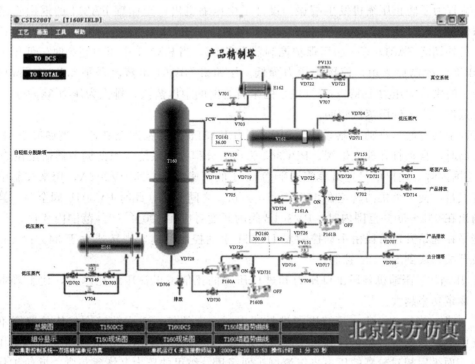

图 4-25 产品精制塔现场界面

实训八 压缩机仿真实习

一、工艺流程说明

1. 工艺说明

透平压缩机是进行气体压缩的常用设备。它以汽轮机（蒸汽透平）为动力，蒸汽在汽轮机内膨胀做功驱动压缩机主轴，主轴带动叶轮高速旋转。被压缩气体从轴向进入压缩机叶轮，在高速转动的叶轮作用下随叶轮高速旋转并沿半径方向甩出叶轮，叶轮在汽轮机的带动下高速旋转把所得到的机械能传递给被压缩气体。因此，气体在叶轮内的流动过程中，一方面受离心力作用增加了气体本身的压力，另一方面得到了很大的动能。气体离开叶轮进入流通面积逐渐扩大的扩压器，气体流速急剧下降，动能转化为压力能（势能），使气体的压力进一步提高，使气体压缩。

本仿真培训系统选用甲烷单级透平压缩的典型流程作为仿真对象。

在生产过程中产生的压力为 $1.2 \sim 1.6 kg/cm^2$（绝）、温度为 30℃ 左右的低压甲烷经 VD01 阀进入甲烷储罐 FA311，罐内压力控制在 $300 mmH_2O$。甲烷从储罐 FA311 出来，进入压缩机 GB301，经过压缩机压缩，出口排出压力为 $4.03 kg/cm^2$（绝）、温度为 160℃ 的中压甲烷，然后经过手动控制阀 VD06 进入燃料系统。

该流程为了防止压缩机发生喘振，设计了由压缩机出口至储罐 FA311 的返回管路，即由压缩机出口经过换热器 EA305 和 PV304B 阀到储罐的管线。返回的甲烷经冷却器 EA305 冷却。另外储罐 FA311 有一超压保护控制器 PIC303，当 FA311 中压力超高时，低压甲烷可以经 PIC303 控制放火炬，使罐中压力降低。压缩机 GB301 由蒸汽透平 GT301 同轴驱动，蒸汽透平的供汽为压力 $15 kg/cm^2$（绝）的来自管网的中压蒸汽，排汽为压力 $3 kg/cm^2$（绝）的降压蒸汽，进入低压蒸汽管网。

流程中共有两套自动控制系统：PIC303 为 FA311 超压保护控制器，当储罐 FA311 中压力过高时，自动打开放火炬阀。PRC304 为压力分程控制系统，当此调节器输出在 50% ～ 100% 范围内时，输出信号送给蒸汽透平 GT301 的调速系统，即 PV304A，用来控制中压蒸汽的进汽量，使压缩机的转速在 3350 ～ 4704r/min 之间变化，此时 PV304B 阀全关。当此调节器输出在 0% ～ 50% 范围内时，PV304B 阀的开度对应在 100% ～ 0% 范围内变化。

透平在起始升速阶段由手动控制器 HC311 手动控制升速，当转速大于 3450r/min 时可由切换开关切换到 PIC304 控制。

① 压缩比：压缩机各段出口压力和进口压力的比值。正常压缩比越大，代表着本级压缩机的额定功率越大。

② 喘振：当转速一定，压缩机的进料减少到一定的值，造成叶道中气体的速度不均匀和出现倒流，当这种现象扩展到整个叶道，叶道中的气流通不出去，造成压缩机级中压力突然下降，而级后相对较高的压力将气流倒压回级里，级里的压力又恢复正常，叶轮工作也恢复正常，重新将倒流回的气流压出去。此后，级里压力又突然下降，气流又倒回，这种现象重复出现，压缩机工作不稳定，这种现象称为喘振现象。

2. 本单元复杂控制回路说明

分程控制：就是由一个调节器的输出信号控制两个或更多的调节阀，每个调节阀在调节器的输出信号的某段范围中工作。

压缩机切换开关的作用：当压缩机切换开关指向 HC3011 时，压缩机转速由 HC3011 控制；当压缩机切换开关指向 PRC304 时，压缩机转速由 PRC304 控制。PRC304 为一分程控制阀，分别控制压缩机转速（主气门开度）和压缩机反喘振线上的流量控制阀。当 PRC304 逐渐开大时，压缩机转速逐渐上升（主气门开度逐渐加大），压缩机反喘振线上的流量控制阀逐渐关小，最终关成 0。

3. 设备

FA311 是低压甲烷储罐；GT301 是蒸汽透平；GB301 是单级压缩机；EA305 是压缩机冷却器。

二、压缩机单元操作规程

1. 开车操作规程

（1）开车前准备工作

① 启动公用工程：按公用工程按钮，公用工程投用。

② 油路开车：按油路按钮。

③ 盘车

a. 按盘车按钮开始盘车。

b. 待转速升到 200r/min 时，停盘车（盘车前先打开 PV304B 阀）。

④ 暖机：按暖机按钮。

⑤ EA305 冷却水投用：

打开换热器冷却水阀门 VD05，开度为 50%。

（2）罐 FA311 充低压甲烷

① 打开 PIC303 调节阀放火炬，开度为 50%。

② 打开 FA311 入口阀 VD11，开度为 50%，微开 VD01。

③ 打开 PV304B 阀，缓慢向系统充压，调整 FA311 顶部安全阀 VD03 和 VD01，使系统压力维持 $300\sim500\text{mmH}_2\text{O}$。

④ 调节 PIC303 阀门开度，使压力维持在 0.1atm。

（3）透平单级压缩机开车

① 手动升速

a. 缓慢打开透平低压蒸汽出口截止阀 VD10，开度递增级差保持在 10% 以内。

b. 将调速器切换开关切到 HC3011 方向。

c. 手动缓慢打开打开 HC3011，压缩机开始升速，开度递增级差保持在 10% 以内，使透平压缩机转速在 $250\sim300\text{r/min}$。

② 跳闸实验（视具体情况决定此操作的进行）

a. 继续升速至 1000r/min。

b. 按动紧急停车按钮进行跳闸实验，实验后压缩机转速 XN311 迅速下降为零。

c. 手动关闭 HC3011，开度为 0.0%，关闭蒸汽出口阀 VD10，开度为 0.0%。

d. 按压缩机复位按钮。

③ 重新手动升速

a. 重复步骤（3）①，缓慢升速至 1000r/min。

b. HC3011 开度递增级差保持在 10% 以内，升转速至 3350r/min。

c. 进行机械检查。

④ 启动调速系统

a. 将调速器切换开关切到 PIC304 方向。

b. 缓慢打开 PV304A 阀（即 PIC304 阀门开度大于 50.0%），若阀开得太快会发生喘振。同时可适当打开出口安全阀旁路阀（VD13）调节出口压力，使 PI301 压力维持在 3.03atm，防止喘振发生。

⑤ 调节操作参数至正常值

a. 当 PI301 压力指示值为 3.03atm 时，一边关出口放火炬旁路阀，一边打开 VD06 去燃料系统阀，同时相应关闭 PIC303 放火炬阀。

b. 控制入口压力 PIC304 在 300mmH_2O，慢慢升速。

c. 当转速达全速（4480r/min 左右），将 PIC304 切为自动。

d. PIC303 设定为 0.1kg/cm^2（表），设自动。

e. 顶部安全阀 VD03 缓慢关闭。

2. 正常操作规程

（1）正常工况下工艺参数

① 储罐 FA311 压力 PIC304：295mmH_2O。

② 压缩机出口压力 PI301：3.03atm；燃料系统入口压力 PI302：2.03atm。

③ 低压甲烷流量 FI301：3232.0kg/h。

④ 中压甲烷进入燃料系统流量 FI302：3200.0kg/h。

⑤ 压缩机出口中压甲烷温度 TI302：160.0℃。

（2）压缩机防喘振操作

① 启动调速系统后，必须缓慢开启 PV304A 阀，此过程中可适当打开出口安全阀旁路阀调节出口压力，以防喘振发生。

② 当有甲烷进入燃料系统时，应关闭 PIC303 阀。

③ 当压缩机转速达全速时，应关闭出口安全旁路阀。

3. 停车操作规程

（1）正常停车过程

① 停调速系统

a. 缓慢打开 PV304B 阀，降低压缩机转速。

b. 打开 PIC303 阀排放火炬。

c. 开启出口安全旁路阀 VD13，同时关闭去燃料系统阀 VD06。

② 手动降速

a. 将 HC3011 开度置为 100.0%。

b. 将调速开关切换到 HC3011 方向。

c. 缓慢关闭 HC3011，同时逐渐关小透平蒸汽出口阀 VD10。

d. 当压缩机转速降为 300～500r/min 时，按紧急停车按钮。

e. 关闭透平蒸汽出口阀 VD10。

③ 停 FA311 进料

a. 关闭 FA311 入口阀 VD01、VD11。

b: 开启 FA311 泄料阀 VD07，泄液。

c. 关换热器冷却水。

（2）紧急停车

① 按动紧急停车按钮。

② 确认 PV304B 阀及 PIC303 置于打开状态。

③ 关闭透平蒸汽入口阀及出口阀。

④ 甲烷气由 PIC303 排放火炬。

⑤ 其余同正常停车。

三、联锁说明

该单元有一联锁，具体内容如下：

1. 联锁源

① 现场手动紧急停车（紧急停车按钮）。

② 压缩机喘振。

2. 联锁动作

① 关闭透平主汽阀及蒸汽出口阀。

② 全开放空阀 PV303。

③ 全开防喘振线上 PV304B 阀。

该联锁有一现场旁路键（BYPASS）。另有一现场复位键（RESET）。

注意：联锁发生后，在复位前（RESET），应首先将 HC3011 置零，将蒸汽出口阀 VD10 关闭，同时各控制点应置手动，并设成最低值。

四、仪表一览表

仪表一览表见表 4-17。

表 4-17　仪表一览表

位号	说明	类型	正常值	量程上限	量程下限	工程单位
PIC303	放火炬控制系统	PID	0.1	4.0	0.0	atm
PIC304	储罐压力控制系统	PID	295.0	40000.0	0.0	mmH$_2$O
PI301	压缩机出口压力	AI	3.03	5.0	0.0	atm
PI302	燃料系统入口压力	AI	2.03	5.0	0.0	atm
FI301	低压甲烷进料流量	AI	3233.4	5000.0	10^{-6}	kg/h
FI302	燃料系统入口流量	AI	3201.6	5000.0	10^{-6}	kg/h
FI303	低压甲烷入罐流量	AI	3201.6	5000.0	10^{-6}	kg/h
FI304	中压甲烷回流流量	AI	0.0	5000.0	10^{-6}	kg/h
TI301	低压甲烷入压缩机温度	AI	30.0	200.0	0.0	℃
TI302	压缩机出口温度	AI	160.0	200.0	0.0	℃
TI304	透平蒸汽入口温度	AI	290.0	400.0	0.0	℃
TI305	透平蒸汽出口温度	AI	200.0	400.0	0.0	℃
TI306	冷却水入口温度	AI	30.0	100.0	0.0	℃
TI307	冷却水出口温度	AI	30.0	100.0	0.0	℃
XN301	压缩机转速	AI	4480	4500	0	r/min
HX311	FA311 罐液位	AI	50.0	100.0	0.0	％

五、事故设置一览表

1. 入口压力过高

① 主要现象：FA311 罐中压力上升。

② 处理方法：手动适当打开 PV303 的放火炬阀。

2. 出口压力过高

① 主要现象：压缩机出口压力上升。

② 处理方法：开大去燃料系统阀 VD06。

3. 入口管道破裂

① 主要现象：储罐 FA311 中压力下降。

② 处理方法：开大 FA311 入口阀 VD01、VD11。

4. 出口管道破裂

① 主要现象：压缩机出口压力下降。

② 处理方法：紧急停车。

5. 入口温度过高

① 主要现象：TI301 及 TI302 指示值上升。

② 处理方法：紧急停车。

六、仿真界面

压缩机 DCS 界面见图 4-26。

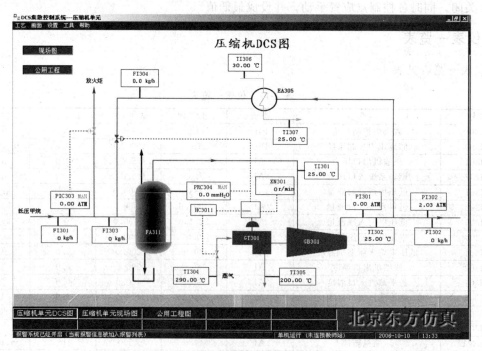

图 4-26 压缩机 DCS 界面

压缩机现场界面见图 4-27。

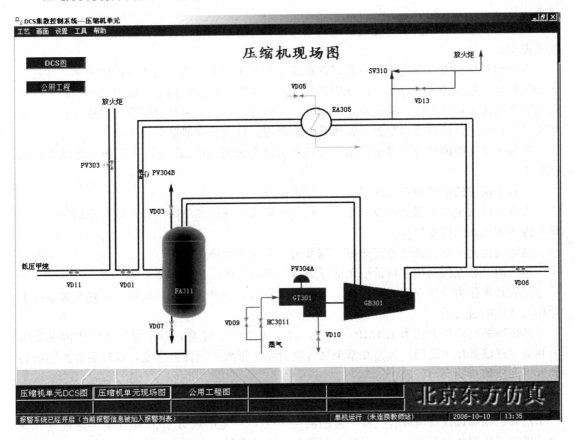

图 4-27　压缩机现场界面

思考题

① 什么是喘振？如何防止喘振？

② 在手动调速状态，为什么防喘振线上的防喘振阀 PV304B 全开，可以防止喘振？

③ 结合伯努利方程，说明压缩机如何做功，进行动能、压力、和温度之间的转换。

④ 根据本单元，理解盘车、手动升速、自动升速的概念。

⑤ 离心式压缩机的优点是什么？

实训九　流化床反应器仿真实习

一、工艺流程说明

1. 工艺说明

该流化床反应器取材于 HIMONT 工艺本体聚合装置，用于生产高抗冲击共聚物。具有剩余活性的干均聚物（聚丙烯），在压差作用下自闪蒸罐 D301 流到该气相共聚反应器 R401。

在气体分析仪的控制下，氢气被加到乙烯进料管道中，以改进聚合物的本征黏度，满足加工需要。

聚合物从顶部进入流化床反应器，落在流化床的床层上。流化气体（反应单体）通过一个特殊设计的栅板进入反应器。由反应器底部出口管路上的控制阀来维持聚合物的料位。聚合物料位决定了停留时间，从而决定了聚合反应的程度，为了避免过度聚合的鳞片状产物堆积在反应器壁上，反应器内配置一转速较慢的刮刀，以使反应器壁保持干净。

栅板下部夹带的聚合物细末，用一台小型旋风分离器 S401 除去，并送到下游的袋式过滤器中。

所有未反应的单体循环返回到流化压缩机的吸入口。

来自乙烯汽提塔顶部的回收气相与气相反应器出口的循环单体汇合，而补充的氢气、乙烯和丙烯加入压缩机排出口。

循环气体用工业色谱仪进行分析，调节氢气和丙烯的补充量。

然后调节补充的丙烯进料量以保证反应器的进料气体满足工艺要求的组成。

用脱盐水作为冷却介质，用一台立式列管式换热器将聚合反应热撤出。该热交换器位于循环气体压缩机之前。

共聚物的反应压力约为 1.4MPa（表），温度为 70℃，注意，该系统压力位于闪蒸罐压力和袋式过滤器压力之间，从而在整个聚合物管路中形成一定压力梯度，以避免容器间物料的返混并使聚合物向前流动。

2. 反应机理

乙烯、丙烯以及反应混合气在一定的温度 70℃，一定的压力 1.35MPa 下，通过具有剩余活性的干均聚物（聚丙烯）的引发，在流化床反应器里进行反应，同时加入氢气以改善共聚物的本征黏度，生成高抗冲击共聚物。

主要原料：乙烯、丙烯、具有剩余活性的干均聚物（聚丙烯）、氢气。

主产物为高抗冲击共聚物（具有乙烯和丙烯单体的共聚物）。无副产物。

反应方程式：

$$nC_2H_4 + nC_3H_6 \longrightarrow [C_2H_4{-}C_3H_6]n$$

3. 设备

A401 是 R401 的刮刀；C401 是 R401 循环压缩机；E401 是 R401 气体冷却器；E409 是夹套水加热器；P401 是开车加热泵；R401 是共聚反应器；S401 是 R401 旋风分离器。

4. 参数说明

AI40111 是反应产物中 H_2 的含量；AI40121 是反应产物中 C_2H_4 的含量；AI40131 是反应产物中 C_2H_6 的含量；AI40141 是反应产物中 C_3H_6 的含量；AI40151 是反应产物中 C_3H_8 的含量。

二、装置的操作规程

1. 冷态开车规程

（1）开车准备

准备工作包括：系统中用氮气充压，循环加热氮气，随后用乙烯对系统进行置换（按照实际正常的操作，用乙烯置换系统要进行两次，考虑到时间关系，只进行一次）。这一过程完成之后，系统将准备开始单体开车。

① 系统氮气充压加热

a. 充氮：打开充氮阀，用氮气给反应器系统充压，当系统压力达 0.7MPa（表）时，关闭充氮阀。

b. 当氮气充压至 0.1MPa（表）时，按照正确的操作规程，启动 C401 共聚循环气体压缩机，将导流叶片（HIC402）定在 40%

c. 环管充液：启动压缩机后，开进水阀 V4030，给水罐充液，开氮封阀 V4031。

d. 当水罐液位大于 10% 时，开泵 P401 入口阀 V4032，启动泵 P401，调节泵出口阀 V4034 至 60% 开度。

e. 冷却水循环流量 FI401 达到 56t/h 左右。

f. 手动开低压蒸汽阀 HC451，启动换热器 E409，加热循环氮气。

g. 打开循环水阀 V4035。

h. 当循环氮气温度达到 70℃ 时，TC451 设自动，调节其设定值，维持氮气温度 TC401 在 70℃ 左右。

② 氮气循环

a. 当反应系统压力达 0.7MPa 时，关充氮阀。

b. 在不停压缩机的情况下，用 PIC402 和排放阀给反应系统泄压至 0.0MPa（表）。

c. 在充氮泄压操作中，不断调节 TC451 设定值，维持 TC401 温度在 70℃ 左右。

③ 乙烯充压

a. 当系统压力降至 0.0MPa（表）时，关闭排放阀。

b. 由 FC403 开始乙烯进料，乙烯进料量设定在 567.0kg/h 时设自动调节，乙烯使系统压力充至 0.25MPa（表）。

（2）干态运行开车

本规程在聚合物进入之前，共聚反应系统具备合适的单体浓度，另外通过该步骤也可以在实际工艺条件下，预先对仪表进行操作和调节。

① 反应进料

a. 当乙烯充压至 0.25MPa（表）时，启动氢气的进料阀 FC402，氢气进料设定在 0.102kg/h，FC402 设自动控制。

b. 当系统压力升至 0.5MPa（表）时，启动丙烯进料阀 FC404，丙烯进料设定在 400kg/h，FC404 设自动控制。

c. 打开自乙烯汽提塔来的进料阀 V4010。

d. 当系统压力升至 0.8MPa（表）时，打开旋风分离器 S401 底部阀 HC403 至 20% 开度，维持系统压力缓慢上升。

② 准备接收 D301 来的均聚物

a. 再次加入丙烯，将 FIC404 改为手动，调节 FV404 开度为 85%。

b. 当 AC402 和 AC403 平稳后，调节 HC403 开度至 25%。

c. 启动共聚反应器的刮刀，准备接收从闪蒸罐（D301）来的均聚物。

（3）共聚反应物的开车

① 确认系统温度 TC451 维持在 70℃ 左右。

② 当系统压力升至 1.2MPa（表）时，开大 HC403 开度在 40% 和 LV401 在 20%～

25％，以维持流态化。

③ 打开来自 D301 的聚合物进料阀。

④ 停低压加热蒸汽，关闭 HV451。

（4）稳定状态的过渡

① 反应器的液位

a. 随着 R401 料位的增加，系统温度将升高，及时降低 TC451 的设定值，不断取走反应热，维持 TC401 温度在 70℃左右。

b. 调节反应系统压力在 1.35MPa（表）时，PC402 自动控制。

c. 手动开启 LV401 至 30％，让共聚物稳定地流过此阀。

d. 当液位达到 60％时，将 LC401 设置设自动。

e. 随系统压力的增加，料位将缓慢下降，PC402 调节阀自动开大，为了维持系统压力在 1.35MPa，缓慢提高 PC402 的设定值至 1.40MPa（表）。

f. 当 LC401 在 60％设自动控制后，调节 TC451 的设定值，待 TC401 稳定在 70℃左右时，TC401 与 TC451 串级控制。

② 反应器压力和气相组成控制

a. 压力和组成趋于稳定时，将 LC401 和 PC403 设串级。

b. FC404 和 AC403 串级联结。

c. FC402 和 AC402 串级联结。

2. 正常操作规程

正常工况下的工艺参数：

① FC402：调节氢气进料量（与 AC402 串级）正常值为 0.35kg/h。

② FC403：单回路调节乙烯进料量正常值为 567.0kg/h。

③ FC404：调节丙烯进料量（与 AC403 串级）正常值为 400.0kg/h。

④ PC402：单回路调节系统压力正常值为 1.4MPa。

⑤ PC403：主回路调节系统压力正常值为 1.35MPa。

⑥ LC401：反应器料位（与 PC403 串级）正常值为 60％。

⑦ TC401：主回路调节循环气体温度正常值为 70℃。

⑧ TC451：分程调节取走反应热量（与 TC401 串级）正常值为 50℃。

⑨ AC402：主回路调节反应产物中 H_2/C_2 之比正常值为 0.18。

⑩ AC403：主回路调节反应产物中 C_2/C_3 和 C_2 之比正常值为 0.38。

3. 停车操作规程

正常停车：

（1）降反应器料位

① 关闭催化剂来料阀 TMP20。

② 手动缓慢调节反应器料位。

（2）关闭乙烯进料、保压

① 当反应器料位降至 10％，关乙烯进料。

② 当反应器料位降至 0％，关反应器出口阀。

③ 关旋风分离器 S401 上的出口阀。

（3）关丙烯及氢气进料

① 手动切断丙烯进料阀。

② 手动切断氢气进料阀。

③ 排放导压至火炬。

④ 停反应器刮刀 A401。

（4）氮气吹扫

① 将氮气加入该系统。

② 当压力达 0.35MPa 时放火炬。

③ 停压缩机 C401。

三、仪表一览表

仪表一览表见表 4-18。

表 4-18　仪表一览表

位号	说明	类型	正常值	量程高限	量程低限	工程单位
FC402	氢气进料流量	PID	0.35	5.0	0.0	kg/h
FC403	乙烯进料流量	PID	567.0	1000.0	0.0	kg/h
FC404	丙烯进料流量	PID	400.0	1000.0	0.0	kg/h
PC402	R401 压力	PID	1.40	3.0	0.0	MPa
PC403	R401 压力	PID	1.35	3.0	0.0	MPa
LC401	R401 液位	PID	60.0	100.0	0.0	%
TC401	R401 循环气温度	PID	70.0	150.0	0.0	℃
FI401	E401 循环水流量	AI	36.0	80.0	0.0	t/h
FI405	R401 气相进料流量	AI	120.0	250.0	0.0	t/h
TI402	循环气 E401 入口温度	AI	70.0	150.0	0.0	℃
TI403	E401 出口温度	AI	65.0	150.0	0.0	℃
TI404	R401 入口温度	AI	75.0	150.0	0.0	℃
TI405/1	E401 入口水温度	AI	60.0	150.0	0.0	℃
TI405/2	E401 出口水温度	AI	70.0	150.0	0.0	℃
TI406	E401 出口水温度	AI	70.0	150.0	0.0	℃

四、事故设置一览

1. 泵 P401 停

① 原因：运行泵 P401 停。

② 现象：温度调节器 TC451 急剧上升，然后 TC401 随之升高。

③ 处理

a. 调节丙烯进料阀 FV404，增加丙烯进料量。

b. 调节压力调节器 PC402，维持系统压力。

c. 调节乙烯进料阀 FV403，维持 C_2/C_3 比。

2. 压缩机 C401 停

① 原因：压缩机 C401 停。

② 现象：系统压力急剧上升。

③ 处理

a. 关闭催化剂来料阀 TMP20。

b. 手动调节 PC402，维持系统压力。

c. 手动调节 LC401，维持反应器料位。

3. 丙烯进料停

① 原因：丙烯进料阀卡。

② 现象：丙烯进料量为 0.0。

③ 处理

a. 手动关小乙烯进料量，维持 C_2/C_3 比。

b. 关催化剂来料阀 TMP20。

c. 手动关小 PV402，维持压力。

d. 手动关小 LC401，维持料位。

4. 乙烯进料停

① 原因：乙烯进料阀卡。

② 现象：乙烯进料量为 0.0。

③ 处理

a. 手动关丙烯进料，维持 C_2/C_3 比。

b. 手动关小氢气进料，维持 H_2/C_2 比。

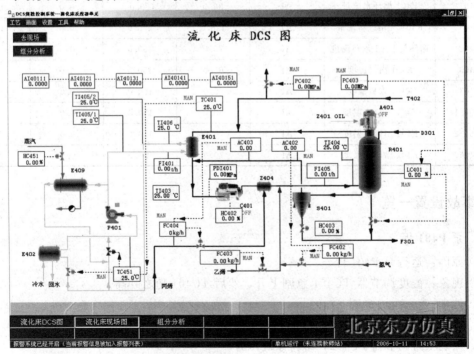

图 4-28　流化床反应器 DCS 界面

5. D301 供料停

① 原因：D301 供料阀 TMP20 关。

② 现象：D301 供料停止。

③ 处理

a. 手动关闭 LV401。

b. 手动关小丙烯和乙烯进料。

c. 手动调节压力。

五、仿真界面

流化床反应器 DCS 界面见图 4-28。

流化床反应器现场界面见图 4-29。

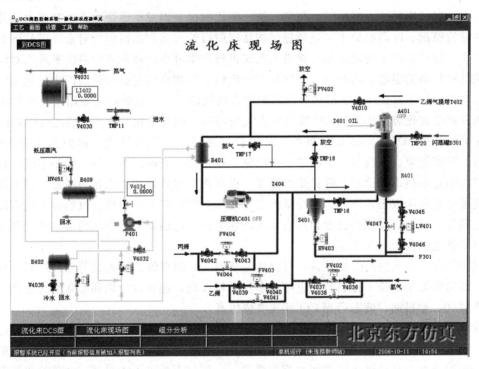

图 4-29　流化床反应器现场界面

━━━ **思考题** ━━━

① 在开车及运行过程中，为什么一直要保持氮封？

② 熔融指数（MFR）表示什么？氢气在共聚过程中起什么作用？试描述 AC402 指示值与 MFR 的关系？

③ 气相共聚反应的温度为什么绝对不能偏离所规定的温度？

④ 气相共聚反应的停留时间是如何控制的？

⑤ 气相共聚反应器的流态化是如何形成的？

⑥ 冷态开车时，为什么要首先进行系统氮气充压加热？

⑦ 什么叫流化床？与固定床比有什么特点？

⑧ 请解释以下概念：共聚、均聚、气相聚合、本体聚合。

⑨ 请简述本培训单元所选流程的反应机理。

实训十　锅炉仿真实习

一、工艺流程简述

1. 工艺过程说明

基于燃料（燃料油、燃料气）与空气按一定比例混合即发生燃烧而产生高温火焰并放出大量热量的原理，所谓锅炉主要是通过燃烧后辐射段的火焰和高温烟气对水冷壁的锅炉给水进行加热，使锅炉给水变成饱和水而进入汽包进行汽水分离，而从辐射室出来进入对流段的烟气仍具有很高的温度，再通过对流室对来自汽包的饱和蒸汽进行加热即产生过热蒸汽。

本软件为每小时产生 65t 过热蒸汽锅炉仿真培训而设计。锅炉的主要用途是提供中压蒸汽及消除催化裂化装置再生的 CO 废气对大气的污染，回收催化装置再生的废气的热能。

主要设备为 WGZ65/39-6 型锅炉，采用自然循环，双汽包结构。锅炉主体由省煤器、上汽包、对流管束、下汽包、下降管、水冷壁、过热器、表面式减温器、联箱组成。省煤器的主要作用是预热锅炉给水，降低排烟温度，提高锅炉热效率。上汽包的主要作用是汽水分离，连接受热面构成正常循环。水冷壁的主要作用是吸收炉膛辐射热。过热器分低温段、高温段过热器，其主要作用是使饱和蒸汽变成过热蒸汽。减温器的主要作用是微调过热蒸汽的温度（调整范围为 10～33℃）。

锅炉设有一套完整的燃烧设备，可以适应燃料气、燃料油、液态烃等多种燃料。根据不同蒸汽压力既可单独烧一种燃料，也可以多种燃料混烧，还可以分别和 CO 废气混烧。本软件为燃料气、燃料油、液态烃与 CO 废气混烧仿真。

除氧器通过水位调节器 LIC101 接收外界来水经热力除氧后，一部分经低压水泵 P102 供全厂各车间用水，另一部分经高压水泵 P101 供锅炉用水，除氧器压力由 PIC101 单回路控制。锅炉给水一部分经减温器回水至省煤器；一部分直接进入省煤器，两路给水调节阀通过过热蒸汽温度调节器 TIC101 分程控制，被烟气回热至 256℃，饱和水进入上汽包，再经对流管束至下汽包，再通过下降管进入锅炉水冷壁，吸收炉膛辐射热使其在水冷壁里变成汽水混合物，然后进入上汽包进行汽水分离。锅炉总给水量由上汽包液位调节器 LIC102 单回路控制。

256℃的饱和蒸汽经过低温段过热器（通过烟气换热）、减温器（锅炉给水减温）、高温段过热器（通过烟气换热），变成447℃、3.77MPa 的过热蒸汽供给全厂用户。

燃料气包括高压瓦斯气和液态烃，分别通过压力控制器 PIC104 和 PIC103 单回路控制进入高压瓦斯罐 V101，高压瓦斯罐顶气通过过热蒸汽压力控制器 PIC102 单回路控制进入六个点火枪；燃料油经燃料油泵 P105 升压进入六个点火枪进料燃烧室。

燃烧所用空气通过鼓风机 P104 增压进入燃烧室。CO 烟气系统由催化裂化再生器产生，温度为 500℃，经过水封罐进入锅炉，燃烧放热后再排至烟窗。

锅炉排污系统包括连排系统和定排系统，用来保持水蒸气品质。

（1）汽水系统

汽水系统既所谓的"锅"，它的任务是吸收燃料燃烧放出的热量，使水蒸气蒸发最后成为规定压力和温度的过热蒸汽。它由（上、下）汽包、对流管束、下降管、（上、下）联箱、水冷壁、过热器、减温器和省煤器组成。

① 汽包：装在锅炉的上部，包括上、下两个汽包，它们分别是圆筒形的受压容器，它们之间通过对流管束连接。上汽包的下部是水，上部是蒸汽，它接收省煤器的来水，并依靠重力的作用将水经过对流管束送入下汽包。

② 对流管束：由多根细管组成，将上、下汽包连接起来。上汽包中的水经过对流管束流入下汽包，其间要吸收炉膛放出的大量热。

③ 下降管：它是水冷壁的供水管，即汽包中的水流入下降管并通过水冷壁下的联箱均匀地分配到水冷壁的各上升管中。

④ 水冷壁：是布置在燃烧室内四周墙上的许多平行的管子。它主要的作用是吸收燃烧室中的辐射热，使管内的水汽化，蒸汽就是在水冷壁中产生的。

⑤ 过热器：过热器的作用是利用烟气的热量将饱和的蒸汽加热成一定温度的过热蒸汽。

⑥ 减温器：在锅炉的运行过程中，由于很多因素使过热蒸汽加热温度发生变化，而为用户提供的蒸汽温度保持在一定范围内，为此必须装设汽温调节设备。其原理是接收冷量，将过热蒸汽温度降低。本单元中，一部分锅炉给水先经过减温器调节过热蒸汽温度后再进入上汽包。本单元的减温器为多根细管装在一个筒体中的表面式减温器。

⑦ 省煤器：装在锅炉尾部的垂直烟道中。它利用烟气的热量来加热给水，以提高给水温度，降低排烟温度，节省燃料。

⑧ 联箱：本单元采用的是圆形联箱，它实际为直径较大、两端封闭的圆管，用来连接管子，起着汇集、混合和分配水汽的作用。

（2）燃烧系统

燃烧系统既所谓的"炉"，它的任务是使燃料在炉中更好地燃烧。本单元的燃烧系统由炉膛和燃烧器组成。

（3）本单元的液位指示说明

① 在脱氧罐 DW101 中，在液位指示计的 0 点下面，还有一段空间，故开始进料后不会马上有液位指示。

② 在锅炉上汽包中同样是在液位指示计的起测点下面，还有一段空间，故开始进料后不会马上有液位指示。同时上汽包中的液位指示计较特殊，其起测点的值为－300mm，上限为 300mm，正常液位为 0mm，整个测量范围为 600mm。

2. 本单元复杂控制回路说明

TIC101：锅炉给水一部分经减温器回水至省煤器；一部分直接进入省煤器，通过控制两路水的流量来控制上汽包的进水温度，两股流量由一分程调节器 TIC101 控制。当TIC101 的输出为 0 时，直接进入省煤器的一路为全开，经减温器回水至省煤器一路为 0；当 TIC101 的输出为 100 时，直接进入省煤器的一路为 0，经减温器回水至省煤器一路为全开。锅炉上水的总量只受上汽包液位调节器 LIC102 单回路控制。

分程控制：就是由一个调节器的输出信号控制两个或更多的调节阀，每个调节阀在调节器的输出信号的某段范围中工作。

3. 设备

B101 是锅炉主体；V101 是高压瓦斯罐；DW101 是除氧器；P101 是高压水泵；P102 是低压水泵；P103 是 Na_2HPO_4 加药泵；P104 是鼓风机；P105 是燃料油泵。

二、装置的操作规程

1. 冷态开车操作规程

本装置的开车状态为所有设备均经过吹扫试压，压力为常压，温度为环境温度，所有可操作阀均处于关闭状态。

（1）启动公用工程

启动公用工程按钮，使所有公用工程均处于待用状态。

（2）除氧器投运

① 手动打开液位调节器 LIC101，向除氧器充水，使液位指示达到 400mm；将调节器 LIC101 设自动（给定值设为 400mm）。

② 手动打开压力调节器 PIC101，送除氧蒸汽，打开除氧器再沸腾阀 B08，向 DW101 通一段时间蒸汽后关闭。

③ 除氧器压力升至 2000mmH_2O（1mmH_2O＝9.80665Pa）时，将压力调节器 PIC101 设自动（给定值设为 2000mmH_2O）。

（3）锅炉上水

① 确认省煤器与下汽包之间的再循环阀关闭（B10），打开上汽包液位计汽阀 D30 和水阀 D31。

② 确认省煤器给水调节阀 TIC101 全关。

③ 开启高压泵 P101。

④ 通过高压泵循环阀（D06）调整泵出口压力约为 5.0MPa。

⑤ 缓开给水调节阀的小旁路阀（D25），手控上水（注意上水流量不得大于 10t/h，请注意上水时间较长，在实际教学中，可加大进水量，加快操作速度）。

⑥ 待水位升至－50mm，关入口水调节阀旁路阀（D25）。

⑦ 开启省煤器和下汽包之间的再循环阀（B10）。

⑧ 打开上汽包液位调节阀 LV102。

⑨ 小心调节 LV102 阀使上汽包液位控制在 0mm 左右，设自动。

（4）燃料系统投运

① 将高压瓦斯压力调节器 PIC104 置手动，手动控制高压瓦斯调节阀使压力达到 0.3MPa。给定值设 0.3MPa 后设自动。

② 将液态烃压力调节器 PIC103 给定值设为 0.3MPa 后设自动。

③ 依次开喷射器高压入口阀（B17）、喷射器出口阀（B19）、喷射器低压入口阀（B18）。

④ 开火嘴蒸汽吹扫阀（B07），2min 后关闭。

⑤ 开启燃料油泵（P105）、燃料油泵出口阀（D07）、回油阀（D13）。

⑥ 关烟气大水封进水阀（D28），开大水封放水阀（D44），将大水封中的水排空。

⑦ 开小水封上水阀（D29），为导入 CO 烟气做准备。

（5）锅炉点火

① 全开上汽包放空阀（D26）及过热器排空阀（D27）和过热器疏水阀（D04），全开过热蒸汽对空排气阀（D12）。

② 炉膛送气，全开风机入口挡板（D01）和烟道挡板（D05）。

③ 开启风机（P104）通风5min，使炉膛不含可燃气体。

④ 将烟道挡板调至20%左右。

⑤ 将1、2、3号燃气火嘴点燃。先开点火器，后开炉前根部阀。

⑥ 置过热蒸汽压力调节器（PIC102）为手动，按锅炉升压要求，手动控制升压速度。

⑦ 将4、5、6号燃气火嘴点燃。

（6）锅炉升压

冷态锅炉由点火达到并汽条件，时间应严格控制不得少于3～4h，升压应缓慢平稳。在仿真器上为了提高培训效率，缩短为半小时左右。此间严禁关小过热器疏水阀（D04）和对空排气阀（D12），赶火升压，以免过热器管壁温度急剧上升和对流管束胀口渗水等现象发生。

① 开加药泵P103，加Na_2HPO_4。

② 压力在0.7～0.8MPa时，根据止水量估计排空蒸汽量。关小减温器、上汽包排空阀。

③ 过热蒸汽温度达400℃时投入减温器（按分程控制原理，调整调节器的输出为0时，减温器调节阀开度为0%，省煤器给水调节阀开度为100%。输出为50%，两阀各开50%，输出为100%，减温器调节阀开度为100%，省煤器给水调节阀开度为0%）。

④ 压力升至3.6MPa后，保持此压力达到平稳后，准备锅炉并汽。

（7）锅炉并汽

① 确认蒸汽压力稳定，且为3.62～3.67MPa，蒸汽温度不低于420℃，上汽包水位为0mm左右，准备并汽。

② 在并汽过程中，调整过热蒸汽压力低于母管压力0.10～0.15MPa。

③ 缓开主汽阀旁路阀（D15）。

④ 缓开隔离阀旁路阀（D16）。

⑤ 开主汽阀（D17）约20%。

⑥ 缓慢开启隔离阀（D02），压力平衡后全开隔离阀。

⑦ 缓慢关闭隔离阀旁路阀D16。此时若压力趋于升高或下降，通过过热蒸汽压力调节器手动调整。

⑧ 缓关主汽阀旁路阀，注意压力变化。若压力趋于升高或下降，通过过热蒸汽压力调节器手动调整。

⑨ 将过热蒸汽压力调整节器给定值设为3.77MPa，手动调节（手调）蒸汽压力达到3.77MPa后设自动。

⑩ 缓慢关闭疏水阀（D04）。

⑪ 缓慢关闭对空排气阀（D12）。

⑫ 缓慢关闭过热器放空阀（D27）。

⑬ 关省煤器与下汽包之间再循环阀（B10）。

（8）锅炉负荷提升

① 减温调节器给定值为447℃，手调蒸汽温度达到后设自动。

② 逐渐开大主汽阀 D17，使负荷升至 20t/h。

③ 缓慢手调主汽阀提升负荷（注意操作的平稳度，提升速度限定在每分钟内提速不超过 3～5t/h，同时要注意加大进水量及加热量），使蒸汽负荷缓慢提升到 65t/h 左右。

④ 打开燃油泵至 1 号火嘴阀 B11，燃油泵至 2 号火嘴阀 B12，同时调节燃油出口阀和主汽阀使压力 PIC102 稳定。

⑤ 开除尘阀 B32，进行钢珠除尘，完成负荷提升。

（9）催化裂化除氧水流量提升

① 启动低压水泵（P102）。

② 适当开启低压水泵出口再循环阀（D08），调节泵出口压力。

③ 渐开低压水泵出口阀（D10），使去催化的除氧水流量为 100t/h 左右。

2. 正常操作规程

（1）正常工况下工艺参数

① FI105：蒸汽负荷正常控制值为 65t/h。

② TIC101：过热蒸汽温度设自动，设定值为 447℃。

③ LIC102：上汽包水位设自动，设定值为 0.0mm。

④ PIC102：过热蒸汽压力设自动，设定值为 3.77MPa。

⑤ PI101：给水压力正常控制值为 5.0MPa。

⑥ PI105：炉膛压力正常控制值为小于 200mmH$_2$O。

⑦ TI104

a. 油气与 CO 烟气混烧 200℃，最高 250℃。

b. 油气混烧排烟温度控制值小于 180℃。

⑧ POXYGEN：烟道气氧含量为 0.9%～3.0%。

⑨ PIC104：燃料气压力设自动，设定值为 0.30MPa。

⑩ PIC101：除氧器压力设自动，设定值为 2000mmH$_2$O。

⑪ LIC101：除氧器液位设自动，设定值为 400mmH$_2$O。

（2）正常工况操作要点

① 在正常运行中，不允许中断锅炉给水。

② 当给水自动调节投入运行时，仍须经常监视锅炉水位的变化。保持给水量变化平稳，避免调整幅度过大或过急，要经常对照给水流量与蒸汽流量是否相符。若给水自动调整失灵，应改为手动调整给水。

③ 在运行中应经常监视给水压力和给水温度的变化。通过高压泵循环阀调整给水压力；通过除氧器压力间接调整给水温度。

④ 汽包水位计每班冲洗一次，冲洗步骤是：

a. 开放水阀，冲洗汽、水管和玻璃管。

b. 关放水阀，冲洗汽管及玻璃管。

c. 开放水阀，关汽阀，冲洗水管。

d. 开汽阀，关放水阀，恢复水位计运行（关放水阀时，水位计中的水位应很快上升，有轻微波动）。

⑤ 冲洗水位计时的安全注意事项

a. 冲洗水位计时要注意人身安全，穿戴好劳动保护用具，要背向水位计，以免玻璃管爆裂伤人。

b. 关闭放水阀时要缓慢，因为此时，水流量突然截断，压力会瞬时升高，容易使玻璃管爆裂。

c. 防止工具等碰击玻璃管，以防爆裂。

（3）气压和气温的调整

① 为确保锅炉燃烧稳定及水循环正常，锅炉蒸发量不应低于40t/h。

② 增减负荷时，应及时调整锅炉蒸发量，尽快适应系统的需要。

③ 在下列条件下，应特别注意调整。

a. 负荷变化大或发生事故时。

b. 锅炉刚并汽增加负荷或低负荷运行时。

c. 启停燃料油泵或油系统在操作时。

d. 投入或解列油关时。

e. CO烟气系统投运和停运时。

f. 燃料油投运和停运时。

g. 各种燃料阀切换时。

h. 停炉前减负荷或炉间过渡负荷时。

④ 手动调整减温水量时，不应猛增猛减。

⑤ 锅炉低负荷时，酌情减少减温水量或停止使用减温器。

（4）锅炉燃烧的调整

① 在运行中，应根据锅炉负荷合理地调整风量，在保证燃烧良好的条件下，尽量降低过剩空气系数，降低锅炉电耗。

② 在运行中，应根据负荷情况，采用"多油枪，小油嘴"的运行方式，力求各油枪喷油均匀，压力在1.5MPa以上，投入油枪左、右、上、下对称。

③ 在锅炉负荷变化时，应及时调整油量和风量，保持锅炉的气压和气温稳定。在增加负荷时，先加风后加油；在减负荷时，先减油后减风。

④ CO烟气投入前，要烧油或瓦斯，使炉膛温度提高到900℃以上，或锅炉负荷为25t/h以上，燃烧稳定，各部温度正常，并报告厂调与其联合联系，当CO烟气达到规定指标时，方可投入。

⑤ 在投入CO烟气时，应慢慢增加CO烟气量，CO烟气进炉控制蝶阀后压力比炉膛压力高30mmH$_2$O，保持30min，而后再加大CO烟气量，使水封罐等均匀预热。

⑥ 凡停烧CO烟气时应注意加大其他燃料量，保持原负荷。在停用CO烟气后，水封罐上水，以免急剧冷却造成水封罐内层钢板和衬筒严重变形或焊口裂开。

（5）锅炉排污

① 定期排污在负荷平稳高水位情况下进行。事故处理或负荷有较大波动时，严禁排污。若引起水位报警时，连续排污也应暂时关闭。

② 每一定排回路的排污持续时间，排污阀全开到全关时间不准超过半分钟，不准同时开启两个或更多的排污阀门。

③ 排污前，应做好联系；排污时，应注意监视给水压力和水位变化，维持正常水位；排污后，应进行全面检查确认各排污门关闭严密。

④ 不允许两台或两台以上的锅炉同时排污。

⑤ 在排污过程中，如果锅炉发生事故，应立即停止排污。

（6）钢珠除灰

① 锅炉尾部受热面应定期除尘：当燃烧 CO 烟气时，每天除尘一次，在后半夜进行。不烧 CO 烟气时，每星期一后半夜进行一次。停烧 CO 烟气时，增加除尘一次。若排烟温度不正常升高，适当增加除尘次数。每次 30min。

② 钢珠除灰前，应做好联系。吹灰时，应保持锅炉运行正常，燃烧稳定，并注意气温、气压变化。

（7）自动装置运行

① 锅炉运行时，应将自动装置投放运行，投入自动装置应同时具备下列条件：

a. 自动装置的调节机构完整好用。

b. 锅炉运行平稳，参数正常。

c. 锅炉蒸发量在 30t/h 以上。

② 自动装置投入运行时，仍须监视锅炉运行参数的变化，并注意自动装置的动作情况，避免因失灵造成不良后果。

③ 遇到下列情况，解列自动装置，改自动为手动操作：

a. 当汽包水位变化过大，超出其允许变化范围时。

b. 锅炉运行不正常，自动装置不维持其运行参数在允许范围内变化或自动失灵时，应解列有关自动装置。

c. 外部事故使锅炉负荷波动较大时。

d. 外部负荷变动过大，自动调节跟踪不及时。

e. 调节系统有问题。

3. 正常停车操作规程

（1）停车前应做的工作

① 彻底排灰（开除尘阀 B32）。

② 冲洗水位计一次。

（2）锅炉负荷降量

① 停加药泵 P103。

② 缓慢开大减温器开度，使蒸汽温度缓慢下降。

③ 缓慢关小主汽阀 D17，降低锅炉蒸汽负荷。

④ 打开疏水阀 D04。

（3）关闭燃料系统

① 逐渐关闭 D03 停用 CO 烟气，大小水封上水。

② 缓慢关闭燃料油泵出口阀 D07。

③ 关闭燃料油后，关闭燃料油泵 P105。

④ 停燃料系统后，打开 D07 对火嘴进行吹扫。

⑤ 缓慢关闭高压瓦斯压力调节阀 PV104 及液态烃压力调节阀 PV103。

⑥ 缓慢关闭过热蒸汽压力调节阀 PV102。

⑦ 停燃料系统后，逐渐关闭主蒸汽阀门 D17。

⑧ 同时开启主蒸汽阀前疏水阀，尽量控制炉内压力，使其平缓下降。

⑨ 关闭隔离阀 D02。

⑩ 关闭连续排污阀 D09，并确认定期排污阀 D46 已关闭。

⑪ 关引风机挡板 D01，停鼓风机 P104，关闭烟道挡板 D05。

⑫ 关闭烟道挡板后，打开 D28 给大水封上水。

（4）停上汽包上水

① 关闭除氧器液位调节阀 LV102。

② 关闭除氧器加热蒸汽压力调节阀 PV101。

③ 关闭低压水泵 P102。

④ 待过热蒸汽压力小于 0.1atm 后，打开 D27 和 D26。

⑤ 待炉膛温度降为 100℃后，关闭高压水泵 P101。

（5）泄液

① 除氧器温度（TI105）降至 80℃后，打开 D41 泄液。

② 炉膛温度（TI101）降至 80℃后，打开 D43 泄液。

③ 开启鼓风机入口挡板 D01、鼓风机 P104 和烟道挡板 D05 对炉膛进行吹扫，然后关闭。

三、仪表一览表

仪表一览表见表 4-19。

表 4-19　仪表一览表

位号	说明	类型	正常值	量程高限	量程低限	工程单位	高报	低报	高高报	低低报
LIC101	除氧器水位	PID	400.0	800.0	0.0	mm	500.0	300.0	600.0	200.0
LIC102	上汽包水位	PID	0.0	300.0	−300.0	mm	75.0	−75.0	120.0	−120.0
TIC101	过热蒸汽温度	PID	447.0	600.0	0.0	℃	450.0	430.0	465.0	415.0
PIC101	除氧器压力	PID	2000.0	4000.0	0.0	mmH$_2$O	2500.0	1800.0	3000.0	1500.0
PIC102	过热蒸汽压力	PID	3.77	6.0	0.0	MPa	3.85	3.7	4.0	3.5
PIC103	液态烃压力	PID		0.6	0.0	MPa				
PIC104	高压瓦斯压力	PID	0.30	1.0	0.0	MPa	0.8	0.005	0.9	0.001
FI101	软化水流量	AI		200.0	0.0	t/h				
FI102	催化除氧水流量	AI		200.0	0.0	t/h				
FI103	锅炉上水流量	AI		80.0	0.0	t/h				
FI104	减温水流量	AI		20.0	0.0	t/h				
FI105	过热蒸汽输出流量	AI	65.0	80.0	0.0	t/h				
FI106	高压瓦斯流量	AI		3000.0	0.0	m³/h				
FI107	燃料油流量	AI		8.0	0.0	m³/h				
FI108	烟气流量	AI		200000.0	0.0	m³/h				
LI101	大水封液位	AI		100.0	0.0	%				
LI102	小水封液位	AI		100.0	0.0	%				
PI101	锅炉上水压力	AI	5.0	10.0	0.0	MPa	6.5	4.5	7.5	3.5
PI102	烟气出口压力	AI		40.0	0.0	mmH$_2$O				
PI103	上汽包压力	AI		6.0	0.0	MPa				
PI104	鼓风机出口压力	AI		600.0	0.0	mmH$_2$O				
PI105	炉膛压力	AI	200.0	400.0	0.0	mmH$_2$O				
TI101	炉膛烟温	AI		1200.0	0.0	℃	1100.0	800.0	1150.0	600.0
TI102	省煤器入口东烟温	AI		700.0	0.0	℃				
TI103	省煤器入口西烟温	AI		700.0	0.0	℃				
TI104	排烟段东烟温	AI	油气＋CO 200.0，油气 180.0	300.0	0.0	℃				
TI105	除氧器水温	AI		200.0	0.0	℃				
POXYGEN	烟气出口氧含量	AI	0.9～3.0	21.0	0.0	%	3.0	0.5	5.0	0.1

四、事故设置一览

1. 锅炉满水

① 现象：水位计液位指示突然超过可见水位上限（＋300mm），由于自动调节，给水量减少。

② 原因：水位计没有注意维护，暂时失灵后正常。

③ 排除方法：紧急停炉。

2. 锅炉缺水

① 现象：锅炉水位逐渐下降。

② 原因：给水泵出口的给水调节阀阀杆卡住，流量小。

③ 排除方法：打开给水阀的大、小旁路手动控制给水。

3. 对流管坏

① 现象：水位下降，蒸气压下降，给水压力下降，温度下降。

② 原因：对流管开裂，汽水漏入炉膛。

③ 排除方法：紧急停炉处理。

4. 减温器坏

① 现象：过热蒸汽温度降低，减温水量不正常地减少，蒸汽温度调节器不正常地出现忽大、忽小的振荡。

② 原因：减温器出现内漏，减温水进入过热蒸汽，使气温下降。此时气温为自动控制状态，所以减温水调节阀关小，使气温回升，调节阀再次开启。如此往复形成振荡。

③ 排除方法：降低负荷，将气温调节器改为手动，并关减温水调节阀，改用过热器疏水阀暂时维持运行。

5. 蒸汽管坏

① 现象：给水量上升，但蒸汽量反而略有下降，给水量、蒸汽量不平衡，炉负荷呈上升趋势。

② 原因：蒸汽流量计前部蒸汽管爆破。

③ 排除方法：紧急停炉处理。

6. 给水管坏

① 现象：上水不正常，除氧器和锅炉系统物料不平衡。

② 原因：上水流量计前给水管破裂。

③ 排除方法：紧急停炉。

7. 二次燃烧

① 现象：排烟温度不断上升，超过 250℃，烟道和炉膛正压增大。

② 原因：省煤器处发生二次燃烧。

③ 排除方法：紧急停炉。

8. 电源中断

① 现象：突发性出现风机停、高低压泵停、烟气停、油泵停、锅炉灭火等综合性现象。

② 原因：电源中断。

③ 排除方法：紧急停炉。

9. 紧急停炉具体步骤

① 上汽包停止上水

a. 停加药泵 P103。

b. 关闭上汽包液位调节阀 LV102。

c. 关闭上汽包与省煤器之间的再循环阀 B10。

d. 打开下汽包泄液阀 D43。

② 停燃料系统

a. 关闭过热蒸汽调节阀 PV102。

b. 关闭喷射器入口阀 B17。

c. 关闭燃料油泵出口阀 D07。

d. 打开吹扫阀 B07 对火嘴进行吹扫。

③ 降低锅炉负荷

a. 关闭主汽阀前疏水阀 D04。

b. 关闭主汽阀 D17。

c. 打开过热蒸汽排空阀 D12 和上汽包排空阀 D26。

d. 停引风机 P104 和烟道挡板 D05。

五、仿真界面

锅炉供气系统 DCS 界面见图 4-30。

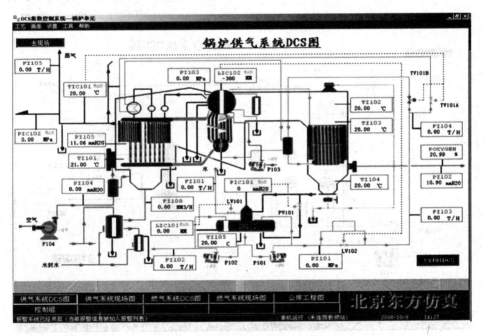

图 4-30　锅炉供气系统 DCS 界面

锅炉供气系统现场界面见图 4-31。
锅炉燃气系统 DCS 界面见图 4-32。
锅炉燃气系统现场界面见图 4-33。

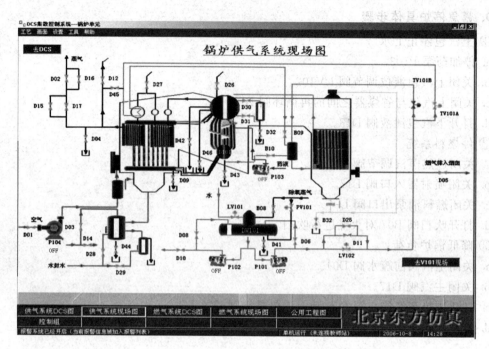

图 4-31　锅炉供气系统现场界面

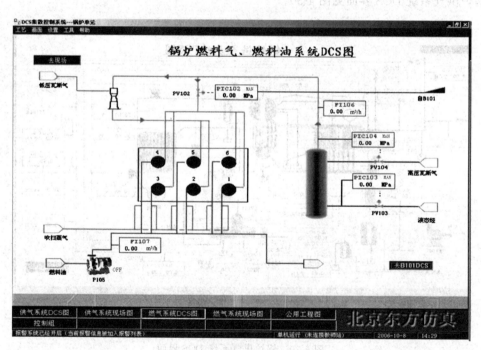

图 4-32　锅炉燃气系统 DCS 界面

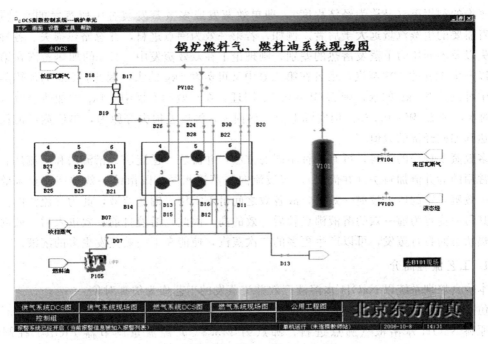

图 4-33　锅炉燃气系统现场界面

思考题

① 观察在出现锅炉负荷（锅炉给水）剧减时，汽包水位将出现什么变化？为什么？

② 具体指出本单元中减温器的作用。

③ 说明为什么上下汽包之间的水循环不用动力设备，其动力何在？

④ 结合本单元（TIC101），具体说明分程控制的作用和工作原理。

实训十一　多效蒸发仿真实习

一、多效蒸发工作原理简述

通常，无论在常压、加压或真空下进行蒸发，在单效蒸发器中每蒸发 1kg 的水要消耗比 1kg 多一些的加热蒸汽。因此在大规模工业生产过程中，蒸发大量的水分必需消耗大量的加热蒸汽。为了减少加热蒸汽消耗量，可采用多效蒸发操作。

将加热蒸汽通入一蒸发器，则液体受热而沸腾，所产生的二次蒸汽，其压力和温度必较原加热蒸汽（为了易于区别，在多效蒸发中常将第一效的加热蒸汽称为生蒸气）低。因此可引入前效的二次蒸汽作为后效的加热介质，即后效的加热室成为前效二次蒸汽的冷凝器，仅第一效需要消耗生蒸汽，这就是多效蒸发的操作原理，一般多效蒸发装置的末效或后几效总是在真空下操作。将多个蒸发器这样连接起来一同操作，即组成一个多效蒸发器。每一蒸发器称为一效，通入生蒸汽的蒸发器称为第一效，利用第一效的二次蒸汽来加热的，称为第二效，以此类推。由于各效（末效除外）的二次蒸汽都作为下一效蒸发器的加热蒸汽，故提高了生蒸汽的利用率（又称为经济程度），即单效蒸发或多效蒸发装置中所蒸发的水量相等，则前者需要的生蒸汽量远大于后者。例如，若第一效为沸点进料，并忽略热损失、各种温度差损失以及不同压力下蒸发潜热的差别，则理论上在双效蒸发中，1kg 的加热蒸汽在第一效中可以产生 1kg 的二次蒸汽，后者在第二效中又可蒸发 1kg 的水，因此，1kg 的加热蒸汽在双效中可以蒸发 2kg 的水，则 $D/W = 0.5$。同理，在三效蒸发器中，1kg 的加热蒸汽可蒸发 3kg 的水，则 $D/W = 0.333$。但实际上由于热损失，温度差损失等原因，单位蒸汽消耗量并不能达到如此经济的数值。

多效蒸发操作的加料，可有四种不同的方法：并流法、逆流法、错流法和平流法。工业中最常用的为并流加料法（并流），溶液流向与蒸汽相同，既由第一效顺序流至末效。因为后一效蒸发室的压力较前一效低，故各效之间可不需用泵输送溶液，此为并流法的优点之一。其另一优点为前一效的溶液沸点较后一效的高，因此当溶液自前一效进入后一效内，即为过热状态而自行蒸发，可以产生更多的二次蒸汽，使能在下一效蒸发更多的溶液。

1. 工艺流程简介

本仿真培训系统以 NaOH 水溶液三效并流蒸发的工艺作为仿真对象。

仿真范围内主要设备为蒸发器、换热器、真空泵、简单罐和阀门等。

原料 NaOH 水溶液（沸点进料，沸点为 143.8℃）经流量调节器 FIC101 控制流量（10000kg/h）后，进入蒸发器 F101A，料液受热而沸腾，产生 136.9℃的二次蒸汽，料液从蒸发器底部经阀门 LV101 流入第二效蒸发器 F101B。压力为 500kPa，温度为 151.7℃左右的加热蒸汽经流量调节器 FIC102 控制流量（2063.4kg/h）后，进入 F101A 加热室的壳程，冷凝成水后经阀门 VG08 排出。第一效蒸发器 F101A 蒸发室压力控制在 327kPa，溶液的液面高度通过液位控制器 LIC101 控制在 1.2m。第一效蒸发器产生的二次蒸汽经过蒸发器顶部阀门 VG13 后，进入第二效蒸发器 F101B 加热室的壳程，冷凝成水后经阀门 VG07 排出。从第一效流入第二效的料液，受热汽化产生 112.7℃的二次蒸汽，料液从蒸发器底部经阀门 LV102 流入第三效蒸发器 F101C。第二效蒸发器 F101B 蒸发室压力控制在 163kPa，溶液的液面高度通过液位控制器 LIC102 控制在 1.2m。第二效蒸发器产生的二次蒸汽经过蒸发器顶部阀门 VG14 后，进入第三效蒸发器 F101C 加热室的壳程，冷凝成水后经阀门 VG06 排出。从第二效流入第三效的料液，受热汽化产生 60.1 ℃的二次蒸汽，料液从蒸发器底部经阀门 LV103 流入积液罐 F102。第三效蒸发器 F101C 蒸发室压力控制在 20kPa，溶液的液面高度通过液位控制器 LIC103 控制在 1.2m。完成液不满足工业生产要求时，经阀门 VG10 卸液。第三效产生的二次蒸汽送往冷凝器被冷凝而除去。真空泵用于保持蒸发装置的末效或后几效在真空下操作。

2. 工艺流程主要设备和主要控制

（1）设备列表

设备列表见表 4-20。

表 4-20　设备列表

序号	位号	名称
1	F101A	第一效蒸发器
2	F101B	第二效蒸发器
3	F101C	第三效蒸发器

序号	位号	名称
4	F102	储液罐
5	E101	换热器
6	FV101	流量控制阀
7	FV102	流量控制阀
8	LV101	液位控制阀
9	LV102	液位控制阀
10	LV103	液位控制阀
11	VG04	闸阀
12	VG05	闸阀
13	VG06	闸阀
14	VG07	闸阀
15	VG08	闸阀
16	VG09	闸阀
17	VG10	闸阀
18	VG11	闸阀
19	VG12	闸阀
20	VG13	闸阀
21	VG14	闸阀
22	VG15	闸阀
23	A	泵 A 开关
24	B	泵 B 开关

（2）仪表列表

仪表列表见表 4-21。

表 4-21　仪表列表

序号	位号	名称	正常情况显示值
1	FIC101	流量控制仪表	10000kg/h
2	FIC102	流量控制仪表	2063.3kg/h
3	PI101	压力显示仪表	3.22atm
4	PI102	压力显示仪表	1.60atm
5	PI103	压力显示仪表	0.25atm
6	PI104	压力显示仪表	0.20atm
7	TI101	温度显示仪表	143.8℃
8	TI102	温度显示仪表	124.5℃
9	TI103	温度显示仪表	87.0℃
10	LIC101	液位控制仪表	1.20m
11	LIC102	液位控制仪表	1.20m
12	LIC103	液位控制仪表	1.20m
13	LI104	液位显示仪表	50%

（3）控制方案

① 原料液流量控制　FV101 控制原料液的入口流量，FIC101 检测蒸发器的原料液入口流量的变化，并将信号传至 FV101 控制阀开度，使蒸发器入口流量维持在设定点。流量设置点为 10000kg/h。

② 加热蒸汽流量控制　FV102 控制加热蒸汽的流量，FIC102 检测蒸发器的二次蒸汽流量的变化，并将信号传至 FV102 控制阀开度，使二次蒸汽流量维持在设定点。流量设置点为 2063.4kg/h。

③ 蒸发器的液位控制　LV101、LV102 和 LV103 控制蒸发器出口料液的流量，LIC101、LIC102 和 LIC103 检测蒸发器的液位，并将信号传给 LV101、LV102 和 LV103 控制阀的开度，使蒸发器的料液及时排走，使蒸发器的液位维持在设定点。液位设定点为 1.2m。

二、操作规程

1. 冷态开车操作规程

① 分别打开冷却水阀 VG05、VG04。

② 开真空泵 A，泵前阀 VG11，控制冷凝器压力。

③ 开阀门 VG15，控制蒸发器压力。

④ 开启排冷凝水阀门 VG12。

⑤ 开疏水阀 VG06，VG07 和 VG08。

⑥ 手动调节 FV101，使 FIC101 指示值稳定到 10000kg/h，FV101 设自动（设定值为 10000kg/h）。

⑦ 开阀门 LV101，调整 F101A 液位在 1.2m 左右，LIC101 设自动（设定值为 1.2m）。

⑧ 当 F101A 压力大于 1atm 时，开阀门 VG13。

⑨ 开阀门 LV102，调整 F101B 液位在 1.2m 左右，LIC102 设自动（设定值为 1.2m）。

⑩ 当 F101B 压力大于 1atm 时，开阀门 VG14。

⑪ 调整阀门 VG10 的开度，使 F101C 中的料液保持一定的液位高度。

⑫ 手动调节 FV102，使 FIC102 指示值稳定到 2063.4kg/h，FV102 设自动（设定值为 2063.4kg/h）。

⑬ 调整阀门 VG13 开度，使 F101A 压力控制在 3.22atm，温度控制在 143.8℃。

⑭ 调整阀门 VG14 开度，使 F101B 压力控制在 1.60atm，温度控制在 124.5℃，F101C 温度控制在 86.8℃。

2. 正常工况下工艺参数

① 原料液入口流量 FIC101 为 10000kg/h。

② 加热蒸汽流量 FIC102 为 2063.4kg/h，压力 PI105 为 500kPa。

③ 第一效蒸发室压力 PI101 为 3.22atm，二次蒸汽温度 TI101 为 143.8℃。

④ 第一效加热室液位 LIC101 为 1.2m。

⑤ 第二效蒸发室压力 PI102 为 1.60atm，二次蒸汽温度 TI102 为 124.5℃。

⑥ 第二效加热室液位 LIC102 为 1.2m。

⑦ 第三效蒸发室压力 PI103 为 0.25atm，二次蒸汽温度 TI103 为 86.8℃。

⑧ 第二效加热室液位 LIC103 为 1.2m。

⑨ 冷凝器压力 PIC104 为 0.20atm。

3. 停车操作规程

① 关闭 LIC103，打开泄液阀 VG10。

② 调整 VG10 开度，使 FIC101 中保持一定的液位高度。

③ 关闭 FV102，停热物流进料。

④ 关闭 FV101，停冷物流进料。

⑤ 全开排气阀 VG13。

⑥ 调整 LV101 的开度，使 F101A 的液位接近 0。

⑦ 当 F101A 中压力接近 1atm 时，关闭阀门 VG13。

⑧ 关闭阀门 LV101。

⑨ 调整 VG14 开度，当 F101B 中压力接近 1atm 时，关闭阀门 VG14。

⑩ 调整 LV102 开度，使 F101B 液位为 0。

⑪ 关闭阀门 LV102。

⑫ 逐渐开大 VG10，泄液。

⑬ 关闭阀门 VG10，VG15。

⑭ 关闭真空泵 A，泵前阀 VG11。

⑮ 关闭冷却水阀 VG05，VG04。

⑯ 关闭冷凝水阀 VG12。

⑰ 关闭疏水阀 VG08，VG07，VG06。

三、事故操作规程

1. 冷物流进料调节阀卡

① 原因：冷物流进料调节阀 FV101 卡。

② 现象：进料量减少，蒸发器液位下降，温度降低，压力减小。

③ 处理：打开旁路阀 V3，保持进料量至正常值。

2. F101A 液位超高

① 原因：F101A 液位超高。

② 现象：F101A 液位 LIC101 超高，蒸发器压力升高、温度增加。

③ 处理：调整 LV101 开度，使 F101A 液位稳定在 1.2m。

3. 真空泵 A 故障

① 原因：运行真空泵 A 停。

② 现象：画面真空泵 A 显示为开，但冷凝器 E101 和末效蒸发器 F101C 压力急剧上升。

③ 处理：启动备用真空泵 B。

四、仿真界面

多效蒸发 DCS 界面见图 4-34。

多效蒸发现场界面见图 4-35。

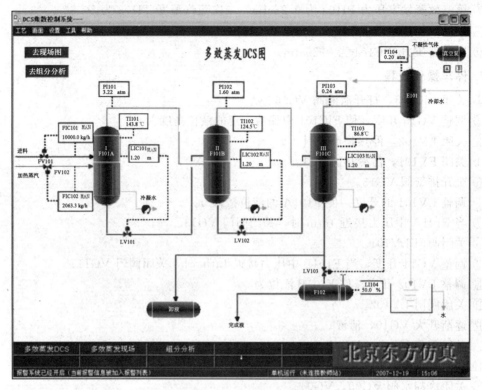

图 4-34　多效蒸发 DCS 界面

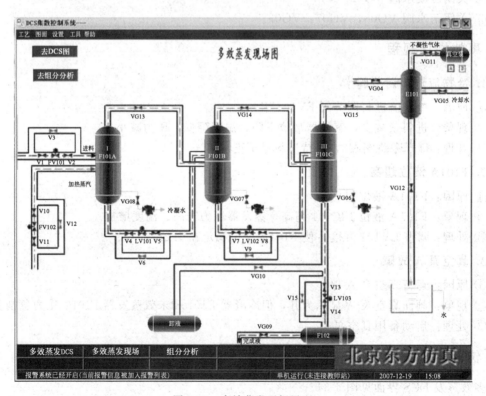

图 4-35　多效蒸发现场界面

第五章

设备经济指标运算仿真实训

实训一　间歇釜经济指标运算仿真

一、工艺仿真范围

1. 间歇釜工艺简介

间歇反应在助剂、制药、染料等行业的生产过程中很常见。本工艺过程的产品（2-巯基苯并噻唑）就是橡胶制品硫化促进剂 DM（2,2-二硫代苯并噻唑）的中间产品，它本身也是硫化促进剂，但活性不如 DM。

全流程的缩合反应包括备料工序和缩合工序。考虑到突出重点，将备料工序略去。缩合工序共有三种原料：多硫化钠（Na_2S_n）、邻硝基氯苯（$C_6H_4ClNO_2$）及二硫化碳（CS_2）。

① 主反应如下：

$$2C_6H_4ClNO_2 + Na_2S_n \longrightarrow C_{12}H_8N_2S_2O_4 + 2NaCl + (n-2)S$$

$$C_{12}H_8N_2S_2O_4 + 2CS_2 + 2H_2O + 3Na_2S_n \longrightarrow 2C_7H_4NS_2Na + 2H_2S + 3Na_2S_2O_3 + (3n+4)S$$

② 副反应如下：

$$C_6H_4ClNO_2 + Na_2S_n + H_2O \longrightarrow C_6H_6NCl + Na_2S_2O_3 + S$$

③ 工艺流程如下：来自备料工序的 CS_2、$C_6H_4ClNO_2$、Na_2S_n 分别注入计量罐及沉淀罐中，经计量沉淀后利用位差及离心泵压入反应釜中，釜温由夹套中的蒸汽、冷却水及蛇管中的冷却水控制，设有分程控制 TIC101（只控制冷却水），通过控制反应釜温来控制主反应速率及副反应速率，来获得较高的收率及确保反应过程安全。

在本工艺流程中，主反应的活化能要比副反应的活化能要高，因此升温后更利于反应收率。在 90℃ 的时候，主反应和副反应的速率比较接近，因此，要尽量延长反应温度在 90℃ 以上时的时间，以获得更多的主反应产物。

2. 主要设备

R01 是间歇反应釜；VX01 是 CS_2 计量罐；VX02 是邻硝基氯苯计量罐；VX03 是 Na_2S_n 沉淀罐；PUMP1 是离心泵。

二、经济指标说明

1. 经济指标介绍

经济指标版本软件加入了原料、产品、副产品、能源消耗等总量数据的统计，以及单位产量能源消耗量（单耗）、企业单耗指标、单价、产值、消耗成本等经济数据的统计，并由这些数据形成动态数据趋势图，并且这些数据可以以 Excel 表的格式进行保存打印，从而对生产过程进行管理、指导、控制、监督和检查，提高经济效益，改善产品质量，加强培训人员对经济指标的重视，形成节约成本的意识，使软件操作更接近实际操作。并且参考生产数据，可以优化开停车操作，减少消耗，增加产出。

（1）能耗的概念

能耗是指软件运行期内，生产过程中所消耗的某种能源总量。

（2）单耗的概念

单耗指生产单位产品产量所需要的消耗总量。其计算方式如下：

$$单耗值(t/t) = \frac{消耗能源总量(t)}{产品总量(t)}$$

企业单耗指标是指在正常操作下企业单耗的标准值。评分中出现的参考单耗是指在非正常操作工况下，提供的参考单耗标准值。

（3）单价的概念

单价是指每种商品单位数量的价格。软件中的单价以北京地区物价水平为参考值，在软件中单价值可修改。软件中废液的价格栏是指废液的处理费用。

（4）物料产值及成本的概念

产值是指在软件运行期内生产的产品或副产品在软件设定的价格下的价值量，计算方式如下：

$$产值(元) = 产品总量(t) × 价格(元/t)$$

成本是指在软件运行期内的消耗物料在软件设定的价格下的价值量，计算方法如下：

$$成本(元) = 消耗总量(t) × 价格(元/t)$$

（5）总产值的概念

总产值是指软件运行期内，主产品及副产品产值的加和。

（6）生产成本的概念

生产成本是指软件运行期内，消耗物料的成本及废液处理费用的加和。

2. 经济指标及能耗总表功能介绍

在软件中点击"经济指标总表"按钮，显示经济指标及物料消耗总表界面，见图 5-1。

（1）数据总汇功能

在经济指标及物料消耗总表中，对各种物料的生产或消耗总量、单耗、单价、产值或总产值、生产成本等进行了数据总汇。

（2）单耗报警功能

在图 5-1 中，企业单耗指标会以黄色高亮表示，如果在操作过程中单耗超过单耗标准，则单耗值变为用红色高亮进行报警。

（3）单价更改功能

若本地物价价格与软件参考单价不同，可单击单价栏中的数字，对数值进行编辑修改。

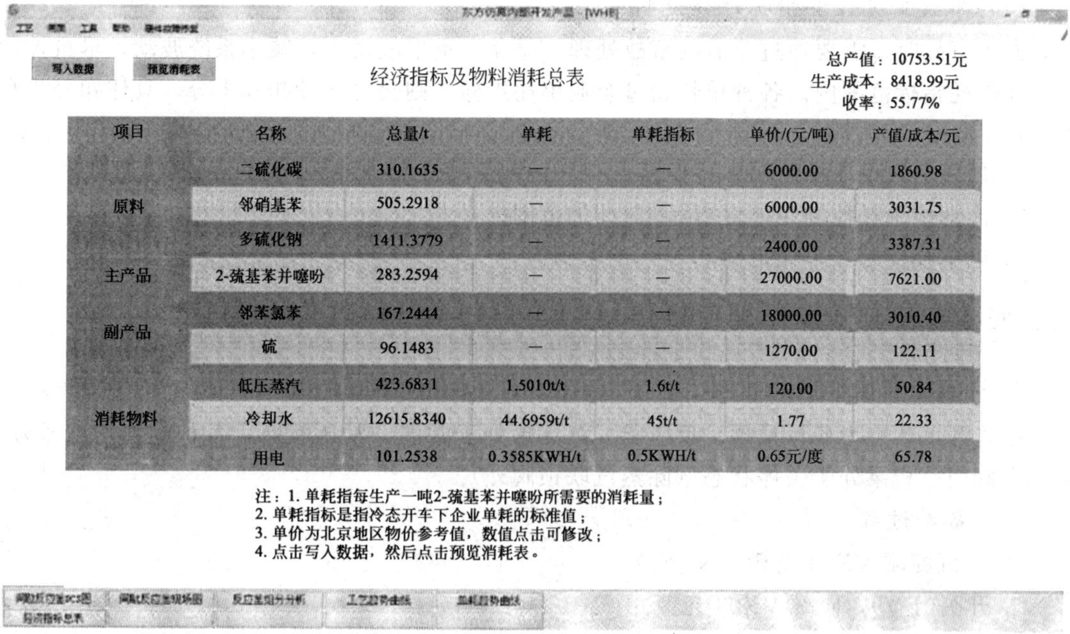

项目	名称	总量/t	单耗	单耗指标	单价/(元/吨)	产值/成本/元
原料	二硫化碳	310.1635	—	—	6000.00	1860.98
	邻硝基苯	505.2918	—	—	6000.00	3031.75
	多硫化钠	1411.3779	—	—	2400.00	3387.31
主产品	2-巯基苯并噻吩	283.2594	—	—	27000.00	7621.00
副产品	邻苯氯苯	167.2444	—	—	18000.00	3010.40
	硫	96.1483	—	—	1270.00	122.11
消耗物料	低压蒸汽	423.6831	1.5010t/t	1.6t/t	120.00	50.84
	冷却水	12615.8340	44.6959t/t	45t/t	1.77	22.33
	用电	101.2538	0.3585KWH/t	0.5KWH/t	0.65元/度	65.78

注：1. 单耗指每生产一吨2-巯基苯并噻吩所需要的消耗量；
2. 单耗指标是指冷态开车下企业单耗的标准值；
3. 单价为北京地区物价参考值，数值点击可修改；
4. 点击写入数据，然后点击预览消耗表。

图 5-1 经济指标及物料消耗总表界面（1）

（4）数据导出功能

点击“写入数据”按钮，对当前表格数据进行写入，然后点击“预览消耗表”按钮，则可生产 Excel 格式的表格，表格中汇总了统计数据及学员登录时的信息和数据写入时间，并且可在 Excel 中进行保存打印。本机需要安装 Excel 2003 及以上版本，才能使用该功能。

3. 经济指标评分说明

（1）冷态开车工况经济指标评分说明

软件冷态开车操作步骤全部完成，调节至正常后，各种单耗超过建议单耗标准，则每项扣 30 分。具体扣分步骤如下：

① 低压蒸汽单耗控制在单耗指标 1.6t/t 的范围内。

② 冷却水单耗控制在单耗指标 45t/t 的范围内。

③ 电单耗控制在单耗指标 0.5t/t 的范围内。

（2）热态开车工况经济指标评分说明

软件热态开车操作步骤全部完成，调节至正常后，各种单耗超过建议单耗标准，则每项扣 30 分。具体扣分步骤如下：

① 低压蒸汽单耗控制在单耗指标 1.6t/t 的范围内。

② 冷却水单耗控制在单耗指标 45t/t 的范围内。

③ 电单耗控制在单耗指标 0.5t/t 的范围内。

（3）停车出料工况经济指标评分说明

软件停车出料操作步骤全部完成，调节至正常后，各种单耗超过建议单耗标准，则每项扣 30 分。具体扣分步骤如下：

① 低压蒸汽单耗控制在单耗指标 1.6t/t 的范围内。

② 冷却水单耗控制在单耗指标 45t/t 的范围内。

③ 电单耗控制在单耗指标 0.5t/t 的范围内。

（4）事故工况经济指标评分说明

发生事故时，需要通过及时的事故处理，避免严重事故发生，减小系统波动，尽量控制单耗在单耗指标范围内。各种单耗超过企业单耗指标，则会每 2 秒扣 0.1 分。具体扣分步骤如下：

① 低压蒸汽单耗控制在单耗指标 1.6t/t 的范围内。

② 冷却水单耗控制在单耗指标 45t/t 的范围内。

③ 电单耗控制在单耗指标 0.5t/t 的范围内。

三、间歇釜反应器操作规程简介

1. 冷态开车操作规程说明

装置开工状态为各计量罐、反应釜、沉淀罐处于常温、常压状态，各种物料均已备好，大部分阀门、机泵处于关停状态（除蒸汽联锁阀外）。

（1）备料过程

① 向沉淀罐 VX03 进料（Na_2S_n）

a. 开阀门 V9，向罐 VX03 充液。

b. VX03 液位接近 3.60m 时，关小 V9，至 3.60m 时关闭 V9。

c. 静置 4min（实际 4h）备用。

② 向计量罐 VX01 进料（CS_2）

a. 开放空阀门 V2。

b. 开溢流阀门 V3。

c. 开进料阀 V1，开度约为 50％，向罐 VX01 充液。液位接近 1.4m 时，可关小 V1。

d. 溢流标志变绿后，迅速关闭 V1。

e. 待溢流标志再度变红后，可关闭溢流阀 V3。

③ 向计量罐 VX02 进料（邻硝基氯苯）

a. 开放空阀门 V6。

b. 开溢流阀门 V7。

c. 开进料阀 V5，开度约为 50％，向罐 VX01 充液。液位接近 1.2m 时，可关小 V5。

d. 溢流标志变绿后，迅速关闭 V5。

e. 待溢流标志再度变红后，可关闭溢流阀 V7。

（2）进料

① 微开放空阀 V12，准备进料。

② 从 VX03 中向反应器 RX01 中进料（Na_2S_n）

a. 打开泵前阀 V10，向进料泵 PUM1 中充液。

b. 打开进料泵 PUM1。

c. 打开泵后阀 V11，向 RX01 中进料。

d. 至液位小于 0.1m 时停止进料，关泵后阀 V11。

e. 关泵 PUM1。

f. 关泵前阀 V10。

③ 从 VX01 中向反应器 RX01 中进料（CS_2）

a. 检查放空阀 V2 开放。

b. 打开进料阀 V4 向 RX01 中进料。

c. 待进料完毕后关闭 V4。

④ 从 VX02 中向反应器 RX01 中进料（邻硝基氯苯）。

a. 检查放空阀 V6 开放。

b. 打开进料阀 V8 向 RX01 中进料。

c. 待进料完毕后关闭 V8。

⑤ 进料完毕后关闭放空阀 V12。

（3）开车阶段

① 检查放空阀 V12，进料阀 V4、V8、V11 是否关闭。打开联锁控制。

② 开启反应釜搅拌电机 M1。

③ 适当打开夹套蒸汽加热阀 V19，观察反应釜内温度和压力上升情况，保持适当的升温速度。

④ 控制反应温度直至反应结束。

（4）反应过程控制

① 当温度升至 55～65℃ 左右关闭 V19，停止通蒸汽加热。

② 当温度升至 70～80℃ 左右时微开 TIC101（冷却水阀 V22、V23），控制升温速度。

③ 当温度升至 110℃ 以上时，是反应剧烈的阶段，应小心加以控制，防止超温。当温度难以控制时，打开高压水阀 V20，并可关闭搅拌器 M1 以使反应降速。当压力过高时，可微开放空阀 V12 以降低气压，但放空会使 CS2 损失，污染大气。

④ 反应温度大于 128℃ 时，相当于压力超过 8atm，已处于事故状态，如联锁开关处于"ON"的状态，联锁启动（开高压冷却水阀，关搅拌器，关加热蒸汽阀。）。

⑤ 压力超过 15atm（相当于温度大于 160℃），反应釜安全阀作用。

2. 热态开车操作规程说明

（1）反应中要求的工艺参数

① 反应釜中压力不大于 8atm。

② 冷却水出口温度不小于 60℃，如小于 60℃ 易使硫在反应釜壁和蛇管表面结晶，使传热不畅。

（2）主要工艺生产指标的调整方法

① 温度调节：操作过程中以温度为主要调节对象，以压力为辅助调节对象。升温慢会引起副反应速率大于主反应速率的时间段过长，因而引起反应的产率降低。升温快则容易使反应失控。

② 压力调节：压力调节主要是通过调节温度实现的，但在超温的时候可以微开放空阀，使压力降低，以达到安全生产的目的。

③ 收率：由于在 90℃ 以下时，副反应速率大于主反应速率，因此在安全的前提下快速升温是收率高的保证。

3. 停车操作规程说明

在冷却水量很小的情况下，反应釜的温度下降仍较快，则说明反应接近尾声，可以进行停车出料操作了。

① 打开放空阀 V12 约 5～10s，放掉釜内残存的可燃气体。关闭 V12。

② 向釜内通增压蒸汽

a. 打开蒸汽总阀 V15。

b. 打开蒸汽加压阀 V13 给釜内升压，使釜内气压高于 4atm。

③ 打开蒸汽预热阀 V14 片刻。

④ 打开出料阀门 V16 出料。

⑤ 出料完毕后保持开 V16 约 10s 进行吹扫。

⑥ 关闭出料阀 V16（尽快关闭，超过 1min 不关闭将不能得分）。

⑦ 关闭蒸汽阀 V15。

四、事故操作规程

1. 超温（压）事故

① 原因：反应釜超温（超压）。

② 现象：温度大于 128℃（气压大于 8atm）。

③ 处理

a. 开大冷却水，打开高压冷却水阀 V20。

b. 关闭搅拌器 PUM1，使反应速率下降。

c. 如果气压超过 12atm，打开放空阀 V12。

2. 搅拌器 M1 停转

① 原因：搅拌器坏。

② 现象：反应速率逐渐下降为低值，产物浓度变化缓慢。

③ 处理：停止操作，出料维修。

3. 冷凝水阀 V22、V23 卡住（堵塞）

① 原因：蛇管冷却水阀 V22 卡住。

② 现象：开大冷却水阀对控制反应釜温度无作用，且出口温度稳步上升。

③ 处理：开冷却水旁路阀 V17 调节。

4. 出料管堵塞

① 原因：出料管硫黄结晶，堵住出料管。

② 现象：出料时，内气压较高，但釜内液位下降很慢。

③ 处理：开出料预热蒸汽阀 V14 吹扫 5min 以上（仿真中采用）。拆下出料管用火烧化硫黄，或更换管段及阀门。

5. 测温电阻连线故障

① 原因：测温电阻连线断。

② 现象：温度显示置零。

③ 处理

a. 改用压力显示对反应进行调节（调节冷却水用量）。

b. 升温至压力为 0.3～0.75atm 就停止加热。

c. 升温至压力为 1.0～1.6atm 开始通冷却水。

d. 压力为 3.5～4atm 以上为反应剧烈阶段。

e. 反应压力大于 7atm，相当于温度大于 128℃，处于故障状态。

f. 反应压力大于 10atm，反应器联锁启动。

g. 反应压力大于 15atm，反应器安全阀启动。

以上压力为表压。

五、仪表一览表

仪表一览表见表 5-1。

表 5-1 仪表一览表

位号	说明	类型	工程单位
TIC101	反应釜温度控制	PID	℃
TI102	反应釜夹套冷却水温度	AI	℃
TI103	反应釜蛇管冷却水温度	AI	℃
TI104	CS_2 计量罐温度	AI	℃
TI105	邻硝基氯苯罐温度	AI	℃
TI106	多硫化钠沉淀罐温度	AI	℃
LI101	CS_2 计量罐液位	AI	m
LI102	邻硝基氯苯罐液位	AI	m
LI103	多硫化钠沉淀罐液位	AI	m
LI104	反应釜液位	AI	m
PI101	反应釜压力	AI	atm

实训二 精馏塔经济指标运算仿真

一、工艺仿真范围

（1）精馏塔工艺说明

本流程是利用精馏方法，在脱丁烷塔中将丁烷从脱丙烷塔釜混合物中分离出来。精馏是将液体混合物部分汽化，利用其中各组分相对挥发度的不同，通过液相和气相间的质量传递来实现对混合物的分离。本装置中将脱丙烷塔釜混合物部分汽化，由于丁烷的沸点较低，即其挥发度较高，故丁烷易于从液相中汽化出来，再将汽化的蒸气冷凝，可得到丁烷组成高于原料的混合物，经过多次汽化冷凝，即可达到分离混合物中丁烷的目的。

原料为 67.8℃脱丙烷塔的釜液（主要有 C_4、C_5、C_6、C_7 等），由脱丁烷塔（DA405）的第 16 块板进料（全塔共 32 块板），进料量由流量控制器 FIC101 控制。灵敏板温度由调节器 TC101 通过调节再沸器加热蒸汽的流量来控制，从而控制丁烷的分离质量。

脱丁烷塔塔釜液（主要为 C_5 以上馏分）一部分作为产品采出，一部分经再沸器（EA418A、B）部分汽化为蒸气从塔底上升。塔釜的液位和塔釜产品采出量由 LC101 和 FC102 组成的串级控制器控制。再沸器采用低压蒸汽加热。塔釜蒸气缓冲罐（FA414）液位由液位控制器 LC102 调节底部采出量控制。

塔顶的上升蒸气（C_4 馏分和少量 C_5 馏分）经塔顶冷凝器（EA419）全部冷凝成液体，该冷凝液靠位差流入回流罐（FA408）。塔顶压力 PC102 采用分程控制：在正常的压力波动下，通过调节塔顶冷凝器的冷却水量来调节压力，当压力超高时，压力报警系统发出报警信号，PC102 调节塔顶至回流罐的排气量来控制塔顶压力，调节气相出料。操作压力为 4.25atm（表压），高压控制器 PC101 通过调节回流罐的气相排放量，来控制塔内压力稳定。冷凝器以冷却水为载热体。回流罐液位由液位控制器 LC103 调节塔顶产品采出量来维持恒定。回流罐中的液体一部分作为塔顶产品送下一工序，另一部分液体由回流泵（GA412A、B）送回塔顶作为回流液，回流量由流量控制器 FC104 控制。

（2）复杂控制方案简介

精馏单元复杂控制回路主要是串级回路的使用，在精馏塔和回流罐中都使用了液位与流量串级回路。

串级回路是在简单调节系统基础上发展起来的。在结构上，串级回路调节系统有两个闭合回路。主、副调节器串联，主调节器的输出为副调节器的给定值，系统通过副调节器的输出操纵调节阀动作，实现对主参数的定值调节。所以在串级回路调节系统中，主回路是定值调节系统，副回路是随动系统。

分程控制就是由一个调节器的输出信号控制两个或更多的调节阀，每个调节阀在调节器的输出信号的某段范围中工作。

具体实例：DA405 的塔釜液位控制 LC101 和塔釜出料 FC102 构成一串级回路。

FC102.SP 随 LC101.OP 的改变而变化。

PIC102 为一分程控制器，分别控制 PV102A 和 PV102B，当 PC102.OP 逐渐开大时，PV102A 从 0 逐渐开大到 100；而 PV102B 从 100 逐渐关小至 0。

（3）主要设备

DA405 是脱丁烷塔；EA419 是塔顶冷凝器；FA408 是塔顶回流罐；GA412A、B 是回流泵；EA418A、B 是塔釜再沸器；FA414 是塔釜蒸汽缓冲罐。

二、经济指标说明

1. 经济指标介绍

经济指标版本软件加入了原料、产品、副产品、能源消耗、三废等总量数据的统计，以及单位产量能源消耗量（单耗）、企业单耗指标、单价、产值、消耗成本等经济数据的统计，并由这些数据形成动态数据趋势图，并且这些数据可以以 Excel 表的格式进行保存打印，从而对生产过程进行管理、指导、控制、监督和检查，提高经济效益，改善产品质量，加强培训人员对经济指标的重视，形成节约成本的意识，使软件操作更接近实际操作。并且参考生产数据，可以优化开停车操作，减少消耗，增加产出。

（1）能耗的概念

能耗是指软件运行期内，生产过程中所消耗的某种能源总量。

（2）单耗的概念

单耗指生产单位产品产量所需要的消耗总量。其计算方式如下：

$$单耗值(t/t) = \frac{消耗能源总量(t)}{产品总量(t)}$$

企业单耗指标是指在正常操作下企业单耗的标准值。评分中出现的参考单耗是指在非正常操作工况下，提供的参考单耗标准值。

（3）单价的概念

单价是指每种商品单位数量的价格。软件中的单价以北京地区物价水平为参考值，在软件中单价值可修改。软件中废液的价格栏是指废液的处理费用。

（4）物料产值及成本的概念

产值是指在软件运行期内生产的产品或副产品在软件设定的价格下的价值量，计算方式如下：

$$产值(元)=产品总量(t)\times价格(元/t)$$

成本是指在软件运行期内的消耗物料在软件设定的价格下的价值量。

$$成本(元)=消耗总量(t)\times价格(元/t)$$

（5）总产值的概念

总产值是指软件运行期内，主产品及副产品产值的加和。

（6）生产成本的概念

生产成本是指软件运行期内，消耗物料的成本及废液处理费用的加和。

2. 经济指标及能耗总表功能介绍

在软件中点击“经济指标总表”按钮，显示经济指标及物料消耗总表界面见图 5-2。

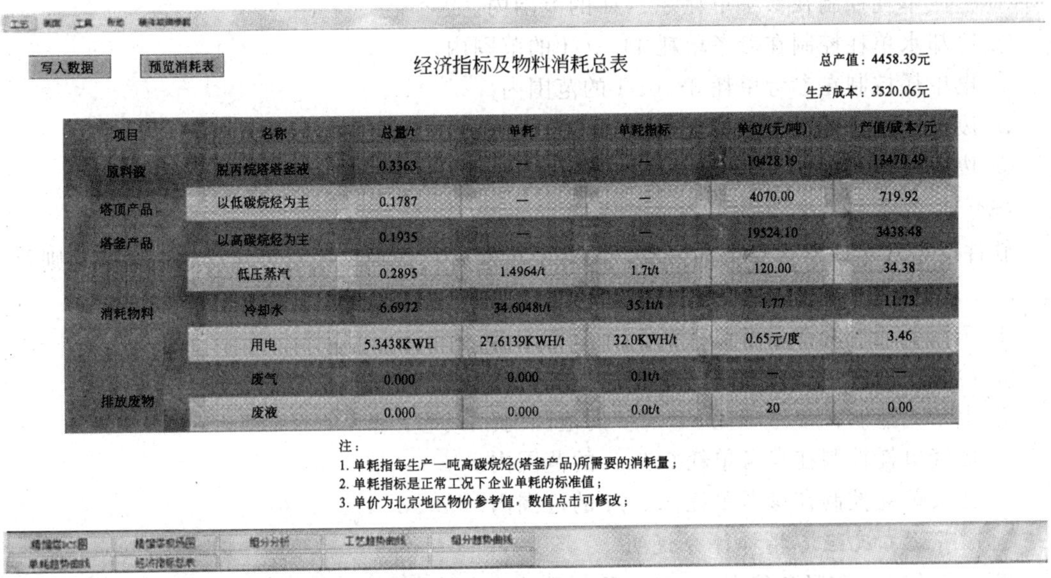

项目	名称	总量/t	单耗	单耗指标	单位/(元/吨)	产值/成本/元
原料液	脱丙烷塔塔釜液	0.3363	—	—	10428.19	13470.49
塔顶产品	以低碳烷烃为主	0.1787	—	—	4070.00	719.92
塔釜产品	以高碳烷烃为主	0.1935	—	—	19524.10	3438.48
消耗物料	低压蒸汽	0.2895	1.4964/t	1.7t/t	120.00	34.38
	冷却水	6.6972	34.6048t/t	35.1t/t	1.77	11.73
	用电	5.3438KWH	27.6139KWH/t	32.0KWH/t	0.65元/度	3.46
排放废物	废气	0.000	0.000	0.1t/t	—	—
	废液	0.000	0.000	0.0t/t	20	0.00

注：
1. 单耗指每生产一吨高碳烷烃(塔釜产品)所需要的消耗量；
2. 单耗指标是正常工况下企业单耗的标准值；
3. 单价为北京地区物价参考值，数值点击可修改；

图 5-2　经济指标及物料消耗总表界面（2）

（1）数据总汇功能

在经济指标及物料消耗总表中各种物料的生产或消耗总量、单耗、单价、产值或总产值、生产成本等进行了数据总汇。

（2）单耗报警功能

在图 5-2 中，企业单耗指标应为黄色高亮，如果在操作过程中单耗超过单耗标准，则单耗值变为红色高亮进行报警。

（3）单价更改功能

若本地物价价格与软件参考单价不同，可单击单价栏中的数字，对数值进行编辑修改。

（4）数据导出功能

点击"写入数据"按钮，对当前表格数据进行写入，然后点击"预览消耗表"按钮，则可生产 Excel 格式的表格，表格中汇总了统计数据及学员登录时的信息和数据写入时间，并且可在 Excel 中进行保存打印。本机需要安装 Excel2003 及以上版本，才能使用该功能。

3. 经济指标评分说明

（1）正常工况经济指标评分说明

软件正常操作维持时，各种单耗超过企业单耗指标，则会每 2 秒扣 0.1 分。具体扣分步骤如下：

① 蒸汽单耗控制在单耗指标 1.7t/t 的范围内。

② 冷却水单耗控制在单耗指标 35.1t/t 的范围内。

③ 电单耗控制在单耗指标 32t/t 的范围内。

④ 废气单耗控制在单耗指标 0.1t/t 的范围内。

⑤ 废液单耗控制在单耗指标 0t/t 的范围内。

（2）冷态开车工况经济指标评分说明

软件冷态开车操作步骤全部完成，调节至正常后，各种单耗超过建议单耗标准，则每项扣 30 分。具体扣分步骤如下：

① 蒸汽单耗控制在参考单耗 3.3t/t 的范围内。

② 冷却水单耗控制在参考单耗 44.3t/t 的范围内。

③ 电单耗控制在参考单耗 38.0t/t 的范围内。

④ 废气单耗控制在参考单耗 0.2t/t 的范围内。

⑤ 废液单耗控制在参考单耗 0t/t 的范围内。

（3）正常停车工况经济指标评分说明

软件冷态开车操作步骤全部完成，调节至正常后，各种单耗超过建议单耗标准，则每项扣 30 分。具体扣分步骤如下：

① 蒸汽单耗控制在参考单耗 0.8t/t 的范围内。

② 冷却水单耗控制在参考单耗 39.7t/t 的范围内。

③ 电单耗控制在参考单耗 84.2t/t 的范围内。

④ 废气单耗控制在参考单耗 0.3t/t 的范围内。

⑤ 废液单耗控制在参考单耗 5.2t/t 的范围内。

（4）事故工况经济指标评分说明

发生事故时（非紧急停车），需要通过及时的事故处理，避免严重事故发生，减小系统波动，尽量控制单耗在单耗指标范围内。各种单耗超过企业单耗指标，则会每 2 秒扣 0.1 分。非紧急停车事故，具体扣分步骤如下：

① 蒸汽单耗控制在单耗指标 1.7t/t 的范围内。

② 冷却水单耗控制在单耗指标 35.1t/t 的范围内。

③ 电单耗控制在单耗指标 32t/t 的范围内。

④ 废气单耗控制在单耗指标 0.1t/t 的范围内。

⑤ 废液单耗控制在单耗指标 0t/t 的范围内。

当发生需要紧急停车的事故时，各种单耗超过建议单耗标准，则每项扣 30 分。具体扣分步骤如下：

① 蒸汽单耗控制在参考单耗 2.3t/t 的范围内。

② 冷却水单耗控制在参考单耗 2.7t/t 的范围内。

③ 电单耗控制在参考单耗 176.6t/t 的范围内。

④ 废气单耗控制在参考单耗 6.9t/t 的范围内。

⑤ 废液单耗控制在参考单耗 28.7t/t 的范围内。

三、精馏塔操作规程简介

1. 冷态开车操作规程说明

装置冷态开工状态为精馏塔单元处于常温、常压氮吹扫完毕后的氮封状态，所有阀门、机泵处于关停状态。

（1）进料过程

① 开 FA408 顶放空阀 PC101 排放不凝气，稍开 FIC101 调节阀（不超过 20%），向精馏塔进料。

② 进料后，塔内温度略升，压力升高。当压力 PC101 升至 0.5atm 时，关闭 PC101 调节阀设自动，并控制塔压不超过 4.25atm（如果塔内压力大幅波动，改回手动调节稳定压力）。

（2）启动再沸器

① 当压力 PC101 升至 0.5atm 时，打开冷凝水 PC102 调节阀至 50%；塔压基本稳定在 4.25atm 后，可加大塔进料（FIC101 开至 50%左右）。

② 待塔釜液位 LC101 升至 20%以上时，开加热蒸汽入口阀 V13，再稍开 TC101 调节阀，给再沸器缓慢加热，并调节 TC101 阀开度使塔釜液位 LC101 维持在 40%~60%。待 FA414 液位 LC102 升至 50%时，设自动，设定值为 50%。

（3）建立回流

随着塔进料增加和再沸器、冷凝器投用，塔压会有所升高，回流罐逐渐积液。

① 塔压升高时，通过开大 PC102 的输出，改变塔顶冷凝器冷却水量和旁路量来控制塔压稳定。

② 当回流罐液位 LC103 升至 20%以上时，先开回流泵 GA412A/B 的入口阀 V19，再启动泵，再开出口阀 V17，启动回流泵。

③ 通过 FC104 的阀开度控制回流量，维持回流罐液位不超高，同时逐渐关闭进料，全回流操作。

（4）调整至正常

① 当各项操作指标趋近正常值时，打开进料阀 FIC101。

② 逐步调整进料量 FIC101 至正常值。

③ 通过 TC101 调节再沸器加热量使灵敏板温度 TC101 达到正常值。

④ 逐步调整回流量 FC104 至正常值。

⑤ 开 FC103 和 FC102 出料，注意塔釜、回流罐液位。

⑥ 将各控制回路设自动，各参数稳定并与工艺设计值吻合后，投产品采出串级。

2. 正常操作规程说明

（1）正常工况下的工艺参数

① 进料流量 FIC101 设为自动，设定值为 14056kg/h。

② 塔釜采出量 FC102 设为串级，设定值为 7349kg/h，LC101 设自动，设定值为 50%。

③ 塔顶采出量 FC103 设为串级，设定值为 6707kg/h。

④ 塔顶回流量 FC104 设为自动，设定值为 9664kg/h。

⑤ 塔顶压力 PC102 设为自动，设定值为 4.25atm，PC101 设自动，设定值为 5.0atm。

⑥ 灵敏板温度 TC101 设为自动，设定值为 89.3 ℃。

⑦ FA414 液位 LC102 设为自动，设定值为 50%。

⑧ 回流罐液位 LC103 设为自动，设定值为 50%。

（2）主要工艺生产指标的调整方法

① 质量调节：本系统的质量调节采用以提馏段灵敏板温度作为主参数，用再沸器和加热蒸汽来控制流量的调节系统，以实现对塔的分离质量控制。

② 压力控制：在正常的压力情况下，由塔顶冷凝器的冷却水量来调节压力，当压力高于操作压力 4.25atm（表压）时，压力报警系统发出报警信号，同时调节器 PC101 将调节回流罐的气相出料，为了保持同气相出料的相对平衡，该系统采用压力分程调节。

③ 液位调节：塔釜液位由调节塔釜的产品采出量来维持恒定，设有高低液位报警。回流罐液位由调节塔顶产品采出量来维持恒定，设有高低液位报警。

④ 流量调节：进料量和回流量都采用单回路的流量控制；再沸器加热介质流量，由灵敏板温度调节。

3. 停车操作规程说明

（1）降负荷

① 逐步关小 FIC101 调节阀，降低进料至正常进料量的 70%。

② 在降负荷过程中，保持灵敏板温度 TC101 的稳定性和塔压 PC102 的稳定，使精馏塔分离出合格产品。

③ 在降负荷过程中，尽量通过 FC103 排出回流罐中的液体产品，至回流罐液位 LC104 在 20% 左右。

④ 在降负荷过程中，尽量通过 FC102 排出塔釜产品，使 LC101 降至 30% 左右。

（2）停进料和再沸器

在负荷降至正常的 70%，且产品已大部采出后，停进料和再沸器。

① 关 FIC101 调节阀，停精馏塔进料。

② 关 TC101 调节阀和 V13 或 V16 阀，停再沸器的加热蒸汽。

③ 关 FC102 调节阀和 FC103 调节阀，停止产品采出。

④ 打开塔釜泄液阀 V10，排不合格产品，并控制塔釜降低液位。

⑤ 手动打开 LC102 调节阀，对 FA114 泄液。

（3）停回流

① 停进料和再沸器后，回流罐中的液体全部通过回流泵打入塔内，以降低塔内温度。

② 当回流罐液位降至 0 时，关 FC104 调节阀，关泵出口阀 V17（或 V18），停泵 GA412A（或 GA412B），关入口阀 V19（或 V20），停回流。

③ 开泄液阀 V10 排净塔内液体。

（4）降压、降温

① 打开 PC101 调节阀，将塔压降至接近常压后，关 PC101 调节阀。

② 全塔温度降至 50℃ 左右时，关塔顶冷凝器的冷却水（PC102 的输出至 0）。

四、事故操作规程

1. 加热蒸汽压力过高

① 原因：加热蒸汽压力过高。

② 现象：加热蒸汽的流量增大，塔釜温度持续上升。

③ 处理：适当减小 TC101 的阀门开度。

2. 加热蒸汽压力过低

① 原因：加热蒸汽压力过低。

② 现象：加热蒸汽的流量减小，塔釜温度持续下降。

③ 处理：适当增大 TC101 的开度。

3. 冷凝水中断

① 原因：停冷凝水。

② 现象：塔顶温度上升，塔顶压力升高。

③ 处理

a. 开回流罐放空阀 PC101 保压。

b. 手动关闭 FC101，停止进料。

c. 手动关闭 TC101，停加热蒸汽。

d. 手动关闭 FC103 和 FC102，停止产品采出。

e. 开塔釜排液阀 V10，排不合格产品。

f. 手动打开 LIC102，对 FA114 泄液。

g. 当回流罐液位为 0 时，关闭 FIC104。

h. 关闭回流泵出口阀 V17/V18。

i. 关闭回流泵 GA424A/GA424B。

j. 关闭回流泵入口阀 V19/V20。

k. 待塔釜液位为 0 时，关闭泄液阀 V10。

l. 待塔顶压力降为常压后，关闭冷凝器。

4. 停电

① 原因：停电。

② 现象：回流泵 GA412A 停止，回流中断。

③ 处理

a. 手动开回流罐放空阀 PC101 泄压。

b. 手动关进料阀 FIC101。

c. 手动关出料阀 FC102 和 FC103。

d. 手动关加热蒸汽阀 TC101。

e. 开塔釜排液阀 V10 和回流罐泄液阀 V23，排不合格产品。

f. 手动打开 LIC102，对 FA114 泄液。

g. 当回流罐液位为 0 时，关闭 V23。

h. 关闭回流泵出口阀 V17/V18。

i. 关闭回流泵 GA424A/GA424B。

j. 关闭回流泵入口阀 V19/V20。

k. 塔釜液位为 0 时，关闭泄液阀 V10。

l. 待塔顶压力降为常压后，关闭冷凝器。

5. 回流泵故障

① 原因：回流泵 GA412A 泵坏。

② 现象：GA412A 断电，回流中断，塔顶压力、温度上升。

③ 处理

a. 开备用泵入口阀 V20。

b. 启动备用泵 GA412B。

c. 开备用泵出口阀 V18。

d. 关闭运行泵出口阀 V17。

e. 停运行泵 GA412A。

f. 关闭运行泵入口阀 V19。

6. 回流控制阀 FC104 阀卡

① 原因：回流控制阀 FC104 阀卡。

② 现象：回流量减小，塔顶温度上升，压力增大。

③ 处理：打开旁路阀 V14，保持回流。

五、仪表一览表

仪表一览表见表 5-2。

表 5-2　仪表一览表

位号	说明	类型	正常值	工程单位
FIC101	塔进料量控制	PID	14056.0	kg/h
FC102	塔釜采出量控制	PID	7349.0	kg/h
FC103	塔顶采出量控制	PID	6707.0	kg/h
FC104	塔顶回流量控制	PID	9664.0	kg/h
PC101	塔顶压力控制	PID	4.25	atm
PC102	塔顶压力控制	PID	4.25	atm
TC101	灵敏板温度控制	PID	89.3	℃
LC101	塔釜液位控制	PID	50.0	%
LC102	塔釜蒸汽缓冲罐液位控制	PID	50.0	%
LC103	塔顶回流罐液位控制	PID	50.0	%
TI102	塔釜温度	AI	109.3	℃
TI103	进料温度	AI	67.8	℃
TI104	回流温度	AI	39.1	℃
TI105	塔顶气温度	AI	46.5	℃

第六章
精细化工清洁生产案例分析

案例一　实践环节与生产案例分析

工科人才培养体系的实践教学环节包括课内实验、计算机上机训练、课程设计、专业认识实习、生产实习、毕业论文和创新创业训练等环节。为了适应新工科建设培养专业技术人才不仅要具有扎实的实践能力，还要具有丰富的工程实践经验。以校、企联合办学形式，建立生产企业、学校教学团队的紧密型合作，对课程设计、专业认识实习、生产实习和创新创业训练等实践环节，通过与企业签订校外合作协议，建立企业人员与学校团队教师、学生共同参与的人才培养系统。

QC化学股份有限公司现为国内最大的1,8-萘酐、芴、苊酐、苊系及苯并咪唑酮系列有机颜料的生产及深加工基地，是美国通用、德国拜耳、德国巴斯夫、日本化药等世界500强企业指定的高性能着色剂及其系列产品供应商。QC化学公司是国家火炬计划重点高新技术企业，建有国家染料工程研究中心中及产业化基地，拥有国家博士后科研工作站，具有极强的产品自主研发能力。QC化学公司主要业务包括颜料及中间体生产、颜料清洁生产开发以及颜料污水处理工艺三方面。公司的主要产品可分为苯并咪唑酮系列、大分子系列、偶氮颜料系列、异吲哚啉系列、溶剂染料系列、中间体系列等，生产流程多样，其中重氮化、酰胺化、酯化等工艺适合作为精细化工方向实践场所，颜料化车间适合为应用高分子方向提供实践场所，表面处理工段适合作为应用电化学方向的实践场所，而污染物处理车间则适合作为课程设计环节的实践场所，企业研发中心适合作为创新创业训练和毕业论文的实践场所。

高校与QC化学公司共同搭建了"实验室＋实践基地"递进的"学做合一"的产学研教学平台，形成了"教与学紧密结合、理论与实践紧密结合、学校与企业紧密结合"的工程素质教育模式，能有效达成新工科体系人才培养目标的要求。

1. 实践环节的教学目的

① 化工类及相关专业本科生培养环节中的课程设计、虚拟仿真实验、认识实习和生产实习等实践环节，其内容与化工生产中的实际问题联系紧密，能够将所学的理论知识和生产实际问题相结合，验证、分析、探讨化工生产过程，进一步巩固和丰富专业知识。

② 通过课程设计、虚拟仿真实验培养学生的独立思考及工作能力，培养独立检索资料、阅读文献、综合分析、理论计算、工程制图、使用计算机进行数据及文字处理的能力；培养

学生掌握一定的基本化学化工技能及综合运用基础理论、基本知识，通过教学过程使学生掌握化工设计的方法及步骤，获得工程设计的初步锻炼。

③ 通过实习参与到生产第一线，熟悉生产组织管理、生产技术管理的有关知识，为毕业后从事化工生产工作打下良好的基础。

2. 设计类实践环节的要求

化工生产具有连续化、自动化程度高，且生产过程具有易燃、易爆、易腐蚀、能耗大、对环境有污染等特点。进行设计时要充分注意这些问题，使设计既能达到教学上基本训练的目的，又能使学生对工程实际问题有初步的认识和了解。为此对设计类课程提出如下基本要求：

① 学生要刻苦钻研，勇于创新，独立完成课程设计任务，不准弄虚作假、抄袭别人的成果，保质保量地完成《课程设计任务书》所规定的任务。

② 严格遵守纪律，在指定的地点进行课程设计，定期打扫课程设计工作现场的卫生，保持良好的工作环境；课程设计成果及资料应交资料室收存，不得擅自带离学校。

③ 所有设计要参照国家标准、设计手册、设计规范，体现设计的时效性和规范性；设计所用基础数据、公式要标明出处；对每个设计方案或设计参数的选取要进行论证，鼓励优化设计；化工图样的绘制要规范，表达要清楚。

3. 实习类实践环节的要求

(1) 全面掌握生产技术理论和生产操作技能

在技术理论知识方面，要懂得实习所在车间、工段、岗位的生产过程、工艺流程、反应原理、工艺指标及主要设备的结构、材质、性能和基本原理，并懂得与本岗位有关的机器、电气仪表等方面的一般知识和化工计算。在技能方面，要求能熟练掌握实习所在岗位的正常操作和正常开停车，学会实习所在岗位的一般操作，能迅速准确地判断和及时正确地处理本岗位常见事故，能对本岗位的设备进行维护保养和一般修理。

在实习过程中，要贯彻理论联系实际的原则，把所学的理论知识运用到生产实践中去。这样，既可以在掌握生产技能的过程中，加深理解和巩固所学过的理论知识，又能逐步提高分析问题和解决问题的能力。

(2) 养成自觉遵守劳动纪律和安全文明生产的良好习惯

化工生产具有高温、易燃、易爆、易中毒、有腐蚀性、连续性强和自动化程度高的特点，因而与其他行业相比有较大的危险性。在实习过程中，只有严格执行有关安全规定，才能实现安全生产，达到优质、稳产、低消耗的目的，否则必会酿成事故。

通过实习，使学生充分认识化工生产的特点，牢记贯彻操作规程和安全技术规程的重要性，能严格进行交接班，严格进行巡回检查，严格控制工艺指标，贯彻安全生产制度，养成自觉遵守劳动纪律和安全文明生产的良好习惯。在以后的工作过程中，始终遵守"生产必须安全"的原则。

(3) 养成记工作日记习惯

将实习中学到的新东西记下来进行分析总结，有助于实践能力的提高；实习报告是学生实习总结性材料，要求认真撰写。

4. 实习类实践环节的内容

(1) 实习动员

实习动员使学生在实习中能自觉遵守实习纪律，虚心向工程技术人员学习，按计划完成实习任务。

（2）实习过程

实习过程能培养学生热爱专业，树立职业责任心和职业荣誉感，逐渐使学生具备与将来工作内容相适应的道德意识和道德行为，尤其是对将来要从事具有易燃、易爆、有毒、连续性强和自动化程度高等特点的应用化学及化工专业的学生，培养他们具有遵守劳动纪律、文明生产、遵守安全生产规章制度、实事求是、忠于职守和高尚的职业道德品质。

（3）接受三级安全教育

① 厂级（一级）安全教育　由厂安全管理部门对学生进行安全思想教育、安全知识教育和安全技能教育，讲授有关安全法规、安全知识和安全守则，结合厂内生产特点，介绍安全生产方面的经验教训、典型事故及急救方法，介绍化工防火、防爆、防毒知识。

② 车间级（二级）安全教育　由车间负责人或技术人员讲授车间生产任务、原料规格、产品规格及用途、生产原理、生产过程、主要结构及性能，讲解车间安全生产规章制度。

③ 岗位（三级）安全教育　由班组长为在本岗位实习的学生统一讲解岗位的生产任务和生产原理，结合生产现场详细讲解工艺流程、所有设备的性能及结构；结合岗位生产的特点讲解安全生产规章制度、岗位操作方法，预防事故的发生；介绍个人防护用品的使用及保管方法、常用消防器材的使用方法，介绍倒班方法和上班注意事项。

（4）独立操作

独立操作阶段是在完成顶岗实习操作阶段教学任务的基础上进行的。在顶岗实习阶段，学生是按照"看着师傅做，做给师傅看，师傅监护自己做"的步骤进行实习。在独立操作阶段，学生在师傅允许的情况下，对一些常规操作要达到"自己独立做"的程度。

通过这一阶段实习，使学生能独立进行本岗位操作管理，处理常见事故，进行设备一般性维护，能进行简单的工艺计算，训练应变能力和协调能力。

① 应知内容

a. 学会所在岗位全部生产过程及其原理，了解本岗位与其他岗位的相互关系和相互影响；

b. 了解本岗位主要设备的构造、性能、操作条件、材料规格和技术要求，以及本岗位设备的拆装和修理方法；

c. 了解本岗位仪表（仪器）的构造和工作原理，懂得本岗位常规分析的方法；

d. 了解影响本岗位生产操作的因素及相互关系、最佳操作条件（操作规程）的选择方法、工艺操作指标达到最佳状态的途径；

e. 了解本岗位所用溶液的组成和各组分的作用，溶液制备的原理和方法；

f. 了解本岗位事故发生的原因，预防处理的方法；

g. 了解与本岗位有关的新技术、新工艺。

② 应会内容

a. 正确熟练地掌握本岗位操作，并能按照操作规程，独立进行本岗位的正常操作和开停车；

b. 当本岗位发生不正常情况和事故时，能及时正确地进行调节和处理，将工艺操作指标控制在允许范围内，尽快保持生产稳定；

c. 能进行简单的化工计算，能正确地使用本岗位的各种仪表（仪器），并能判断仪表（仪器）的指示是否正确，进行一般的维护和保养；

d. 能按规定正确地进行设备的维护和保养，并能对本岗位的设备进行一般的拆装和维修工作；

e. 能正确地进行催化剂的装填、拆卸和升温还原操作；

f. 能制备本岗位所用的溶液，绘制本岗位主要设备示意图，并能阅读一般设备装配图；

g. 节约使用各种原材料、辅助材料，均衡完成各项定额指标，并能正确使用各种润滑油等。

一、典型精细化工企业清洁生产全流程

1. 有机颜料的特性、分类和应用领域

（1）有机颜料的特性

① 颜料与染料　使物质显现颜色的物质统称为着色剂，着色剂主要分为染料和颜料两种。染料是指溶于水或其他溶剂的着色剂；颜料则是不溶于水或其他溶剂的着色剂，主要以细微颗粒分散在使用介质中着色。除了具有与染料类似的耐光性、耐气候性、耐酸碱性、耐溶剂性、耐迁移性等特性之外，颜料还具有其他特定的性能，如色光、着色力、分散度、遮盖力、耐热性、耐渗水性、耐翘曲变形性等。

着色剂所包括产品类别如图 6-1 所示。

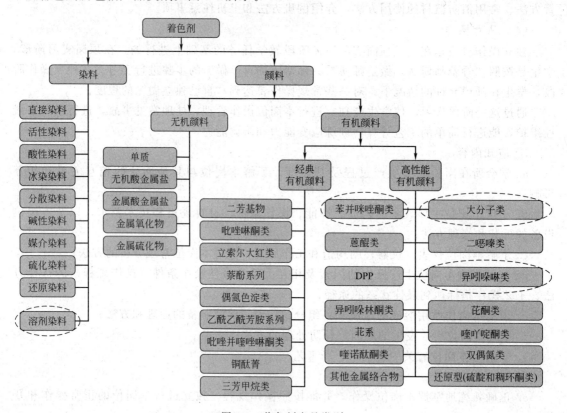

图 6-1　着色剂产品类别

图中椭圆形虚线标示为 QC 公司产品类别

染料在使用过程中一般先溶于使用介质，在染色时经历了一个从晶体状态先溶于溶剂成为分子状态后再染到其他物品上的过程。因此，染料主要用于纺织品等材料的染色，并且染料自身的颜色并不代表它在织物上的颜色。

颜料在使用过程中，由于不溶于使用介质，所以始终以原来的晶体状态存在，并分散于各介质中。因此，颜料常用于涂料、油墨、塑料和橡胶以及陶瓷、造纸等的着色，其应用领域较染料更加广泛。颜料自身的颜色就代表了它在底物中的颜色。正是因为颜料始终以晶体状态存在，其赋予了被着色物质具有较好的颜色耐久性能，如耐光牢度、耐气候牢度和耐迁移性能。

溶剂染料是一系列能溶于溶剂的有机发色化合物。与颜料不同，溶剂染料是透明的，且有着非常高的着色力。溶剂染料的用途广泛，从最初的溶剂着色、塑料着色，扩展到用于具有高科技含量的液晶着色。溶剂染料可用于聚乙烯、聚酯等工程塑料和某些合成纤维的原浆着色。

② 无机颜料与有机颜料　颜料分为无机颜料和有机颜料两大类。无机颜料一般是一些金属的盐或氧化物等，可细分为氧化物、铬酸盐、硫酸盐、硅酸盐、硼酸盐等。无机颜料热稳定性及光稳定性优良、价格低廉，因此用量很大，但其缺点在于品种不多，着色力相对差，相对密度大，而且一般来说不够鲜艳。

人工合成有机颜料最早出现于 20 世纪初，经过 100 年的发展，有机颜料的品种已经十分丰富，在《染料索引》上登记的颜料品种多达 800 多种，绝大部分是有机颜料。由于一个化学结构可以通过调整结晶形态、进行颜料化制成不同剂型的产品，因此，市场上实际销售的颜料品种十分丰富，比如，颜料蓝 153，巴斯夫生产近 30 种剂型，日本油墨化学工业株式会社生产 30 多种剂型。有机颜料着色力高、色泽鲜艳、色谱齐全、相对密度小，但在耐热性、耐气候性和遮盖力等方面通常不如无机颜料。但随着有机颜料技术的发展，这些缺点得到很大的改善，其应用领域也进一步扩大。

无机颜料与有机颜料均为不溶性的有色物质，但由于分子结构不同，其应用性能具有明显差别，具体情况如表 6-1 所示。

表 6-1　无机颜料与有机颜料性能对照表

性能	无机颜料	有机颜料
品种色谱	颜色种类较少、色谱较窄	颜色品种较多、色谱较宽
颜色特性	鲜艳度较低、暗	鲜艳、明亮
着色强度	低	高
耐热稳定性	多数较好	一般较差、高档品种耐热优良
专用剂型	较少	多种商品剂型
耐久性(耐光、耐气候)	多数品种较好	高性能品种耐久性优异
毒性(重金属)	部分品种高(含铬、铅、汞等)	无毒、低
耐酸、碱性	部分品种变色、分解	较好、优良
耐溶剂性	优良	中等至优良
成本	较低	较高

（2）有机颜料的分类

有机颜料虽然历史比较短，但是发展迅速，而这主要是因为其优秀的颜色性能以及丰富的色彩种类很好地满足了人们对颜色的消费需要。

传统的经典有机颜料包括偶氮类有机颜料、色酚 AS 系列颜料等。虽然其色谱齐全、色泽鲜艳、价格较低且已大量用于塑料制品的着色，但因其化学结构等因素，其在耐热性、耐光性、耐迁移性等方面存在种种缺陷，某些颜料在高温时会发生分解，对人体和环境产生不良影响，因此在某些应用领域具有局限性。高性能有机颜料包括苯并咪唑酮颜料、偶氮缩合颜料（又称大分子颜料）、喹吖啶酮类颜料、吡咯并吡咯二酮类颜料（DPP）、蒽醌杂环类颜料等。由于其具有较好的颜色牢度，即高耐光性、耐气候性、耐溶剂性、耐迁移性等，而被广泛应用于汽车漆、高档油墨、高档塑料制品等环境较为苛刻或者对环境、安全要求较高的领域。与高性能有机颜料优异的应用性能伴随的，是其复杂的合成工艺、较高的生产成本、较低的产量和较高的市场价格。图解塑料着色用有机颜料品种及其性能见图 6-2。

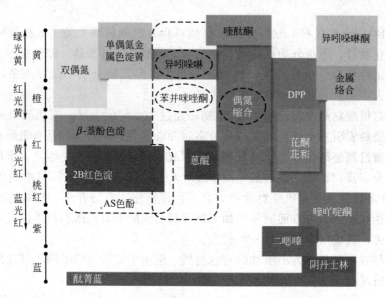

图 6-2　图解塑料着色用有机颜料品种及其性能

（3）有机颜料的应用领域

由于有机颜料具有品种繁多、色彩鲜艳和着色力较好等特点，被广泛应用于油墨印刷、涂料、塑料和橡胶等工业领域，成为生产多种工业产品不可缺少的着色材料。颜料作为下游产品的一种添加剂，其在后续产品中的应用是一个物理分散过程。由于油墨、涂料、塑料、橡胶等应用环境各有特点，所以对其中所用的颜料的性质要求也不尽相同，如与印刷油墨相比，涂料用颜料对耐光、耐气候、耐热、耐化学品、遮盖力等有更高的要求，而这就要求颜料生产商研发出适合不同应用的剂型产品。

包括苯并咪唑酮系列、大分子系列、偶氮颜料、异吲哚啉颜料以及中间体等在内的高性能有机颜料更是以其优越的耐光牢度、耐高温性、耐迁移性等性能，弥补了经典有机颜料的不足，在高档油墨、高级涂料和塑料、橡胶等高端领域有着广泛的应用，最终产品广泛应用于汽车、建筑装饰、食品医药包装、户外广告、印刷、电器等行业。苯并咪唑酮系列颜料和大分子系列颜料具有较好的耐热、耐光、耐迁移性能，可以很好地满足油墨、涂料、塑料等行业生产、加工、应用的需要。由于橡胶用颜料需要具有耐硫化的性质，因此产品是否适用需要具体测试。

① 在油墨中的应用　油墨是有机颜料最大的消费行业，约占总消费量的 55%～60%。近年来各种不同特性的油墨迅速发展，应用性能不断改进，尤其是在包装纸和塑料领域，不论从品种上还是从产量上均有明显的增长。随着印刷装潢工业印刷技术、印刷设备的发展以

及文化用品消费量的增多，不仅在数量上，而且在质量上对有机颜料都提出了更高的要求。高档油墨着色剂所需具备的主要性质包括：

a. 色光鲜艳，彩色饱和度高，高着色强度以及高光泽度；

b. 在四色版印刷中，黄色颜料应具有优良的透明度，以符合彩色还原的质量要求；

c. 良好的油墨印刷适应性，诸如着色印墨的流动性、触变性等；

d. 溶剂印墨着色的有机颜料应具有良好的耐溶剂性，不发生颜色的变化，不增加着色油墨的黏性；

e. 某些领域限用或禁用含有害重金属的颜料。

油墨体系对于有机颜料的要求主要是颜色、着色力、透明性和遮盖力等方面，苯并咪唑酮颜料常被用于制造高级印刷油墨，尤其是需要极高的耐光牢度的耐用产品或消费品的着色剂，例如户外广告。由于良好的耐溶剂性和耐迁移性，苯并咪唑酮颜料经常被应用于聚氯乙烯或其他塑料薄膜的印刷。因为具有较好的耐迁移性、耐溶剂性和再涂性，大分子颜料等也常被用于制作高档油墨。

② 在涂料中的应用　涂料是涂装于物体表面并形成一层漆膜，赋予保护、美化或其他预期效果的化工材料。涂料用颜料一般要考虑颜料的分散性、光学性、流动性和各项牢度等。与印刷油墨相比，涂料用颜料对耐光、耐气候、耐热、耐化学品、遮盖力等有更高的要求。高级涂料所需具备的性质主要包括：

a. 耐久性，耐光与耐气候牢度；

b. 高遮盖力或特定的透明度，高着色力与光泽度；

c. 在不同类型的展色料中具有良好的匹配性与易分散性能；

d. 耐化学物质，耐酸、碱性能；

e. 良好的储存稳定性，不发生分层或沉淀现象；

f. 耐热稳定性优良；

g. 某些领域限用或禁用含有害重金属的颜料。

在涂料工业，苯并咪唑酮有机颜料可用于整个油漆行业以制造各种各样的工业漆，来满足工业机械、农用机械及配件的着色要求。许多苯并咪唑酮颜料能满足汽车漆的应用要求，有些甚至能达到最高使用标准，被广泛用于制造汽车原始面漆、修补漆和金属漆。

由于具有较好的耐迁移性、耐溶剂性和再涂性，大分子颜料也常被用于制作油漆涂料，如调制建筑漆、乳胶漆等，还有部分品种用于调制汽车的原始面漆和修补漆。

③ 在塑料中的应用　合成塑料的发展，不仅对其着色剂的需求量逐年增加，而且根据着色对象的特性、着色工艺和加工条件，对着色剂的质量提出更高的要求。高级塑料着色剂所需具备的性质包括：

a. 优良的耐热稳定性能；

b. 优异的耐迁移性能，不发生喷霜现象；

c. 与树脂具有良好的相溶性和易分散性能；

d. 户外使用塑料制品着色用的有机颜料更应具有优良的耐光、耐气候牢度；

e. 食品包装以及玩具用的着色塑料，严格限制其中的有害重金属的含量。

在塑料工业，苯并咪唑酮颜料因其相当好的热稳定性而被广泛使用。同时由于许多苯并咪唑酮颜料品种不会影响聚烯烃注塑制品的扭曲性，故可用于厚壁的、大型的、非对称的注塑制品。

在塑料工业，大分子颜料被用于聚氯乙烯和聚烯烃，由于其分子量大，故在基质中具有非常好的耐迁移性。大分子颜料的耐热性很好，既能满足软质聚氯乙烯又能满足硬质聚氯乙烯的要求，还常被用于合成纤维的原浆着色，如丙纶和腈纶的原浆着色等，制成的纺织品具有很好的应用性能。

④ 在橡胶中的应用　橡胶在加工过程中采用热轧机或混炼机，操作温度为100～110℃，而在硫化时温度可达140～200℃，因此要求颜料要有足够的耐热性和硫化时不变色。热轧机和混炼机都是利用剪切力来分散颜料，分散效果不及研磨显著。为此要求颜料体质柔软，易于分散，此外，橡胶着色用颜料还要求优良的耐光性能。

在橡胶工业，苯并咪唑酮颜料因其相当好的热稳定性而被广泛使用。下游行业的发展不断推动有机颜料尤其是高性能有机颜料的发展。随着生活水平的日益提高，人们越来越在意生活的品质，愿意用更加安全环保、性能更好的产品去取代原先使用的产品，而高性能有机颜料正好以其优异的性能满足了客户的需求。

2. QC 公司主要产品简介

QC 化学公司主要从事高性能有机颜料、溶剂染料及相关中间体的研发、生产与销售，有机颜料主要产品包括苯并咪唑酮系列、大分子系列、偶氮颜料、异吲哚啉系列产品，溶剂染料主要包括溶剂红 195 和溶剂绿 5 等，相关中间体主要包括 AABI（5-乙酰乙酰氨基苯并咪唑酮）和 1,8-萘酐等产品。产品主要应用于塑料、油墨和涂料领域。

QC 公司主要产品可分为三大类：有机颜料系列、染料系列以及染、颜料中间体系列，具体可分为有机颜料、溶剂染料、中间体三大系列产品，具体见表 6-2。

表 6-2　有机颜料、溶剂染料、中间体三大系列产品

大类	产品系列	主要产品	产品特点及说明	主要用途
有机颜料	苯并咪唑酮系列	颜料黄 180、颜料黄 181、颜料黄 151	由自产的 AABI、ASBI 和 AMBI 中间体为偶合组分，技术水平国际先进，部分国内独家生产，属于高性能有机颜料	主要用于塑料、油墨和涂料等领域，最终产品广泛应用于工业（汽车、食品包装、工业防腐、船舶、家具、电器、工程机械、玩具等）、建筑
	大分子系列	颜料红 242、颜料红 144、颜料黄 93	合成技术难度高，技术水平国内先进，属于高性能有机颜料	
	偶氮颜料系列	颜料黄 155	属于高性能有机颜料，具有高着色力，应用领域广泛，是替代铅铬黄颜料品种之一	
	异吲哚啉系列	颜料黄 185、颜料 139	由中间体范等原料深加工而成，技术为国内领先水平	
溶剂染料系列		溶剂绿 5、溶剂红 195	由中间体范等原料深加工而成，技术为国内领先水平	
中间体系列		AABI、ASBI、AMBI、1,8-萘酐	主要用于苯并咪唑酮系列有机颜料和溶剂染料	

（1）有机颜料系列

高性能有机颜料相对于经典有机颜料而言具有环境友好、色泽艳丽、色系全面、高耐光牢度、高耐气候牢度等特点，主要应用于环境要求苛刻、安全性要求较高的油墨、塑料和涂料的着色，如食品包装油墨、UV 油墨、户外喷墨、汽车漆、户外涂料、儿童玩具着色、彩色复印炭粉等，见图 6-3。

此外，随着环保要求的不断提高，含有毒因子的颜料产品将被逐渐淘汰，高性能有机颜

图 6-3 有机颜料系列

料将拥有巨大的发展潜力。由于对技术和环保要求较高，生产厂商数量较少，主要包括巴斯夫、科莱恩等跨国知名生产厂商，我国少数企业在特定产品具有比较优势。QC 公司有机颜料系列主要包括四大类产品：苯并咪唑酮系列、大分子系列、偶氮颜料系列以及异吲哚啉系列。

（2）溶剂染料系列

QC 公司染料系列主要为溶剂染料，具体产品包括溶剂绿 5、溶剂红 195、溶剂橙 63、溶剂黄 98。溶剂染料主要由中间体 1,8-萘酐等原料深加工而成，主要应用于各种塑料、塑胶着色，具有很好的耐热性，鲜艳的颜色和优异的耐光牢度。

（3）中间体系列

QC 公司生产的中间体系列包括 AABI、AMBI、1,8-萘酐以及相关染、颜料中间体等，主要应用于苯并咪唑酮系列等有机颜料的合成与生产。公司自产中间体保障公司有机颜料的供应稳定和质量稳定，提升了有机颜料的市场竞争力，并且产品纯度高，工艺先进，成本和"三废"均得到很好的控制。

3. QC 公司代表性产品的生产流程

QC 公司的主要产品可分为苯并咪唑酮系列、大分子系列、偶氮颜料系列、异吲哚啉系列、溶剂染料系列、中间体系列等。

（1）代表性产品的生产流程介绍

① 苯并咪唑酮系列　颜料黄 180 流程：中间体经重氮化，与 AABI 偶合生成颜料粗品，经颜料化调整后，过滤、洗涤、烘干、粉碎、包装，得到产品。颜料黄 180 流程见图 6-4。

图 6-4　颜料黄 180 流程

② 大分子系列　颜料黄 93 流程：中间体经酰氯化，与 3-氯-2-甲基苯胺在高温下缩合；后处理得到颜料。颜料黄 93 流程见图 6-5。

图 6-5　颜料黄 93 流程

③ 偶氮颜料系列　颜料黄 155 的生产流程：中间体经重氮化，与双乙酰乙酰对苯二胺

偶合生成颜料粗品，经颜料化调整后，过滤、洗涤、烘干、粉碎、包装，得到产品。颜料黄155流程见图6-6。

图6-6　颜料黄155流程

④ 异吲哚啉系列　颜料黄139流程：以中间体和巴比妥酸为主要原料反应生成颜料粗品，经颜料化调整，得到颜料。颜料黄139流程见图6-7。

图6-7　颜料黄139流程

⑤ 溶剂染料系列　溶剂绿5流程：中间体经酰氯化与异丁醇酯化，高温溶解、热过滤，加入乙醇醇析，然后过滤、烘干、粉碎包装，得到产品。溶剂绿5流程见图6-8。

图6-8　溶剂绿5流程

⑥ 中间体系列　AABI（5-乙酰乙酰氨基苯并咪唑酮）流程：邻苯二胺缩合、硝化、还原，再与双乙烯酮乙酰化，过滤水洗、烘干、粉碎。AABI（5-乙酰乙酰氨基苯并咪唑酮）流程见图6-9。

图6-9　AABI（5-乙酰乙酰氨基苯并咪唑酮）流程

（2）颜料清洁生产工艺

① 红色大分子颜料清洁的生产工艺　QC化学公司开发的大分子颜料涵盖红黄两个色系。颜料红系列产品热稳定性好，1%钛白粉配制1/3标准色深度的高密度聚乙烯制品可耐300℃/5min，耐光牢度非常好；颜料黄系列产品，具有优异的耐溶剂性能及耐光、耐气候牢度。

生产过程中采用了在同一种有机溶剂中完成颜料合成和颜料化的先进工艺，简化了流程，生产效率高；同时全部采用国产的设备，自主设计了科学合理的生产线，实现了溶剂全部回收套用，再辅以精心筛选的复合型助剂进行表面修饰，使得生产出的产品质量稳定，性能优异，性价比高，竞争力强，为绿色合成工艺。

② 量身定制的颜料化表面处理工艺　基于产品不同的用途，设计和生产出相应的剂型，以提高颜料与应用体系的相容性和匹配性，从而充分发挥出颜料的展色性。对颜料在油墨、涂料及塑料等不同应用领域的应用性能要求的差异化，量身定制了分别采用不同的颜料化工艺及溶剂回收套用方案，同时配套合适的表面处理技术，既较好地满足了不同用途对于产品的特殊要求，又使得资源得到最大化的有效利用，综合效益显著，产品差异化和定制化的生产工艺和服务，大大地提高了颜料生产技术含量和产品的核心竞争力。

③ 系统的应用检测与服务　鉴于目前生产的颜料产品主要用于涂料、塑料及油墨，QC

公司建立了涂料应用检测室、塑料应用检测室、油墨应用检测室，模拟各个应用方向有针对性地对颜料基本颜色性质及各项耐性进行应用检测。公司配备了激光粒径分布仪、比表面积测定仪、表面张力测定仪、耐候仪等专用设备，全面评价颜料的质量，从而在为客户提供产品同时，由一批专业应用工程师科学系统地为用户提供应用服务。该技术是 QC 公司在向下游客户学习基础上，结合国内外检验标准，自行研发的检验技术和检验标准。

④ 颜料橙 64 生产技术　颜料橙 64 为黄光橙色颜料，具有优良的各项牢度性能，适用于塑料和涂料及印墨。QC 公司采用助剂辅助颜料化及表面处理技术，使颜料在应用介质中具有良好的分散性，提高了颜料的着色质量和各项应用性能。

⑤ 颜料黄 155 生产技术　颜料黄 155 不含有联苯胺基团，产品具有优良的各项牢度性能，主要应用于塑料着色，是替代联苯胺黄色有机颜料的理想品种。QC 公司自主开发该产品两个中间体的合成技术，中间体的成本降低 8% 和三废总量降低 20%。在保证产品品质的前提下，采用新偶合技术提高产能 30% 以上，降低了成本 12%，废水量减少 30%，使该产品在市场上具有很强的竞争力。

⑥ 溶剂绿 5 合成技术　溶剂绿 5 是一种强绿光黄色油溶性荧光染料，具有优良的耐热性（1/3SD 下 PS 中耐热达 300℃）和耐光性，着色力高，荧光性强，适用于各种硬塑料、树脂等着色，可作为交通警示色，也可用于油品分色方面。

QC 公司开发了以芘为原料经空气氧化、氨化、碱熔、水解、脱羧、酰氯化、酯化等步骤合成溶剂绿 5 的全套技术，尤其对酰氯化和酯化技术进行技术改进后，成本降低 20%，溶剂全部回收套用。

⑦ 溶剂红 195 合成技术　该产品为带有蓝光的红色油溶性染料，具优良的耐热性（1/3SD 下 PS 中耐热达 300℃）和耐光性，着色力高是其突出特点，主要用于 ABS、PC、PBT、PS、PVC、PP、PS、PET 塑料和橡胶等着色，尤其适用于高超细旦纤维原浆着色。经 QC 公司工艺改进，以乙酰乙酸甲酯等为原料，经过缩合等七步化学反应，合成的成品染料纯度高，使用的溶剂均实现了回收套用，产品质量与国外大公司的同类产品相媲美，而成本优势十分明显。

⑧ 颜料黄 139 生产技术　颜料黄 139 是黄色高性能有机颜料中的重要品种，具有高着色强度，好的耐气候牢度和耐热性，是铅铬黄颜料替代品种。以巴比妥酸等为原料，经过缩合、颜料化、表面处理，合成出成品颜料。QC 公司对颜料黄 139 工艺进行深度研发，改进生产工艺，对产生的副产物进行合理回收使用，显著降低了生产成本。

⑨ 中间体 ASBI 合成技术　ASBI 是苯并咪唑酮系列偶氮颜料深色品种的基础中间体，以 2-羟基-3-萘甲酸为起始原料，经过酰氯化、酰胺化反应得到。QC 公司通过对工艺条件研究和设备改进，解决了产品纯度不稳定、色度不稳定等问题，并且大幅提高收率，成本明显降低。

⑩ 加氢还原新工艺合成芳胺中间体　QC 公司开发了以 5-氨基苯并咪唑酮为代表的一系列芳胺中间体加氢还原新工艺，通过对主催化剂和助催化剂的筛选，载体及负载方法的调整，使得加氢还原工艺选择性好、收率高，催化剂使用寿命长，实现了芳胺中间体高纯度、高收率、低成本清洁生产，为公司高档有机颜料生产质量稳定奠定了坚实的基础。

⑪ 溶剂法硝化技术　大分子系列颜料所用的二胺类中间体合成难度大，产生的废酸难以处理，市场上系列产品生产厂家少，价格昂贵且供货不稳定。采用新研发的溶剂法硝化技术，选择合适的硝化溶剂替代原工艺中的大量硫酸，从根本上解决废酸处理问题，实现该系列产品的清洁化生产。

⑫ 非均相催化技术　QC公司拥有经典釜式间歇加氢、连续加氢、间歇非均相气液氧化、连续化非均相氧化等气液多相非均相反应技术和小试中试装置，同时还拥有非均相气固催化固定床、流化床、循环流化床、振荡流化床等小试中试装置，从而致力于各项非均相催化技术的核心催化剂的研发和制备，利用中试和小型装置对于非均相催化工程化过程研究建立高效的数据模型，从而达到催化剂和工艺的完美匹配，在工艺生产中大大提高了非均相催化工艺的有效性和经济性。

⑬ 5-乙酰乙酰氨基苯并咪唑酮　5-乙酰乙酰氨基苯并咪唑酮（AABI）是重要的化工中间体，尤其是作为苯并咪唑酮系列高性能有机颜料的关键中间体，主要用于合成 C.I. 颜料黄 180、181 等。该产品以邻苯二胺为原料经缩合、硝化、还原、乙酰化四步工艺制备，生产技术烦琐复杂、合成难度大。该产品工艺与国内同类技术相比，工艺条件注重环保，减少了"三废"的排放，反应过程平稳，保证了产品的质量，产品收率高，成本低，解决了国产高性能有机颜料关键中间体不过关的难题，以核心技术的创新有效促进颜料行业产品结构优化升级。

⑭ 5-氨基-6-甲基苯并咪唑酮合成新技术　5-氨基-6-甲基苯并咪唑酮（AMBI）是合成高性能颜料品种颜料橙 64 的专用中间体。该产品以 3,4-二氨基甲苯为原料，经过缩合、硝化、还原得到 5-氨基-6-甲基苯并咪唑酮。通过创新研究，在缩合和硝化过程中采用一步法进行操作，解决了生产工艺烦琐的问题，减少了一部分分离操作，提高了收率，减低了工人劳动强度；通过创新工艺生产的 5-氨基-6-甲基苯并咪唑酮，大幅提高了产品收率和纯度。

二、环境保护

根据国务院《"十三五"节能减排综合工作方案的通知》（国发〔2016〕74 号），到 2020 年，全国万元国内生产总值能耗比 2015 年下降 15%，能源消费总量控制在 50 亿吨标准煤以内。全国化学需氧量、氨氮、二氧化硫、氮氧化物排放总量分别控制在 2001 万吨、207 万吨、1580 万吨、1574 万吨以内，比 2015 年分别下降 10%、10%、15% 和 15%。全国挥发性有机物排放总量比 2015 年下降 10% 以上。

QC公司所属染颜料制造业是环境污染较为严重的行业，"三废"尤其是废水的排放量较大，随着国家环保标准的日趋严格和整个社会环保意识的增强，QC公司的排污治理成本将进一步提高。QC公司自成立以来一直注重环境保护和治理工作，通过工艺改进，减少污染物排放，按照绿色环保要求对生产进行全过程控制，推行清洁生产。

（1）QC公司污染物及处理情况

① 废气及其处理　QC公司废气主要由燃煤锅炉和导热油炉等设备装置产生，2016 年 QC公司通过外购蒸汽，燃煤锅炉产生的废气排放大幅减少。QC公司现有废气排放主要来源于导热油炉、工艺尾气处理装置和尾气洗涤塔排气。导热油炉排放的主要污染物为烟尘、SO_2，主要通过脱硫除尘装置处理；工艺尾气处理装置排放的主要污染物为 DMF、二甘醇、甲醇、氯苯、邻二氯苯、异丁醇、乙醇、HCl、SO_2，主要通过尾气燃烧器、洗涤塔、尾气吸收塔进行燃烧氧化、水洗涤和吸收处理；尾气洗涤塔排放的主要污染物为非甲烷总烃，主要通过尾气洗涤塔进行水洗涤处理。

② 废水及其处理　QC公司的废水主要为生活污水和工业废水，通过各自的预处理进入集水池，随后废水经酸化水解、生物氧化处理，处理合格的污水排入污水处理公司进一步处理。

③ 一般工业固废和工业危险废物　QC公司产生的一般工业固废主要为导热油炉除尘

灰、炉渣，处理方式为外售做综合利用；产生的危险废物有溶剂回收釜釜底残液、废活性炭、过滤渣（包括污水预处理设施污泥）、危险化学品废包装和废催化剂，处理方式为交具有危险废物资质单位进行处置。

（2）安全生产规范

QC公司生产过程中使用的部分原材料为易燃、易爆、强酸、强碱和具有强腐蚀性物质，生产过程中又会产生废水、废气和固体废物。虽然QC公司一向重视安全生产，组建了以安全环保部为核心的公司、车间、班组三个级别安全管理模式并且编制了《质量、职业健康安全管理手册》《动火作业管理规定》《特种作业管理规定》《现场安全检查规定》等管理制度。但如若操作不当，仍可能会发生失火、中毒等安全事故，给员工人身安全、企业正常生产经营带来不利影响。完整的安全生产及危险化学品管理制度体系见表6-3。

表 6-3　安全生产及危险化学品管理制度体系

序号	名称
1	安全生产责任制
2	管理人员夜班带班管理制度
3	风险评价管理制度
4	隐患排查整改管理制度
5	安全、消防、职业健康培训制度
6	特种作业人员管理制度
7	事故、事件管理规定
8	防火防爆管理制度
9	库房安全管理制度
10	关键装置、重点部位安全管理制度
11	安全设施管理制度
12	动火作业管理制度
13	盲板抽堵作业管理制度
14	高处作业管理制度
15	进入受限空间作业管理制度
16	动土作业管理制度
17	吊装作业管理制度
18	检维修作业管理制度
19	断路作业安全管理制度
20	危险化学品安全管理制度
21	外来施工人员安全管理制度
22	应急管理制度
23	管理人员安全检查规定
24	厂区道路交通安全管理制度
25	安全互保实施细则
26	利旧设备安全管理规定
27	工伤管理规定

序号	名称
28	危险源及重大危险源管理制度
29	生产设施拆除和报废管理制度
30	临时用电管理制度
31	防中毒、防泄漏管理制度
32	消防控制室值班管理制度
33	剧毒品、易制毒品管理制度
34	配电室安全管理制度
35	消防安全职责
36	重大隐患双报告制度

三、行业管理体制和政策法规

（1）行业主管部门及监管体制

QC公司主营业务为从事高性能有机颜料、染料的研发、生产与销售。根据国家统计局《国民经济行业分类》（GB/T 4754—2017），QC公司所属行业为化学原料及化学制品制造业（C26），细分行业为涂料、油墨、颜料及类似产品制造（C264）中的染料制造（C2644）。染、颜料制造业的行政主管部门为国家发展和改革委员会。其职能包括制定产业政策、拟定行业发展战略、规划；监督产业政策执行情况；推进可持续发展战略，综合协调环保产业和清洁生产，促进有关工作等。

中国染料工业协会是由全国从事染料、有机颜料、印染助剂、中间体和色母粒的生产、科研及相关企事业单位自愿结成的全国性的、非营利社团组织。其主要职能为参与行业发展规划、政策、法规和技术标准的研究和制定；综合和分析行业生产经营动态，汇集、分析和发布行业经济、技术和市场信息；开展行业技术咨询和技术服务；协调行业内部关系，维护公平竞争秩序；组织国际同行业间的经济技术交流与合作，推进行业技术进步和管理现代化等。

目前，有机颜料制造业的市场化程度很高，政府部门和行业协会只对本行业实行宏观管理和政策指导，企业的生产运营和具体业务管理完全按照市场化方式进行。

（2）行业主要产业法规

染、颜料行业属于精细化工行业，所应遵循的质量标准包括全国涂料和颜料标准化技术委员会等单位组织制定、修订的颜料行业的国家标准，以及相关产品的行业标准。在实际生产中要受到《中华人民共和国环境保护法》《中华人民共和国安全生产法》《中华人民共和国清洁生产促进法》等法律法规的限制和约束。公司所需遵守的主要法规见表6-4。

表 6-4　行业主要法规

序号	名称	备注
1	《中华人民共和国环境保护法》	环境保护相关法律法规
2	《中华人民共和国大气污染防治法》	
3	《中华人民共和国水污染防治法》	
4	《中华人民共和国固体废物污染防治法》	
5	《中华人民共和国环境噪声污染防治法》	

序号	名称	备注
6	《中华人民共和国安全生产法》	安全生产相关法律法规
7	《安全生产许可证条例》	
8	《中华人民共和国清洁生产促进法》	清洁生产、循环经济相关法规
9	《中华人民共和国循环经济促进法》	

（3）关联产业情况

QC公司上游行业为基础化工和中间体产业，基础化工主要包括酸类、碱类等无机化工原料，中间体产业包括胺类、苯类、助剂等有机化工原料，均属于石化和化工行业，下游行业主要为涂料、油墨、塑料等，在产业链中所处位置情况见图6-10。

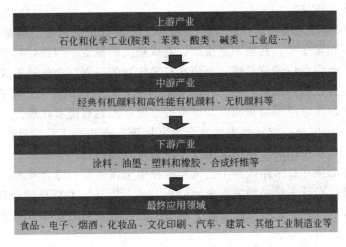

图 6-10　关联产业情况

案例二　案例分析与工艺流程设计

工艺流程设计是化工设计中非常重要的环节，它通过工艺流程图的形式，形象地反映了化工生产由原料进入到产品输出的过程，其中包括物料和能量的变化、物料的流向以及生产中所经历的工艺过程和使用的设备仪表。工艺流程图集中地概括了整个生产过程的全貌。

工艺流程设计是工艺设计的核心。在整个设计中，设备选型、工艺计算、设备布置等工作都与工艺流程有直接关系。只有流程确定后，其他各项工作才能开展，工艺流程设计涉及各个方面，而各个方面的变化又反过来影响工艺流程设计，甚至使流程发生较大的变化。因此，工艺流程设计动手最早，而往往又结束最晚。

本节主要介绍生产方法和工艺流程的选择、工艺流程设计、工艺流程图绘制、典型设备的自控流程四个内容。

一、生产方法和工艺流程的选择

生产同一化工产品可以采用不同原料，经过不同生产路线而制得，即使采用同一原料，也可采用不同生产路线，同一生产路线中也可以采用不同的工艺流程。

选择生产路线也就是选择生产方法，这一步是决定设计质量的关键，必须认真对待。如果某产品只有一种生产方法，就无须选择；若有几种不同的生产方法，就应逐个进行分析研究，通过各方面比较，从中筛选一个最好的方法，作为下一步工艺流程设计的依据。由于我们接触到的大多数是已有生产路线的工艺流程设计，因此，本节只对上述内容做简要介绍。

（1）生产方法和工艺流程选择的原则

在选择生产方法和工艺流程时，应考虑以下一些原则。

① 先进性　先进性主要指技术上的先进和经济上的合理可行，具体包括基建投资、产品成本、消耗定额和劳动生产率等方面的内容，应选择物料损耗小、循环量少、能量消耗少和回收利用好的生产方法。

② 可靠性　可靠性是指所选择的生产方法和工艺流程成熟可靠。如果采用的技术不成熟，就会影响工厂正常生产，甚至不能投产，造成极大的浪费。因此，对于尚在试验阶段的新技术、新工艺、新设备应慎重对待。要防止只考虑新的一面，而忽视不成熟、不稳妥的一面。应坚持一切经过试验的原则，不允许把未来的生产厂当作试验工厂来进行设计。另外，对生产工艺流程的改革也应采取积极而又慎重的态度，不能有侥幸心理。

③ 结合国情　中国是一个发展中的社会主义国家。在进行工厂设计时，不能单纯从技术观点考虑问题，应从中国的具体情况出发考虑各种具体问题。

上述三项原则必须在技术路线和工艺流程选择中全面衡量，综合考虑。一种技术的应用有长处，也有短处。设计人员必须采取全面分析对比的方法，并根据建设项目的具体要求，选择其中不仅对现在有利，而且对将来也有利的工艺技术，竭力发挥有利的一面，设法减少不利的因素。

比较时要仔细领会设计任务书提出的各项原则要求，要对收集到的资料进行加工整理，提炼出能够反映本质的、突出主要优缺点的数据材料，作为比较的依据。要经过全面分析、反复对比后选出优点较多、符合国情、切实可行的技术路线和工艺流程。总的目标是使未来的化工厂的产品质量、生产成本以及建厂难易等主要指标达到比较理想的水平。

（2）生产方法和工艺流程确定的步骤

确定生产方法，选择工艺流程一般要经过三个阶段。

① 搜集资料、调查研究　这是确定生产方法和选择工艺流程的准备阶段。在此阶段，要根据建设项目的产品方案及生产规模，有计划、有目的地搜集国内外同类型生产厂的有关资料，包括技术路线特点、工艺参数、原材料和公用工程单耗、产品质量、三废治理以及各种技术路线的发展情况与动向等技术经济资料。掌握国内外化工技术经济的资料，仅靠设计人员自己搜集是不够的，还应取得技术信息部门的配合，有时还要向咨询部门提出咨询。

② 落实设备　设备是完成生产过程的重要条件，是确定技术路线和工艺流程时必然要涉及的因素。在搜集资料过程中，必须对设备予以足够重视。对各种生产方法中所用的设备，分清国内已有定型产品的、需要进口的及国内需重新设计制造的三种类型，并对设计制造单位的技术力量、加工条件、材料供应及设计、制造的进度加以了解。

③ 全面对比　全面分析对比的内容很多，主要比较下列几项：几种技术路线在国内外采用的情况及发展趋势；产品的质量情况；生产能力及产品规格；原材料、能量消耗情况；

建设费用及产品成本；三废的产生及治理情况；其他特殊情况。

二、工艺流程设计

（1）流程设计的任务

当生产工艺路线选定之后，即可进行流程设计。它和车间布置设计是决定整个车间（装置）基本面貌的关键性的步骤，对设备设计和管路设计等单项设计也起着决定性的作用。

流程设计的主要任务包括两个方面：一是确定生产流程中各个生产过程的具体内容、顺序和组合方式，达到由原料制得所需产品的目的；二是绘制工艺流程图，要求以图解的形式表示生产过程中，当原料经过各个单元操作过程制得产品时，物料和能量发生的变化及其流向，以及采用了哪些化工过程和设备，再进一步通过图解形式表示出化工管道流程和计量控制流程。为了使设计出来的工艺流程能够实现优质、高产、低消耗和安全生产，应按步骤逐步解决以下问题：

① 确定整个流程的组成　工艺流程反映了由原料制得产品的全过程。应确定采用多少生产过程或工序来构成全过程，确定每个单元过程的具体任务（即物料通过时要发生什么物理变化、化学变化以及能量变化），以及每个生产过程或工序之间如何连接。

② 确定每个过程或工序的组成　应采用多少和由哪些设备来完成这一生产过程，各设备之间应如何连接，明确每台设备的作用和它的主要工艺参数。

③ 确定操作条件　为了使每个过程、每台设备起到正确的预定作用，应当确定整个生产工序或每台设备的各个不同部位要达到和保持的操作条件。

④ 控制方案的确定　为了正确实现并保持各生产工序和每台设备本身的操作条件，及实现各生产过程之间、各设备之间的正确联系，需要确定正确控制方案，选用合适的控制仪表。

⑤ 合理利用原料及能量　计算整个装置的技术经济指标应当合理地确定各个生产过程的效率，得出全装置的最佳总收率，同时要合理地做好能量回收与综合利用，降低能耗。据此确定水、电、蒸汽和燃料的消耗。

⑥ 制定三废的治理方法　除了产品和副产品外，对全流程中所排出的三废要尽量综合利用，对于那些暂时无法回收利用的，则须进行妥善处理。

⑦ 制订安全生产措施　应当对设计出来的化工装置在开车、停车、长期运转以及检修过程中，可能存在不安全因素进行认真分析，再遵照国家的各项有关规定，结合以往的经验教训，制订出切实可靠的安全措施，例如设置安全阀、阻火器和事故储槽等。

（2）工艺流程设计方法

首先要看所选定的生产方法是正在生产或曾经运行过的成熟工艺还是待开发的新工艺。前者是可以参考借鉴而需要局部改进或局部采用新技术新工艺的问题。后者须针对新开发技术，在设计上称为概念设计。不论哪种情况一般都是将一个工艺流程分为四个重要部分，即原料预处理过程、反应过程、产物的后处理（分离净化）和三废的处理过程。一般的工作方法如下。

① 以反应过程为中心　根据反应过程的特点、产品要求、物料特性、基本工艺条件来决定采用反应器类型及决定采用连续操作，还是间歇性操作。有些产品不适合连续化操作，如同一生产装置生产多品种或多牌号产品时，用间歇操作，更为方便。另外，物料反应过程是否需外供能量或移出热量，都要在反应装置上增加相应的适当措施。如果反应需要在催化剂存在下进行，就须考虑催化反应的方式和催化剂的选择。一般说确定主反应过程的装置，

往往都有文献、资料可供参考，或有中试结果。现有工业化装置可以借鉴、参考，因此并不复杂。

② 原料预处理过程　在主反应装置已经确定之后，根据反应特点，必然对原料提出要求，如纯度、温度、压力以及加料方式等。这就应根据需要采取预热（冷）、汽化、干燥、粉碎筛分、提纯精制、混合、配制、压缩等措施。这些操作过程就需要相应的化工单元操作加以组合。通常不是一台两台设备或简单过程完成的。原料预处理的化工操作过程是根据原料性质、处理方法而选取不同的装置及不同的输送方式，从而可能设计出不同的流程。

③ 产物的后处理　根据反应原料的特性和产品的质量要求，以及反应过程的特点，实际反应过程可能会出现下列情况：除了获得目的产物外，由于存在副反应，还生成了副产物。由于反应时间等条件的限制或受反应平衡的限制，以及为使反应尽可能完全而有过剩组分。原料中含有的杂质往往不是反应需要的，在原料的预处理中并未除净，因而在反应中将会带入产物中，或者杂质参与反应而生成无用且有害的物质。产物的集聚状态要求，也增加了后处理过程。某些反应过程是多相的，而最终产物是固态的。还有其他各种原因相应地要采用各种不同措施进行处理。因此用于产物的净化、分离的化工单元操作过程，往往是整个工艺过程中最复杂、最关键的部分，有时是制约整个工艺生产能否进行的关键环节，即保证产品质量的极为重要的步骤。因此，如何安排每一个分离净化的设备或装置以及操作步骤，它们之间如何连通，有否达到预期的净化效果和能力等，都是必须认真考虑的。

④ 产品的精制　经过前述分离净化后达到合格的目的产品，有些是下一工序的原料，可加工成其他产品；有些可直接作为商品，往往还须进行后处理工作，如筛选、包装、灌装、计量、储存、输送等过程。

⑤ 未反应原料的循环或利用以及副产物的处理　由于反应不是全部，剩余组分在产物处理中被分离出来，一般应循环回到反应设备中继续参与反应。

⑥ 确定"三废"排出物的处理措施　在生产过程中，不得不排放的各种废气、废液和废渣，应尽量综合利用，变废为宝，加以回收。无法回收的应妥善处理。"三废"中如含有有害物质，在排放前应该达到排放标准。因此在化工开发和工程设计中必须研究和设计治理方案和流程，要做到"三废"治理与环境保护工程、"三废"治理工艺与主产品工艺同时设计、同时施工，而且同时投产运行。按照国家有关规定，如果污染问题不解决，是不允许投产的。

⑦ 确定公用工程的配套措施　在生产工艺流程中必须使用的工艺用水（包括作为原料的软水、冷却水、溶剂用水以及洗涤用水等）、蒸汽（原料用汽、加热用汽、动力用汽及其他用汽等）、压缩空气、氮气等以及冷冻、真空都是工艺中要考虑的配套设施。至于生产用电、上下水、空调、采暖通气都是应与其他专业密切配合的。

⑧ 确定操作条件和控制方案　一个完善的工艺设计除了工艺流程以外，还应把投产后的操作条件确定下来，这也是设计要求。这些条件包括整个流程中各个单元设备的物料流量（投料量）、组成、温度、压力等，并且提出控制方案（与仪表控制专业密切配合）以确保能稳定地生产出合格产品来。

⑨ 制订切实可靠的安全生产措施　在工艺设计中要考虑到开停车、长期运转和检修过程中可能存在各种不安全因素，根据生产过程中物料性质和生产特点，在工艺流程和装置中，除设备材质和结构的安全措施外，还应在适宜部位上设置事故槽、安全阀、放空管、安全水封、防爆板、阻水栓等以保证安全生产。

⑩ 保温、防腐的设计　这是在工艺流程设计中的最后一项工作，也是施工安装时最后

一道工序。流程中应根据介质的温度、特性和状态以及周围环境状况决定管道和设备是否需要保温和防腐。

(3) 工艺流程设计的方案比较

一个优秀的工程设计只有在多种方案的比较中才能产生。进行方案比较首先要明确判据，工程上常用的判据有产物收率、原材料单耗、能量单耗、产品成本、工程投资等。此外，也要考虑环保、安全、占地面积等因素。

进行方案比较的基本前提是保持原始信息不变。这里应强调指出，过程的操作参数如温度、压力、流速、流量等原始信息，设计者是不能变更的。设计者只能采用各种工程手段和方法，保证实现工艺规定的操作参数。

工业生产中，一个过程往往可以有多种方法来实现，例如液固混合物的分离，可以用离心、沉降、压缩和真空过滤等方法；含湿固体的干燥，可以用气流、双锥、滚筒、箱式、沸腾等干燥方法。这些也都需要进行方案比较，因地制宜地选择一种最佳工程方案。

(4) 工艺流程图

把各个生产单元按照一定的目的要求，有机地组合在一起，形成一个完整的生产工艺过程，并用图形描绘出来，即是工艺流程图。

化工工艺图中，属于工艺流程图性质的图样有若干种，它们都用来表达工艺生产流程。由于它们的要求各不相同，所以在内容、重点和深度方面也不一致，但这些图样之间是有密切联系的。工艺流程图一般有如下几种。

① 全厂总工艺流程图或物料平衡图　总工艺流程图是在化工厂设计中提供的全厂流程图样，对于综合性化工厂则称全厂物料平衡图。图上各车间（工段）用细实线画成长方框来示意。流程线只画出主要物料，用粗实线表示。流程方向用箭头画在流程线上。图上还注明了车间名称、各车间原料、半成品和成品的名称、平衡数据和来源、去向等。

② 物料流程图　物料流程图是在全厂总工艺流程图基础上，分别表达各车间内部工艺物料流程的图样。在流程上标注出各物料的组分、流量以及设备特性数据等。

③ 工艺管道及仪表流程图　工艺管道及仪表流程图是以物料流程图为依据，内容较为详细的一种工艺流程图。在管线和设备上画出配置的某些阀门、管件、自控仪表等的有关符号。

三、工艺流程图绘制

(1) 工艺流程草图的绘制

工艺流程草图亦称方案流程图、流程示意图、流程简图，是用来表达整个工厂或车间生产流程的图样。它是设计开始时供工艺方案讨论常用的流程图，亦是工艺流程图设计的依据。

当生产方法确定以后，就可以开始设计绘制流程草图。因为它只是为将要进行的物料衡算和部分设备计算和能量衡算服务的，并不编入设计文件中，所以绘制时不需在绘图技术上多花费时间，而要把主要精力用于工艺技术问题上。在绘制流程草图时尚未进行定量计算，因而它只是定性地标出由原料转化成产品的变化、流向顺序以及生产中采用的各种化工单元及设备。

生产工艺流程草图一般由物料流程、图例和设备一览表等三个部分组成。

① 物料流程

a. 设备示意图　图中的设备只画出大致轮廓和示意结构，甚至画一个方框代替也可以。

设备的相对位置高低也不要求准确，备用设备在流程草图中一般省略不画。但设备一般都要编号，并在图纸空白处按编号顺序集中列出设备名称。

b. 流程管线及流向箭头　流程草图中应画出全部物料管线和一部分动力管线（如水、蒸汽、压缩空气和真空等）。物料管线用粗实线画出，动力管线用中粗实线画出。在管线上用箭头表示物料的流向。

文字注解：在流程图的下方或图纸的其他空白处列出各设备的编号和名称；在管线的上方或右方用文字注明物料的名称；在流程线的起始和终了处注明物料的名称来源及去向。

② 图例　图例中只须标出管线图例。阀门、仪表等无须标出。

③ 设备一览表　设备一览表也只包括序号、位号、设备名称和备注，有时可省略设备一览表和图框。

工艺流程草图是一种示意性的从左至右的展开图。

（2）工艺管道及仪表流程图

工艺管道及仪表流程图又称施工流程图或带控制点的工艺流程图。与之配套的尚有辅助管道及仪表流程图、公用系统管道及仪表流程图。它是由工艺人员和自控人员合作进行绘制的，在初步设计和施工图设计中都要提供这种图样。

工艺管道及仪表流程图是在工艺流程草图和物料流程图的基础上绘制的，它是设备布置和管道布置设计的依据，并可供施工、安装、生产操作时参考。

① 比例与图幅　工艺管道及仪表流程图可以车间（装置）或工段（分区或工序）为主项进行绘制，原则上一个主项绘一张图解。若流程复杂，一个主项也可以分成数张（或分系统）绘制但仍算一张图样，且需使用同一个图号，但要注明各是该图号图纸总张数的第几张。必要时也可适当缩小比例进行绘制。

a. 比例：图上的设备图形及其高低间相对位置大致按 1∶100 或 1∶200 的比例进行绘制，流程简单时也有用 1∶50 的比例绘制。整个图形因展开等种种关系，实际上并不全按比例绘制，因此在标题栏中的"比例"一栏，不予注明。

b. 图幅：由于图样采用展开图形式，图形多呈长条形，因而以前的图纸幅面常采用标准幅面加长的规格。加长后的长度以方便阅读为宜。近年来，考虑到图样绘读使用和底图档案保管的方便，有关标准已有统一规定，一般均采用 A1 图幅，特别简单的可采用 A2 图幅，且不宜加长或加宽。

② 设备的表示方法　化工设备在图上一般按比例用细实线（b/3）绘制，画出能够显示形状特征的主要轮廓。设备间的高低和楼面高低的相对位置，一般也按比例绘制。低于地面的需相应画在地平线以下，尽可能地符合实际安装情况。对于有位差要求的设备，还要注明其限定尺寸。

相同系统（或设备）的处理：两个或两个以上相同的系统（或设备），一般应全部画出。只画出一套时，被省略部分的系统，则需用细双点划线绘出矩形框表示。框内注明设备的位号、名称，并绘出引至该套系统（或设备）的一段支管。

③ 设备的标注　设备在图上应标注位号及名称。设备的位号、名称一般标注在相应设备的图形上方或下方，即在图纸的上端及下端两处，各设备在横向之间的标注方式应基本排成一行。

（3）管道的表示方法

图上一般应画出所有工艺物料和辅助物料（如蒸汽、冷却水、冷冻盐水等）的管道。当辅助管道系统比较简单时，可将其总管绘制在流程图的上方，其支管则下引至有关设备；当辅助管道系统比较复杂时，待工艺管道布置设计完成后，另绘辅助管道及仪表流程图予以补充，此时流程图上只绘出与设备相连接位置的一段辅助管道（有时包括操作所需要的阀口等）。图上各支管与总管连接的先后位置应与管道布置图一致。公用管道比较复杂的系统，通常还需另绘公用系统管道及仪表流程图。

① 管道的画法　管道画法的原则规定可参阅国家标准和化工行业有关规定。

每段管道上都有相应的标注，一般横向管线标注在管线的上方，竖向管线则标注在管线的左方；若标注位置不够时，可将标注中的部分内容移至管线下方或右方。不得已时，也可用指引线引出标注。标注内容应包括三个组成部分：管道号、管径和管道等级。

当未采用管道等级及与之配套的材料选用表时，管道标注中的公制管需注外径×厚度；隔热（或隔音）的管道，则将隔热（隔音）代号注在管径之后。

② 阀门与管件的表示方法　在管道上需要用细实线画出全部阀门和部分管件（如视镜、阻火器、异径接头、盲板、下水漏斗等）的符号。

③ 仪表控制点的表示方法　工艺生产流程中的仪表及控制点应该在有关管道上，并大致按安装位置用代号、符号来表示。字母代号和阿拉伯数字编号组合起来，就组成了仪表的位号。其中字母代号表示被测变量和仪表功能。在检测控制系统的每个回路中的每一个仪表（或元件）都应标注仪表位号。在管道及仪表流程图中，标注仪表位号的方法是将字母代号填写在圆圈的上半部分，数字编号填写在圆圈的下半部分。

四、典型设备的自控流程

本节介绍常用的典型化工设备（泵、换热器、反应釜、蒸馏塔）的自控流程。

（1）泵

① 离心泵　离心泵的流量调节一般是采用出口节流的方法，但也可以使用旁路调节方法，旁路调节耗费能量，但调节阀的尺寸比直接节流的小，这是它的优点。在离心泵设有分支路时，即一台泵要分送几支并联管路时，可采用分支调节方案。

② 容积式泵（往复泵、齿轮泵、螺杆泵和旋涡泵等）　当流量减小时容积式泵的压力急剧上升，因此不能在容积式泵的出口管道上直接安装节流装置来调节流量，通常采用旁路调节或改变转速、改变冲程大小来调节流程。

③ 真空泵　真空泵可采用吸入支路调节和吸入管阻力调节的方案。

（2）换热器

换热器的温度控制方案：调节换热介质流量，用流体1的流量来控制流体2的出口温度；调节传热面积，适用于蒸汽冷凝换热器，调节阀装在冷凝液管路上；分流调节，在用工艺流体作载热体回收热量时或冷却水流量不允许改变时，两个流量都不能调节，此时可利用三通阀使其中一个流体走分路，使部分流体走旁路。

（3）反应釜

人工手动控制的间歇反应器的PI流程比较简单。加料、反应和出料皆由人工操作控制，主要控制指标是反应温度（压力）和反应时间。自动控制的间歇反应器的PI流程要复杂得多，控制质量和劳动生产率都要高得多。

① 进出料管道　釜顶左部为各种原料及试压氮气等的进料管道，水和单体自动计量手动遥控进料。在进料总管中部串联一切断阀（球阀），进料完毕后关闭球阀，各管道就形成二道切断阀的密封。安全阀前不能有阀，故它装在切断阀与进口之间。

② 轴封系统　搅拌轴的密封是釜式反应器的关键问题之一，机械密封是先进的动密封

结构，为了保障它的正常工作必须配有液封与冷却系统。密封液罐旁为搅拌电机的运转电流指示、记录和过载报警回路。

③ 温度控制　间歇反应的温度控制是分阶段周期性变化的，热负荷也随着反应时间而变化，这都造成温度控制的困难。为此，设置了热水升温、工业水或冷冻水冷却共三套系统。

④ 循环水量　循环水量大则进出口温差小和传热系数高（流速快），使釜内各点的温度更为均匀，水的流量大还能减少容量滞后。水量恒定可以减少冷却水流量变化这个干扰因素，这些都有助于调节质量的提高。

（4）蒸馏塔

蒸馏是化工厂应用极为广泛的传质过程。以下将简单讨论蒸馏塔的基本控制方案及管道仪表流程实例。

蒸馏塔的控制方案很多，但基本形式通常只有两种：按精馏段指标控制，取精馏段某点成分或温度为被调参数，而以回流量、馏出液量或塔内蒸气量作为调节参数；按提馏段指标控制，当对釜液的成分要求较馏出液高时，例如塔底为主要产品时，常用此方案，如对塔顶和塔底产品的质量要求相近，又是液相进料，也往往采用此方案。

五、精细化工清洁生产系统设计说明书

精细化工清洁生产系统是通过工艺路线设计、原料选择、工艺改进、生产管理、产物内部循环利用、环保处理等各环节的科学化和合理化，使精细化学品生产最终产生的污染物达到最少的工业生产方法和企业管理思路。

工程设计是工程师实践工作中最富创造性的内容，设计能力不同于理论分析能力、语言表达能力和动手能力，它是一种将思维形式的知识转化为客观上尚未形成而又可以实现的物质实体的创造能力，即不仅是认识客观、表现客观而且是创造客观的能力，因此设计能力的培养对应用型工科学生尤为重要。工程设计实践需要完成的任务为：课程设计内容与化工生产中的实际问题相结合，学生根据所提供的 QC 化学公司多种精细化工产品生产案例，进行以化工单元操作为核心的小型精细化工清洁生产系统的设计，包括设计方案的论证和确定，主要设备的工艺设计、结构设计，以及其他设备的选型。

指导教师布置设计任务并发放任务书，对课程设计的方式、进度、安排、报告的书写、纪律以及设计结果提出具体要求。然后进入设计阶段，设计阶段根据需要安排必要的专题讲座，指导教师每天现场答疑并检查督促。

学生在课程设计完成后要写出报告，即编制课程设计说明书和绘制工程图纸。说明书和图纸是衡量学生的课程设计完成与否的主要依据，也是考核成绩的根据。因此在进行课程设计工作之前，就应先明确说明书所包括的内容，明确指导教师对学生的课程设计要求，以便按说明书的内容，安排设计工作计划和进程。

设计说明书应包括以下内容：

① 总论

a. 概述　说明所设计的产品的性能、用途和在国民经济中或对人民生活的重要性；说明该产品的市场需求；简述该产品的生产方法及特点。

b. 文献综述　设计过程中，首先要查阅文献（国内外期刊和有关图书）。通过从文献中所了解的内容，简述有关该产品的生产试验概况，国内外生产现状和发展趋势等。

c. 设计任务的依据或项目来源　说明选题情况，是由指导教师指定的课题，还是从生

产实际中承接的项目。

d. 设计产品所需的主要原材料规格、来源以及水、电、汽等的供应情况，结合设计地区供应情况说明之。

e. 其他　如交通运输、节能和环保等措施。简要说明原料、产品及废渣的储运方式。简述能量综合利用情况，设计中所采用的节能措施。说明生产过程可能产生的有害物质排放和处理措施。

② 生产流程或生产方案确定　根据查阅文献和实践、实习或实际调查所掌握的情况确定，有时是依据科学试验报告和小试结果进行放大设计，分析各种生产方法及其特点。简要叙述自己设计所选定的生产方法的依据和特点，画出一个简单流程图。

③ 生产流程简述　按生产顺序，从原料到成品依次叙述各种物料所经过的设备及其在该设备中所发生的变化；写出可能的化学反应方程式，说明其工艺条件，如温度、压力、流量及物料配比等；并说明原料、产品的储存方式及其特殊要求、注意事项等。

④ 工艺计算书　这部分内容是课程设计中的主要工作，在实际工业设计中，也是必不可少的，是设计最终结果的主要依据。它应包括物料衡算、热量衡算，必要时加上有效能衡算。

⑤ 主要设备的工艺计算和设备选型　根据设计任务工作量的大小，要选定 $1\sim 2$ 个主要设备（非定型设备）进行工艺计算。例如主要反应器的工艺尺寸，催化剂的装填量，塔设备的直径、高度和填料的装量或塔板数目和结构尺寸以及流体流动阻力等。其他设备都作为辅助设备，要根据生产能力，按前边的物料衡算结果进行选型。如泵、压缩机、换热器和槽罐等。对所选设备结果列出设备一览表。

⑥ 原材料、动力消耗定额及消耗量　根据物料衡算和热量衡算结果，换算为单位产品（吨）的消耗量（及消耗定额）和单位时间（小时和年）的消耗量。

⑦ 设计体会和收获　通过设计，自己有何体会和收获，特别是如何综合运用所学的理论知识方面的体会。对自己的设计哪些特点值得肯定，还有哪些不足或不当之处，如有可能提出今后改进意见和措施。

⑧ 参考文献　本次设计中参考的文献资料，特别是一些重要的参数来源，都要在说明书最后一一列出。按作者、文献名称、出版社和出版日期的顺序列出。

⑨ 附工程图纸　除文字说明书外，课程设计应包括下列图纸：带控制点的工艺流程图；主要设备装配图；设备平面布置图与立面布置图；主要车间的管道布置图。

附录

附录一 练习题答案

第二章

实训一

①B ②B ③D ④C ⑤D ⑥B ⑦D ⑧C ⑨A ⑩B ⑪E ⑫A ⑬D ⑭C ⑮A ⑯B ⑰A ⑱C ⑲C ⑳C

实训二

①C ②C ③B ④C ⑤A ⑥B ⑦B ⑧A ⑨D ⑩D ⑪C ⑫A ⑬C ⑭C ⑮A ⑯B ⑰C

实训三

①C ②B ③B ④C ⑤D ⑥A ⑦B ⑧B ⑨C

实训四

①C ②AD ③AC ④ACE ⑤AD ⑥BC ⑦C ⑧AC ⑨B ⑩A

实训五

①D ②A ③C ④BCE ⑤ABC ⑥A ⑦A ⑧C ⑨BCE ⑩ABC ⑪AB ⑫ABC

实训七

①B ②A ③AB ④B ⑤BC ⑥ABC ⑦A ⑧C ⑨B ⑩ABC ⑪ABCE ⑫C

第三章

实训二

1. 判断题

①（√）②（√）③（√）④（√）⑤（×）正确答案：日常设备检查是指操作人员每天对设备进行的检查。⑥（√）⑦（×）正确答案：开车前系统所有导淋阀、排放阀、放空阀关闭，安全阀的上下游阀均打开。⑧（√）⑨（×）正确答案：正常操作时，负荷波动也会造成反应器出口分析不合格。⑩（√）⑪（×）正确答案：装置的氮气置换主要方法有两

种：连续置换法和压涨式置换法。其中压涨式置换法节约氮气，置换的时间短。⑫（√）⑬（×）正确答案：固定床反应器是装填有固体催化剂或固体反应的可用以实现多相反应过程的一种反应器。⑭（×）正确答案：装置开车前，操作人员在使用前调节阀还要进行校对。⑮（√）⑯（×）正确答案：列管式固定床反应器返混小、选择性较高。⑰（√）⑱（×）正确答案：化学反应速率用不同物质的浓度变化来表示时，其数值不相等。⑲（√）⑳（√）㉑（√）㉒（√）㉓（√）㉔（√）㉕（×）正确答案：空速是每单位体积催化剂每小时通过的气体体积。㉖（√）㉗（√）㉘（√）㉙（√）㉚（×）正确答案：列管式固定床反应器缺点是结构比绝热反应器复杂，催化剂的装卸也不方便。㉛（√）㉜（√）㉝（√）㉞（√）

2. 选择题

①A，B，C，D ②C ③A ④D ⑤D ⑥A，B，C ⑦C ⑧C ⑨A，C，D ⑩C ⑪A，B，C，D ⑫A，B，C ⑬D ⑭B ⑮B ⑯A ⑰A

实训六

①C ②B ③D ④D ⑤B ⑥C ⑦A ⑧D ⑨A ⑩A ⑪B ⑫D ⑬D ⑭C ⑮B ⑯D ⑰C ⑱A ⑲B ⑳A ㉑B ㉒C ㉓D ㉔C ㉕D ㉖C ㉗C ㉘C ㉙B ㉚A ㉛D ㉜D ㉝B ㉞C ㉟B ㊱A ㊲D ㊳C ㊴A ㊵C ㊶B ㊷A ㊸A ㊹A ㊺D ㊻D ㊼C ㊽C ㊾A

附录二　实验数据的误差分析及表示方法

一、有效数字及其运算规则

1. 有效数字

在化工实验中，经常遇到用来表示结果的有单位的数字，例如温度、压强、流量等。在测量和计算中，究竟取几位小数才是有效的呢？这要根据测量仪表的精度来确定，一般应记录到仪表最小刻度的十分之一。例如，U形压差计液面高度差的最小分度为 1mm，则读数可以到 0.1mm，如液位高度在刻度 14～15mm 中间，则应记液面高为 14.5mm，其中前两位是直接读出的，是准确的，最后一位是估计的，故称该数据为三位有效数字。如液面高度恰好在 14mm 刻度上，则应记作 14.0mm。若记为 14mm，则失去了一位精密度。总之，有效数据中应有而且只能有一位（末位）欠准确数字。

2. 有效数字的运算规则

（1）数字舍入原则

在用实验数据进行计算时，经常需要将数字截到所需要的有效数字位数，此时应采取以下舍入规则：

舍去部分的第一个数小于 5，则留下部分的末位数不变。

舍去部分的第一个数大于 5，则留下部分的末位数加 1。

若舍去部分的第一个数正好等于 5，则按"偶舍奇入"原则取舍。即留下部分的末位数为偶数，则此末位数不变；留下部分的末位数为奇数，则此末位数加 1。

例如将下面左侧的数舍为三位有效数字：

14.46→14.5　　　14.44→14.4　　　14.55→14.6　　　14.45→14.4

（2）加、减法运算

各不同位数有效数字相加减，所得和或差的有效数字与其中位数最少的一致。

例如求 0.0024，5.327，25.78 三个数之和。

0.0024＋5.327＋25.78＝31.1094

按舍入原则，应取 31.11。

（3）乘、除法运算

乘积或商的有效数字，其位数与各乘、除数中有效数字位数最少的相同。

例如求 0.0356，2.36872，15.24 三个数之积。

0.5356×2.36872×15.24＝19.334781

按舍入原则，应取 19.33。

（4）对数运算

在对数运算中，所取对数有效数字位数与其真数相同。

例如：lg15.0＝1.176。

（5）多数运算

在四个数以上的平均值运算中，平均值的有效数字位数可比各数据中最小有效位数多一位。

另外，所有取自手册上的数据，其中有效数字按计算需要选取，但如果原始数据有限制，应服从原始数据。

二、实验数据的误差分析

1. 误差的来源和分类

误差是指测量值与真值之差。偏差是指测量值与平均值之差。在测量次数足够多时，因平均值接近于真值，则测量误差与偏差也很接近，故习惯上常将两者混用。

根据误差的性质及产生的原因，可将误差分为以下三种。

（1）系统误差

系统误差是由某些固定不变的因素引起的。在相同条件下进行多次测量，其误差的数值大小、正负始终保持恒定，只有当改变实验条件时，才能发现系统误差的变化规律。

系统误差有固定的偏向和确定的规律，可根据情况改进仪器和装置以及提高实验技术或用修正公式进行消除。

（2）随机误差

随机误差是由某些不易控制的因素造成的。在相同条件下多次测量，其误差的数值和符号的变化，时大时小，时正时负，没有确定的规律，这类误差称随机误差或偶然误差。这类误差产生的原因不明，因而无法控制和补偿。但随机误差服从统计规律，误差的大小或正负的出现完全由概率决定，因此随着测量次数的增加，出现的正负误差可相互抵消，多次测量值的算术平均值接近于真值。

（3）过失误差

过失误差是一种显然与事实不符的误差。它主要是由实验人员的粗心大意，如读错数据，操作失误所致。存在过失误差的观测值应从实验数据中剔除。这类误差只要操作人员认真细致地工作或加强校对是可以避免的。

2. 误差的表示方法

（1）绝对误差

某物理量在一系列测量中，某测量值与其真值之差称为绝对误差。实际工作中以最佳值（即平均值）代替真值，把测量值与最佳值之差称为残余误差，习惯上也把它称为绝对误差：

$$d_i = x_i - x = x_i - x_m$$

式中　　d_i——第 i 次测量的绝对误差；

　　　　x_i——第 i 次测量值；

　　　　x——真值；

　　　　x_m——测量的算术平均值。

如在实验中对物理量的测量只进行一次，可根据测量仪器厂说明书表明的误差，或可取仪器最小刻度值的一半作为单次测量的误差。例如某压力表注明精（确）度为 1.5 级，即表明该仪表最大误差为相当档次最大量程之 1.5%，若最大量程为 0.4MPa，该压力表最大误差为：

$$0.4 \times 1.5\% = 0.006(\text{MPa}) = 6 \times 103(\text{Pa})$$

又如某天平的分度值为 0.1mg，则表明该天平的最小刻度或有把握正确的最小单位为 0.1mg，即最大误差为 0.1mg。

化工原理实验中最常用的 U 形压差计、转子流量计、秒表、量筒、电压表等仪表原则上均取其最小刻度值为最大误差，而取其最小刻度值的一半作为绝对误差计算值。

（2）相对误差

为了比较不同测量值的精确度，以绝对误差与真值（或近似地与平均值）之比作为相对误差：

$$e = \frac{d}{|x|} \approx \frac{d}{x_m} \times 100\%$$

在单次测量中：

$$e = \frac{d}{x_i} \times 100\%$$

式中　　d——绝对误差；

　　$|x|$——真值的绝对值；

　　　x_m——平均值。

（3）算术平均误差

算术平均误差是一系列测量值的误差绝对值的算术平均值，是表示一系列测定值误差的较好办法之一：

$$\delta = \frac{\sum |x_i - x_m|}{n} = \frac{\sum |d_i|}{n}$$

式中　x_i——测量值；

x_m——平均值；

d_i——绝对误差。

三、实验数据的表示方法

由实验测得的大量数据，表示方法有三种。

1. 列表法

将实验数据列成表格以表示各变量间的关系。为标绘曲线或整理成方程打下基础。

例如单相流动阻力测定实验数据表见表1。

表 1　单相流动阻力测定实验数据

序号	$Q/(l/h)$	R		$\Delta p/kPa$	$u/(m/s)$	Re	λ
		kPa	mmH$_2$O				
1							
2							
3							
4							

列表时注意：

① 表格的表头要列出变量名称、单位。

② 数字要注意有效数字，要与测量仪表的精确度相适应。

③ 数字较大或较小时要用科学计数法表示，将"$10^{\pm n}$"记入表头，注意：参数$\times 10^{\pm n}$为表中数字。

④ 科学实验中，记录表格要正规，原始数据要书写清楚整齐，不得潦草，要记录各种实验条件，并妥为保管。

2. 实验数据的图示（解）法

实验数据处理通常是在将数据整理成表格后，再将离散的实验数据标于坐标纸上，然后连成光滑的曲线或直线。

作图时注意：

① 选择合适的坐标纸，使图形直线化，以便求得经验方程式；

② 坐标分度要适当，使变量的函数关系表示清楚。

（1）坐标纸的选择

化工中常用的坐标有直角坐标、对数坐标和半对数坐标，市场上有相应的坐标纸出售。化工实验中常遇到的函数关系有：

① 直线关系：$y = ax + b$，选用普通坐标纸。

② 幂函数关系：$y = ax^b$，选用对数坐标纸，因 $\lg y = \lg a + b\lg x$ 在对数坐标纸上为一直线。

③ 指数函数关系：$y = a^{bx}$，选用半对数坐标纸，因 $\lg y$ 与 x 呈直线关系。

此外，某变量最大值与最小值数量级相差很大时，或自变量 x 从零开始逐渐增加的初始阶段，x 少量增加会引起因变量极大变化时，均可用对数坐标纸。

（2）坐标的分度

坐标分度指某条坐标轴所代表的物理量大小，即选择适当的坐标比例尺。

为了得到良好的图形，在量 x 和 y 的误差已知的情况下，比例尺的取法应使实验"点"的边长为 $2\Delta x$，Δy，而且使 $2\Delta x = 2\Delta y = 1\sim 2\text{mm}$，若 $2\Delta y = 1\text{mm}$，则 y 轴的比例尺 M_y 应为：

$$M_y = \frac{1\text{mm}}{2\Delta y} = \frac{1}{2\Delta y}\text{mm}$$

如已知温度误差 $\Delta T = 0.05℃$，则：

$$M_y = \frac{1}{2 \times 0.05} = 10\text{mm}$$

则 1℃ 温度的坐标为 10mm 长。

（3）对数坐标

对数坐标的特点是某点与原点的距离为该点表示量的对数值，但是该点标出的量是其本身的数值，例如对数坐标上标着 3 的一点至原点的距离是 $\lg 3 = 0.47$，见图 1。

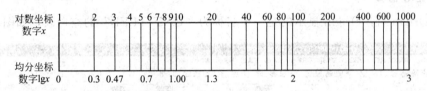

图 1　对数坐标的标度法

图 1 中上面一条线为 x 的对数刻度，下面一条线为 $\lg x$ 的线性（均匀）刻度。

对数坐标上，1，10，100，1000 之间的实际距离是相同的，因为上述各数相应的对数值为 0，1，2，3，这在线性（均匀）坐标上的距离相同。

在对数坐标上的距离（用均匀刻度的尺来量）＝数值之对数差，即 $\lg x_1 - \lg x_2$：

$$\lg x_1 - \lg x_2 = \lg \frac{x_1}{x_2} = \lg \left(1 - \frac{x_1 - x_2}{x_2}\right)$$

因此，在对数坐标纸上，任何实验点与图线的直线距离（指均匀分度尺）相同，则各点与图线的相对误差相同。

在对数坐标纸上，一直线的斜率应为：

$$\tan a = \frac{\lg y_2 - \lg y_1}{\lg x_2 - \lg x_1}$$

由于 $\Delta \lg y$ 与 $\Delta \lg x$ 分别为纵坐标与横坐标上的距离 Δh 与 Δl，所以也可以直接用一点 A 与直线的垂直距离 Δh 与水平距离 Δl（用均匀刻度尺量度）之比来计算该直线的斜率。

附录三　Origin 软件在化工实验中的应用

一、Origin 使用入门

Origin 软件是由 Origin Lab 公司推出的高端图表和数据处理软件，是科学家和工程师们必备的数据处理软件，从 Origin7.5 起，Origin Lab 公司对软件的易用性做了大量的改进，并彻底调整了其编程语言战略，使该软件在同类产品中脱颖而出，目前最新版本为 Origin Pro8.1，其试用版可从 http：//OriginLab.com 下载。

Origin 主要功能包括数据分析和科学绘图两大功能。数据分析功能包括数据的排序、调整、计算、统计、频谱变换、线性拟合、多项式拟合、多重拟合、快速 FFT 变换、S 曲线拟合、比较拟合等，同时内建的约 200 个函数和自定义的数学模型或函数进行曲线拟合，还可以进行微积分等其他计算。科学绘图功能包括二维绘图和三维绘图两大类，二维绘图包括直线、条形图、柱形图、方块图表、直方图、直方概率图、栈直方图等。

Origin 软件与 Microsoft Office 类似，是一个基于多文档的应用软件，用户的所有工作均保存在扩展名为 .opj 的项目文件中，当保存项目时，数据文件、图形文件等项目中的文件也会同时保存。一个项目可以包含多个其他文件。

Origin 软件功能强大，这里主要介绍 Origin 软件的基本使用方法、数据处理、科学绘图以及化工原理实验数据的处理。

1. Origin 窗口

启动 Origin 后，Origin 显示的是一个名称为"UNTITLED"的空白表，如图 1 所示。

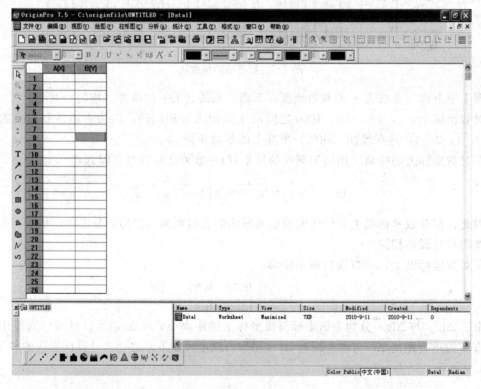

图 1　Origin 空白表窗口

窗口通常包括：标题栏、菜单栏、常用工具栏、视图、数据表等。

窗口常见元素概念如下：

数据表：每个 Origin 的文件都叫项目，每个项目由一个或多个数据表和图表组成，图中所示表格为数据表。

单元格：图中一个个长方形的格子就是单元格，单元格用来填写数据，是构成数据表的基本工作单位。

活动单元格：图中呈灰色的单元格就是活动单元格，即接收用户输入内容的单元格，在任何时候，数据表中只有一个活动单元格。

2. Origin 界面组成

a. 菜单栏　菜单栏位于界面上部，包括文件、编辑、视图、绘图和分析等，可以实现软件的大部分功能。

b. 工具栏　一般常用的功能可以通过工具栏上的功能实现，如图 2 所示。

图 2　Origin 常用工具栏

c. 工作区　图 2 中部区域为工作区，主要完成数据录入和绘图等功能。

d. 工程管理区　项目管理区如图 3 所示。

图 3　项目管理区

项目管理区的左半部分为打开的当前项目，右半部分为项目中的数据表文件、图表文件或其他项目中的文件，通过双击相应的文件可以在不同文件之间切换。

3. 数据的录入与选择

通过单击单元格即可在选中的单元格内录入数据。

数据的选择是 Origin 中常用的一种操作，数据选择分两类，一类是选择单个数据，一类是选择多个数据。选择单个数据只需通过鼠标单击即可完成，选择多个数据包括两种方法，一种方法是在数据表中选中第一个所需数据，然后按住鼠标左键拖动至所需的最后一个数据，释放鼠标左键即可完成数据选择，另一种方法是单击数据表中所需数据的第一个单元格，然后按住键盘的 Shift 键再单击数据表中所需数据的最后一个单元格，释放 Shift 键即可选中所需的一组数据。

二、Origin 应用示例

1. 使用数据绘图

例 1　由三羟甲基丙烷和油酸反应生成三羟甲基丙烷油酸酯，反应过程中酯化率与时间的数据见表 1。

表 1　酯化率与时间的数据

反应时间/h	4	4.5	5	5.5	6	6.5	7	7.5
酯化率/%	84.06	86.4	88.7	90.44	92	92.94	94.06	94.74

在 y-x 图上绘出拟合曲线，标出实验点。

（1）建立项目和数据表

启动 Origin，软件自动给出名称为 "UNTITLED" 的项目和名称为 "Data1" 的数据表，保存项目，起名为"Example3_1"，扩展名为".OPJ"，右击表名"Data1"，选"Rename"菜单，将数据表重命名为"Ester"。在 A（X）和 B（Y）中分别依序输入反应时间和酯化率数据，见图 4。

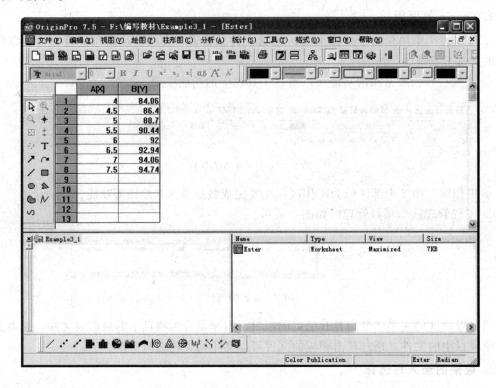

图 4　在工作窗口中输入数据

（2）使用数据绘图

在数据表中，通过鼠标拖动选中所有数据，通过绘图菜单中的描点选项进行绘制实验点。在资源区出现"Graph1"文件，采用上述修改表名方法将图名更改为"Ester_Plot"，如图 5 所示，双击图中"Y Axis Title"处，将 Y 轴名称改为"酯化率"，同样，将"X Axis Title"改为"反应时间"。

（3）使用曲线拟合方法拟合图形

选择工具菜单中 S 曲线拟合，对实验数据进行拟合，如图 6 所示。

在拟合完成后，生成一数据表，同样将表重命名为"EsterCurve"，图中右侧为拟合设置对话框，不同的拟合方法会出现相应的对话框，可以对拟合条件进行设置，在设置完成后，选择"Operation"选项卡中的"Fit"按钮，即完成数据拟合。

Origin 软件的拟合功能十分强大，可以进行各种拟合，如线性拟合、多项式拟合、S 曲线拟合等，同时还可以进行自定义拟合，根据给定的方程进行拟合，并计算出相应的多项式参数。

2. 利用多组数据进行拟合

例 2　对离心泵性能进行测试的实验中，离心泵的流量、扬程和效率的关系数据如表 2 所示，绘制离心泵特性曲线。

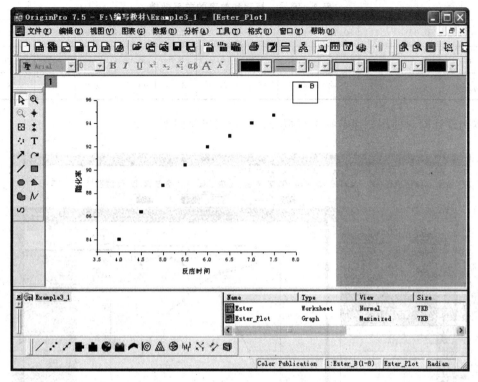

图 5 酯化率-反应时间离散图

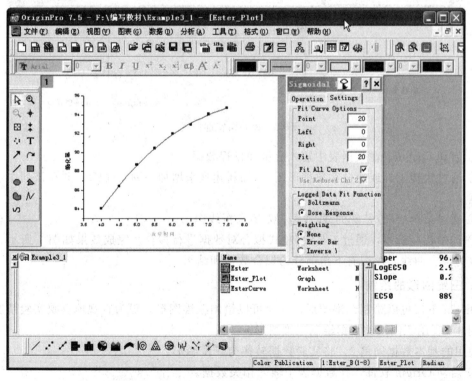

图 6 S 曲线拟合结果

表 2　流量、扬程和效率的关系数据

$q_v/(m^3/s)$	0.00	0.30	0.60	1.00	1.50	2.00	2.50	3.00	3.50	4.00	4.75
H/m	9.3	9.2	9.15	9.1	9.1	8.8	8.5	8.0	7.7	7.2	6.0
η	0.0	11.2	21.3	33.5	47.1	56.9	63.8	68.1	72.2	73.0	68.1

本例设计同时使用三组数据进行拟合，拟合效果见图 7。

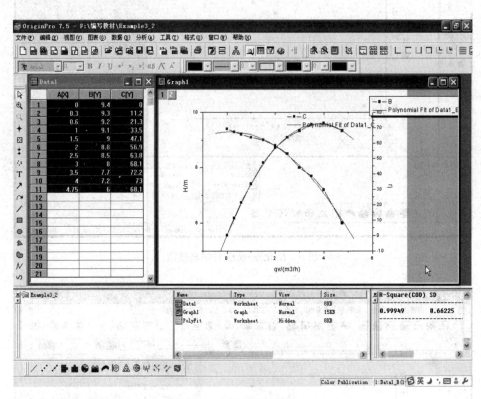

图 7　离心泵特性曲线

① 启动 Origin，在数据表中输入流量和扬程数据。

② 通过快捷工具或通过菜单柱形图/添加新建列来增加一列 C（Y），并在该列中输入效率数据。

③ 通过菜单绘图/特殊的线/符号/双-Y 来折线图。

④ 选中相应折线，通过工具/多项式拟合对数据进行拟合。完成效果如图 7 所示。图中的红线为拟合曲线，图中右下角部分为拟合数据和结果。

3. 三维图形的绘制

Origin 不仅可以绘制二维图形，同时可以绘制三维图形，更为直观地反映实验情况。

例 3　利用不同条件数据绘制三维图形。

使用的基本数据同例 2，将实验数据转换为三位图形。

① 启动 Origin 软件，在数据表中输入相关数据。

② 将增加的一列的坐标轴改为 Z 轴，修改方法为右击列名，选择属性，将相应的坐标轴改为 Z 轴，如图 8 所示。

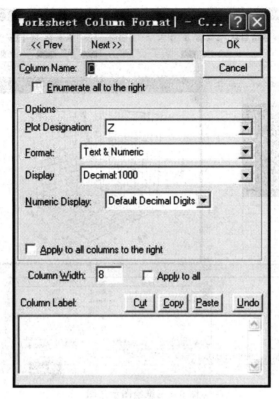

图 8　坐标轴修改对话框

③ 选中所有数据，选择绘图菜单中的三维 XYZ／三维描点菜单即可获得三维图形，如图 9 所示。

4. 利用绘图进行辅助计算

Origin 软件具有很强的作图功能，我们可以利用绘图进行其他的辅助计算，例如进行图解法计算理论塔板数。

例 4　图解法计算精馏塔理论塔板数。

一连续精馏塔分离苯和甲苯的混合物，其相对挥发度为 2.46。若料液中含苯 0.45，现在要求塔顶产品中含苯不低于 0.95，塔底产品含苯不高于 0.05（以上均为摩尔分数）。作业时，液体进料 $q=1.9$，回流比为 2，试用作图法求该精馏塔的精馏段、提馏段理论塔板数以及全塔的理论塔板数。

解　简捷法计算理论塔板数步骤如下：建立直角坐标系，绘制辅助对角线，再绘出相平衡线、操作线，然后绘制梯级得到最终结果。

理想溶液体系可用相对挥发度 α 表示，计算公式如下：

$$y=\frac{\alpha x}{1+(\alpha-1)x}=\frac{2.46x}{1+1.46x}$$

式中　y——气相中易挥发组分的摩尔分数；

x——液相中易挥发组分的摩尔分数。

精馏的操作线有两条：精馏段操作线和提馏段操作线。

在恒摩尔流时，精馏段的操作线方程为：

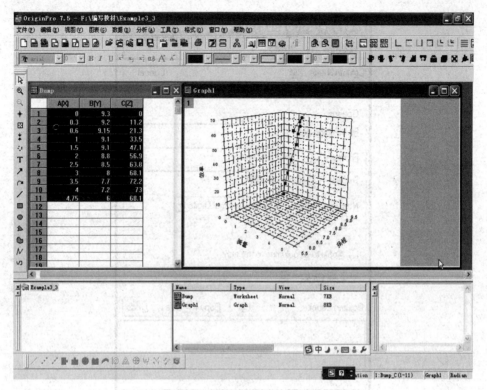

图 9　三维绘图示意图

$$y_{n+1}=\frac{R}{R+1}x_n+\frac{x_D}{R+1}=\frac{2x_n}{3}+\frac{0.95}{3}=0.6667x_n+0.3167$$

式中　　y_{n+1}——第 $n+1$ 块理论塔板上气相中易挥发组分的摩尔分数；

　　　　x_n——第 n 块理论塔板上液相中易挥发组分的摩尔分数；

　　　　x_D——塔顶产品中易挥发组分的摩尔分数；

　　　　R——回流比。

　　提馏段操作线方程是精馏段操作线与进料方程的交点和塔釜产品浓度的坐标点的连线，进料方程又称为 q 线方程，提馏段方程如下：

$$y=\frac{q}{q-1}x-\frac{x_F}{q-1}=2.11x-0.5$$

式中　　q——进料热状态参数；

　　　　x_F——原料中易挥发组分的摩尔分数。

　　在 Origin 软件中计算精馏塔理论塔板数过程的实现方法如下：

　　① 通过菜单中，文件/新建/Function 建立公式，如图 10 所示。

　　② 分别右击坐标轴，选择 "Scale"，修改相应标尺，将范围改为 0～1，将 "Increment" 改为 0.1，将 "♯Minor" 改为 9，见图 11。

　　③ 单击图中 "New Function" 按钮，建立相平衡方程，F2(X)=2.46 * x/(1+1.46 * x)，范围为 0～1，作相平衡线。

　　④ 单击图中 "New Function" 按钮，建立 q 线方程，F3(X)=2.111 * x-0.5，去掉 "Auto X Range" 选项，将范围设为 0.45～0.7。

　　⑤ 单击图中 "New Function" 按钮，建立精馏段方程，F4(X)=0.6667 * x+0.3167，

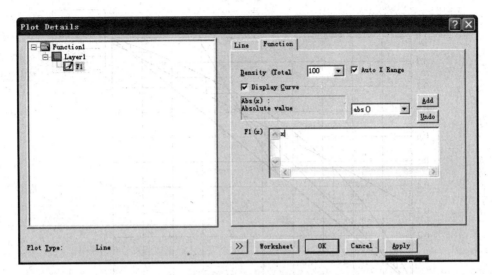

图 10　公式建立示意图

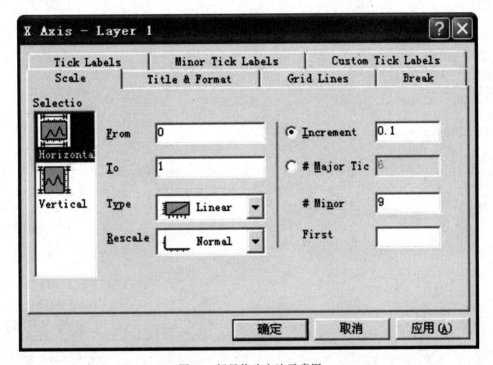

图 11　标尺修改方法示意图

去掉"Auto X Range"选项,将范围设为 0~1。

⑥ 通过工具条中"Line Tools"连(0.05,0.05)和精馏段操作线与 q 线交点得到提馏段操作线。

⑦ 通过"Line Tools"工具绘制阶梯,绘制中可借助放大、缩小工具进行绘制,结果如图 12 所示。

结果为:提馏段塔板数为 6 块,精馏段塔板数为 5 块,总塔板数为 11 块。

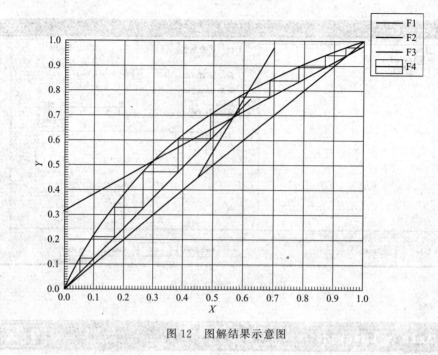

图 12　图解结果示意图

参 考 文 献

［1］ 谭天恩，窦梅．化工原理．4 版．北京：化学工业出版社，2013．

［2］ 吴晓艺，王松，王静文，等．化工原理实验．北京：清华大学出版社，2013．

［3］ 徐仿海，朱玉高，孙忠娟．化工单元操作技术项目化实训．北京：化学工业出版社，2015．

［4］ 马江权，杨德明，龚方红．计算机在化学化工中的应用．北京：高等教育出版社，2005．

［5］ 陈信华．图解塑料着色用有机颜料品种及其性能．上海染料，2016，44（6）：28-29．